高等职业教育系列教材

U0150822

数据恢复实用技术

主　编　李亮亮　　陈必群

副主编　董玉芳　　朱小宏　　郭小光　　吴仁玉

参　编　杨国华　　李阳春　　吴建华　　祝启云

　　　　陈　曦　　郭丁彪　　张鹏义

机 械 工 业 出 版 社

本书用 8 个项目全面讲解了数据恢复的关键技术以及逻辑故障下数据恢复的方法，主要内容包括数据恢复入门、恢复 FAT32 文件系统数据、恢复 NTFS 数据、恢复 exFAT 文件系统数据、恢复 MBR 磁盘分区与 GPT 磁盘分区、恢复 HFS+数据、恢复 Ext4 文件系统数据和修复常见文件。

　　本书运用项目化教学方法，自浅入深，一步步将读者引入数据恢复技术的神秘殿堂。本书适合作为各类职业院校计算机类相关专业的教材，也适合作为数据恢复技术初学者的自学用书。对于全国职业院校技能大赛指导老师或数据恢复技术的高手，本书同样可以带来丰富的经验和技巧。

　　本书配有微课视频，可扫描二维码观看。另外，本书配有电子课件，需要的教师可登录机械工业出版社教育服务网 www.cmpedu.com 免费注册，审核通过后下载，或联系编辑索取（微信：15910938545，电话：010-88379739）。

图书在版编目（CIP）数据

数据恢复实用技术／李亮亮，陈必群主编．—北京：机械工业出版社，2021.3（2025.1重印）
高等职业教育系列教材
ISBN 978-7-111-67427-6

Ⅰ. ①数… Ⅱ. ①李… ②陈… Ⅲ. ①数据管理-安全技术-高等职业教育-教材 Ⅳ. ①TP309.3

中国版本图书馆 CIP 数据核字（2021）第 019097 号

机械工业出版社（北京市百万庄大街 22 号　邮政编码　100037）
策划编辑：和庆娣　　责任编辑：和庆娣
责任校对：张艳霞　　责任印制：单爱军
北京虎彩文化传播有限公司印刷

2025 年 1 月第 1 版·第 8 次印刷
184mm×260mm·16.25 印张·399 千字
标准书号：ISBN 978-7-111-67427-6
定价：65.00 元

电话服务　　　　　　　　　　　网络服务
客服电话：010-88361066　　　　机 工 官 网：www.cmpbook.com
　　　　　010-88379833　　　　机 工 官 博：weibo.com/cmp1952
　　　　　010-68326294　　　　金 书 网：www.golden-book.com
封底无防伪标均为盗版　　　　机工教育服务网：www.cmpedu.com

前　言

　　信息安全的核心是数据安全，日常生活中有很多因素都在威胁着数据的安全。随着科技的发展，计算机类设备已经渗入到各行各业，除了个人的存储介质之外，作为全球第一的制造业大国，计算机在生产线上起着重要的控制作用。硬盘有价，数据无价，数据一旦损坏或丢失，不管对于个人还是对于企业来讲都无法用金钱来衡量。而在实际生活中又很难避免数据损坏与丢失的现象。而数据恢复服务可以亡羊补牢，尽最大可能降低损失。

　　本书是面向应用型人才培养的教材，具有较强的实用性，全书简明易懂，图文并茂，内容新颖。对理论繁余部分进行了精减，重点对数据恢复中必不可少的知识点、操作过程进行了详细的讲解。本书使用8个项目深入浅出地介绍了恢复常见文件系统、恢复常见文件等数据恢复中的关键技术，并从实践中精选了真实案例，进行细致入微的剖析，突出了实用性。另外，本书首次使用项目化的方式讲解了HFS+、Ext4、文件破坏的恢复技术，既可作为全国职业院校技能大赛高职组"电子产品芯片级检测维修与数据恢复"赛项训练中重要的参考用书，也可作为技能训练，实训结合，以赛促学的工具书。

　　党的二十大报告指出，推动战略性新兴产业融合集群发展，构建新一代信息技术、人工智能、生物技术、新能源、新材料、高端装备、绿色环保等一批新的增长引擎。信息技术日新月异，期待全国职业院校的老师们不断总结经验，推出更新的项目，为国内数据恢复技术的发展做出更大的贡献。

　　本书由参加过比赛的一线老师联合企业技术人员共同编写，由江苏众多技能大赛金牌教练和专家联合编写，李亮亮、陈必群担任主编，董玉芳、朱小宏、郭小光、吴仁玉担任副主编，参加编写的还有杨国华、李阳春、吴建华、祝启云、陈曦、郭丁彪、张鹏义，在此对编者的辛苦付出表示感谢。

　　本书是机械工业出版社组织出版的"高等职业教育系列教材"之一。在编写过程中，得到了常州信息职业技术学院、无锡商业职业技术学院、苏州经贸职业技术学院、武进中等专业学校、如皋第一中等专业学校、宿迁经贸高等职业技术学校、南京六合中等专业学校、南京市莫愁中等专业学校、镇江高等职业技术学校、扬中中等专业学校、江阴中等专业学校、宜兴高等职业技术学校以及中盈创信（北京）科技有限公司的大力支持。在此表示衷心感谢！

　　由于编者水平有限，编写时间仓促，书中错误或不妥之处难免，敬请专家、教师和广大读者提出宝贵意见批评指正。

编　者

二维码资源清单

目　　录

项目 1　数据恢复入门知识

数据恢复是指通过技术手段将保存在存储设备上因遭受破坏而不可访问，或因误操作等原因而丢失的数据进行抢救和恢复的技术。软硬件故障、异常断电、死机、病毒破坏、黑客入侵、误操作、磁盘阵列损坏、口令丢失、文件结构损坏等，均可能造成数据损坏或丢失，需要进行数据恢复。要学习数据恢复就需要了解计算机内部数据的存储、表示方法以及一些常见数据恢复的软件。

职业能力目标

◇ 理解数据在计算机中的存储与表示方法
◇ 理解常用进制的基础知识
◇ 掌握常用进制间的相互转换
◇ 掌握数据的逻辑运算方法
◇ 掌握几种常用的数据恢复工具

任务 1.1　认识数据的存储与表示方法

在计算机内部无论是在存储过程、处理过程、传输过程中的数据，还是用户数据、各种指令等，均使用由 0、1 组成的二进制数，所以了解二进制数的概念、运算、数制转换及二进制编码对于数据恢复是十分重要的。本节任务要求掌握常用数制及其转换规则、二进制数据的算术及逻辑运算，了解数值、英文字符和汉字的编码规则。

1.1.1　数据的存储

随着技术的发展，存储是必不可少的，文字资料、图像、视频、音频等都需要存储。硬盘会以 0 和 1 组成的二进制形式存储各种数据，随时进行数据的写入或读取。硬盘如何存储数据呢？

1. 机械硬盘的组成

硬盘是在硬质盘片（一般是铝合金）上涂敷薄薄的一层铁磁性材料，硬盘分为机械硬盘和固态硬盘。

机械硬盘内部结构由浮动磁头组件（磁头、磁头臂等）、磁头驱动机构（音圈电动机、永磁铁等）、磁盘、主轴驱动机构及附件等组成，如图 1-1 所示。

2. 机械硬盘的逻辑结构

传统的磁盘在逻辑上划分为磁道、柱面及扇区，结构如图 1-2 所示。磁盘在出厂前，厂家会对盘片进行格式化，盘片被划分成很多同心圆，这些同心圆就是磁道（Track）。现在的大硬盘每一个盘面上都有上万个磁道，每个磁道都有一个编号，在逻辑上磁道从外向内自 0 开始顺序编号。柱面是指各个盘面上编号相同的磁道构成的整体，如图 1-2 所示。在逻辑上，柱面的编号和磁道的编号相统一，从外向内自 0 开始顺序编号。

图 1-1　机械硬盘内部结构

每个磁道都被划分成一段段的圆弧，每段圆弧是一个扇区，如图 1-3 所示。在逻辑上扇区从"1"开始编号，扇区是磁盘存储的最小单位，一般是 512 字节。

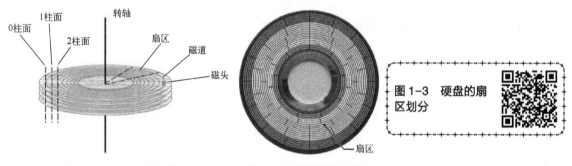

图 1-2　磁盘逻辑结构　　　　　图 1-3　硬盘的扇区划分

在计算机系统 BIOS 中断 13H 的入口参数中，扇区地址占用寄存器中的 6 位（二进制位），其值为 1H~3FH，所以逻辑上扇区编号为 1~63，即每个磁道包含 63 个扇区。

硬盘中有一个或多个盘片，每个盘片有两个盘面，每个盘面有各自的编号，逻辑上从上至下自"0"顺序编号。盘片用于来存储数据，存储工作由磁头来完成。每个盘面都有一个对应的磁头，故逻辑盘面号也可称为逻辑磁头号。在计算机系统 BIOS 中断 13H 的入口参数中，磁盘地址占用寄存器中的 8 位（1 字节），其值为 0H~FEH，所以磁头号为 0~254，故每个磁盘逻辑上包含 255 个磁头。

1.1.2　数据的表示方法

计算机只能识别二进制数，而需要计算机处理的数（如无符号数、有符号数等）种类繁多，怎么办？计算机中采用各种形式的编码很好地解决了数及字符等信息的表示问题。

数据可分为两大类：数值数据和非数值数据。前者表示数量的多少；后者表示字符、汉字、图形、图像、声音等，又称符号数据。在计算机内，无论哪一种数据，都以二进制形式表示。

1. 数据的单位

计算机中数据的常用单位有位、字节和字。

（1）位（bit）

计算机中最小的数据单位是二进制的一个数位，简称为位（英文为 bit，读音为比特）。计算机中最直接、最基本的操作就是对二进制位的操作。

（2）字节（Byte）

字节（Byte）简写为 B，是计算机中用来表示存储空间大小的基本容量单位。

作为一个 8 位二进制数，一个字节的取值范围为 00000000 ~ 11111111，代表 0 ~ 255 的正数，也可以表示 -128 ~ 127 范围之内的正、负数。总之，一个特定的字节可以代表 2^8（256）种不同事物中的一个。

与字节有关的常用换算单位如下。

$1B = 8\,bit$；　$1KB = 1024B = 2^{10}B$；　$1MB = 1024KB = 2^{10}KB = 2^{20}B$；

$1EB = 2^{10}PB = 2^{20}TB = 2^{30}GB = 2^{40}MB$。

📖 位与字节区别：位是计算机中的最小数据单位，字节是计算机中的基本信息单位。

（3）字（Word）

在计算机中作为一个整体被存取、传送、处理的二进制数字符串叫作一个"字"或"单元"。每个字中二进制位数的长度，称为字长。

一个字由若干个字节组成，不同的计算机系统的字长是不同的，常见的有 8 位、16 位、32 位及 64 位等。字长越长，计算机一次处理的信息位就越多，精度就越高。字长是计算机性能的一个重要指标。目前大部分计算机都是 64 位的。

字为 16 位二进制数，即 $1Word = 2Byte = 16\,bit$；把 32 位二进制数称为双字（Double Word），即两个字。

2. 表示方法

在选择计算机数值的表示方式时，需要考虑以下几个因素：①要表示的数的类型（小数、整数、实数和复数）；②可能遇到的数值范围；③数值精确度；④数据存储和处理所需要的硬件代价。

数值的表示方法有定点数、浮点数、原码、补码、反码、移码等。

计算机处理的数值数据多数带有小数。小数点在计算机中通常有两种表示方法：一种是约定所有数值数据的小数点隐含在某一个固定位置上，称为定点表示法，简称定点数；另一种是小数点位置可以浮动，称为浮点表示法，简称浮点数。

定点数通常只用于表示纯整数或纯小数，而对于既有整数部分又有小数部分的数，由于其小数点的位置不固定，一般用浮点数表示。

二进制数跟十进制数一样也有正负之分。在计算机中，常采用数的符号和数值一起编码的方法来表示数据。常用的有原码、反码、补码、移码等。

计算机中的数据除了处理各种数值数据外，还要处理大量非数值的数据，如英文字母、汉字、图形等。

国际通用的字符有十进制数字符号 0~9，大小写英文字母，各种运算符、标点符号等，数量总计不超过 128 个。这些字符在计算机中以二进制形式来表示，称为字符的二进制编码。

因为需要编码的字符不超过 128 个，所以用 7 位二进制数就可以进行编码，但计算机是以字节为单位进行存储，故字符的二进制编码一般占 8 个二进制位。用 ASCII 表示的字符称为 ASCII 码字符，每个字符都有对应的 ASCII 码。

任务 1.2　认识数据的逻辑运算

数制是指用一组固定的符号和一套统一的规则来表示数值的方法。其中，按照进位方式计数的数制称为进位计数制。

（1）十进制数

日常生活中常用 0、1、2、3、4、5、6、7、8、9 这 10 个数码组成的数码串来表示数字，逢十进一。10 就是基数，推而广之，设 R 表示基数，则称之为 R 进制，使用 R 个基本的数码，其加法规则为"逢 R 进一"。在 R 进制中，数码所表示数的大小不仅与基数有关，而且与其所在的位置有关，R^i 就是位权。对于任意一个具有 n 位整数和 m 位小数的 R 进制数 N，按位权展开式可表示为

$$(N)_R = a_{n-1}R^{n-1} + a_{n-2}R^{n-2} + \cdots + a_1R^1 + a_0R^0 + a_{-1}R^{-1} + \cdots + a_{-m}R^{-m}$$

式中，a_i 表示数位上的数码，其取值范围为 0~（R-1），R 为基数，i 为数位的编号。

【例 1-1】 按位权展开十进制数 521.34。

$$521.34 = 5 \times 10^2 + 2 \times 10^1 + 1 \times 10^0 + 3 \times 10^{-1} + 4 \times 10^{-2}$$

（2）二进制数

将基数 R 的值取 2，就是二进制。二进制只有 0 和 1 两个数码，所以只需要两种稳定状态，如高或低、有或无来表示二进制。而十进制则要有 10 种稳定状态物理现象，相比二进制就比较困难。

二进制运算规则简单，加法规则为"逢二进一"，即

$$0+0=0, \ 1+0=1, \ 0+1=1, \ 1+1=10$$

乘法规则为：有 0 出 0，全 1 出 1，即

$$0 \times 0 = 0, \ 0 \times 1 = 0, \ 1 \times 0 = 0, \ 1 \times 1 = 1$$

采用二进制的符号"1"和"0"来表示一个数的时候，其位数要比用十进制长得多，书写和阅读都非常不方便，也不便理解，所以又采用了十六进制来弥补二进制的不足。

（3）十六进制数

十六进制的基数是 16，采用 0、1、2、3、4、5、6、7、8、9、A、B、C、D、E、F 共 16 个数码，加法规则是"逢十六进一"。通常进制之间的对应关系见表 1-1。

表 1-1　进制之间的对应关系

二　进　制	八　进　制	十　进　制	十六进制
0000	0	0	0
0001	1	1	1
0010	2	2	2
0011	3	3	3

（续）

二　进　制	八　进　制	十　进　制	十六进制
0100	4	4	4
0101	5	5	5
0110	6	6	6
0111	7	7	7
1000	10	8	8
1001	11	9	9
1010	12	10	A
1011	13	11	B
1100	14	12	C
1101	15	13	D
1110	16	14	E
1111	17	15	F

各种进制的表示通常有两种方法。一种方法是采用括号括起来，在括号下角写上基数用来表示相应的数值。例如：$(520)_{10}$ 表示十进制数，$(520)_{16}$ 表示十六进制。另一种方法是在数的后面加不同的字母来表示不同的进制，其中 D 表示十进制，B 表示二进制，Q 表示八进制，H 表示十六进制。如 100101B 表示二进制数，100101H 则表示十六进制数。

（4）进制之间的转换

非十进制数转成十进制数的方法为，把非十进制数按位以对应的权值展开，然后累加求和。

【例 1-2】将二进制数 1011. 011 转成十进制数。

$$1011. 011B = 1×2^3+0×2^2+1×2^1+1×2^0+0×2^{-1}+1×2^{-2}+1×2^{-3} = 11. 375D$$

【例 1-3】将十六进制数 D52A 转成十进制数。

$$D52AH = 13×16^3+5×16^2+2×16^1+10×16^0 = 54570D$$

当然在数据恢复的实践中，一般不需要手工计算，可以直接调用计算机系统里自带的计算器（calc. exe），如图 1-4 所示，选择菜单"查看"→"程序员模式"命令，在相应的进制里输入一个数，再单击想要切换的进制即可。

二进制的算术运算与十进制数的运算相似，也有加、减、乘、除四则运算，相对于十进制数的运算，二进制的运算要简单得多，在存储器内部基本上是加法运算，其他的运算一般是采用加法和移位实现，逻辑运算包括"与""或""非""异或"等操作。

数据恢复中，一般文件中毒的破坏就是将数据进行有关运算，只有了解相关的运算后才能对该类型的问题进行相应的处理。

图 1-4　Windows 系统自带的计算器

1.2.1 逻辑或

"或"运算又称为逻辑或，用符号"∨"表示，运算口诀为：有1出1，全0出0。当几个数值相或时，只要有一个是1，其他不管是多少，结果都为1，只有当几个数值全为0时，结果才是0。

假设数值1为A，数值2为B，输出为Y，则逻辑表达式为

$$Y = A \vee B$$

逻辑或真值表如表1-2所示。

表1-2 逻辑或真值表

数值1（A）	数值2（B）	结果（Y）
0	0	0
0	1	1
1	0	1
1	1	1

1.2.2 逻辑与

"与"运算又称为逻辑与，用符号"∧"表示，该运算口诀为：有0出0，全1出1。当几个数值相与时，只要有一个是0，其他的不管是多少，结果都是为0，只有当几个数值全为1时，结果才是1。逻辑与的表达式为

$$Y = A \wedge B$$

逻辑与真值表如表1-3所示。

表1-3 逻辑与真值表

数值1（A）	数值2（B）	结果（Y）
0	0	0
0	1	0
1	0	0
1	1	1

1.2.3 逻辑非

"逻辑非"指本来值的反值，用符号"!"表示，该运算输出相应的反值，即! 1=0,! 0=1，逻辑非真值表如表1-4所示。

表1-4 逻辑非真值表

输　入	输　出
0	1
1	0

1.2.4 逻辑异或

异或（exclusive OR，XOR），数学符号为"⊕"，计算机符号为"XOR"。其运算法则为

$$Y = A \oplus B = (!A \land B) \lor (A \land !B)$$

参与异或运算的两个数，如果两个相应二进制位数值相同，则结果为 0，否则为 1。通俗地讲，异或就是相同的出 0，不同的出 1，其真值表如表 1-5 所示。

表 1-5 逻辑异或真值表

数值 1（A）	数值 2（B）	结果（Y）
0	0	0
0	1	1
1	0	1
1	1	0

任务 1.3 了解数据恢复常用软件

数据恢复软件通过对存储介质底层的数据进行分析和编辑，可以对数据进行全方位的处理。目前市面上有很多简单易操作的数据恢复软件，在数据受到较大破坏的情况下底层编辑软件可能更实用，而这要求操作者对底层数据的理解程度也相对较高。下面介绍几款常用的数据恢复软件。

1.3.1 WinHex 使用方法

WinHex 是一款数据恢复底层编辑软件，该软件功能非常强大，它不仅可以用于恢复硬盘故障造成的数据丢失、检查和修复受损的文件、找回误删除的数据，还具有 Hex（十六进制）和 ASCII 码的编辑、多文件搜索和替换、一般数学计算和逻辑运算、磁盘扇区编辑（支持 FAT 文件系统和 NTFS 文件系统）、自动搜索和编辑、比较和分析文件的数据内容、编辑内存数据等功能。

1. 启动软件

打开 WinHex 后，按〈Enter〉键即可打开"Start Center（启动中心）"对话框，如图 1-5 所示。

图 1-5 "Start Center" 对话框

WinHex 能够根据用户的不同需要而选择
"Open File（打开文件）"、"Open Disk（打开磁
盘）"、打开 RAM 和打开系统中的文件夹。为了方
便用户，WinHex 还提供了最近打开项目的功能，
这里包括方案和脚本选项，方案可以让用户有选择
地保存自己的编辑操作；脚本是一个批量处理函数
指令编辑系统，可以调用各种函数指令进行编程
操作。

打开磁盘功能是数据恢复过程中最常用的一项，
单击"Open Disk"按钮后，弹出如图 1-6 所示的
"Select Disk（选择磁盘）"对话框。

2. 主窗口界面

选择一个物理驱动器，将其打开，其主窗口界
面如图 1-7 所示。

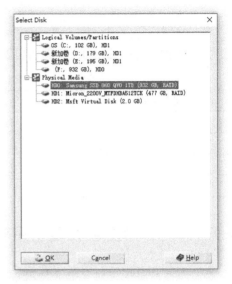

图 1-6　"Select Disk"对话框

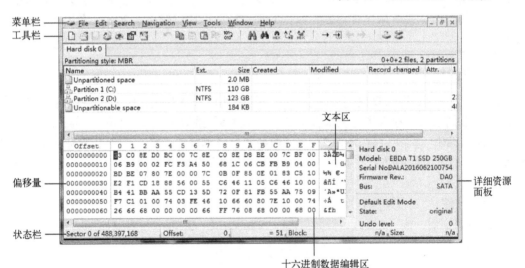

图 1-7　主窗口界面

整个主窗口界面由详细资源面板、菜单栏、偏移量、工具栏、十六进制数据编辑区、文本
区以及状态栏等部分构成。

（1）详细资源面板

WinHex 主窗口的右边是详细资源面板，一共由 6 部分组成：硬盘参数、状态、容量、当
前位置、窗口状态和剪切板。

（2）WinHex 的偏移量

偏移量是地址相对于指定起始地址的位移，即距离。WinHex 的偏移量由水平和垂直的十
六进制坐标组成，它用于专门定位 WinHex 十六进制数据编辑区域中字节的位置。

（3）WinHex 的十六进制数据编辑区

当使用 WinHex 打开一个数据文件进行编辑操作时，所编辑的文件数据都会在 WinHex 转
换成十六进制编码，进一步在 WinHex 的数据编辑区中显示出来。在编辑区的右边有可以上下
拖动的滚动条，以便能够完整地查看数据。

（4）文本区

文本区在数据编辑区的右边一栏，文本区的作用是将 WinHex 十六进制数据编辑区中的数据代码按照一定的编码规则翻译为 ANSI ASCII、IBM ASCII 以及 Unicode 等相应的字符。

（5）状态栏

状态栏位于主窗口的底部，包含一些辅助信息，如：当前扇区号和分区中的扇区总数。

（6）菜单栏

菜单栏位于主窗口上方，是数据恢复过程中最常用到的部分，包含常用的各种快捷功能。

1）编辑-修改数据。修改数据指的是对事先选择好的十六进制数据进行数据运算，如图 1-8 所示，包括加减、反转字节、反转位、左移位、右移位、位移、逻辑运算（与、或、异或）、左旋圆及 ROT13 等运算。

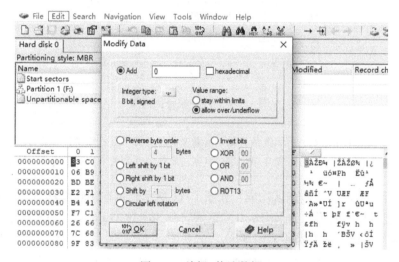

图 1-8　编辑-修改数据

📖 逻辑运算中的与（AND）、或（OR）运算，是不可逆转的，一旦运算后，原数据便无法恢复，请慎用。

2）搜索功能。搜索顾名思义就是搜索数据的具体位置，因为很多文件系统尤其是文件结构，大多都有固定的开头或者结尾，WinHex 提供了多种搜索方式，可以"Find Text（搜索文件）"，也可以"Find Hex Values（搜索十六进制值）"，其菜单命令如图 1-9 所示。

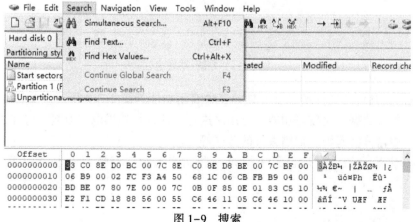

图 1-9　搜索

3）导航–跳转偏移量。文件系统的结构就像一条链，整条链的数据都可以根据前后关系通过计算而推导出来。WinHex 的跳转偏移量功能使得数据的偏移量在确定时可以直接跳转到相应位置，其界面如图 1-10 所示。

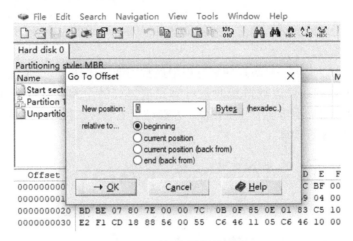

图 1-10　导航–跳转偏移量

📖 跳转偏移量时可以相对于当前打开对象的开始、当前光标位置向下、当前光标位置向上、从尾部向上进行跳转偏移。跳转时的相对单位可以是字节、字、双字、扇区，注意是十进制还是十六进制。

4）导航–跳转扇区。跳转扇区功能，如图 1-11 所示，可在跳转偏移量中实现，在数据恢复过程中此功能被频繁使用。如果想从 0 扇区跳转到 30 433 280 扇区，只需要输入 30 433 280，然后单击"OK"按钮，即可跳转至该扇区。

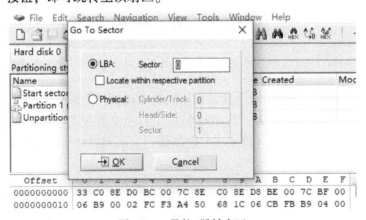

图 1-11　导航–跳转扇区

5）工具。工具包含文件及磁盘工具等多种实用功能如图 1-12 所示。文件工具包含文件合并、分割、整合数据、比较等功能，可用来进行文件碎片的提取与修复。磁盘工具包含克隆磁盘、解析为磁盘分区起始、扫描丢失的分区等功能。

6）选项–常规设置。常规设置主要是一些用户习惯、字体以及基本设置，如图 1-13 所示。

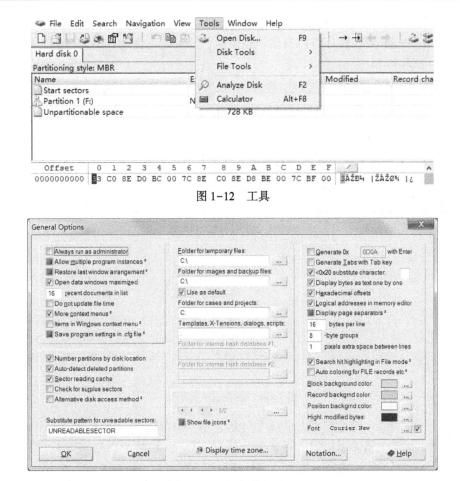

图 1-12　工具

图 1-13　选项-常规设置

1.3.2　R-Studio 使用方法

R-Studio 是一款功能强大的数据恢复软件，与前面介绍的 WinHex 一样，不依赖于磁盘主引导扇区的 "55AA" 有效结束标志，就可以对分区表进行标识并列举出各个分区，利用这种特性进行数据恢复效率高。

1. R-Studio 的特点

R-Studio 的一些基本特点如下。

- 支持 FAT、NTFS、UFS、ExtX、HFS 等文件系统格式，范围更广。
- 参数设置比较灵活，可以根据具体情况进行设置，以便最大可能恢复数据。

1.3.2　R-Studio 使用方法

- 支持远程恢复，可以通过网络的连接恢复远程计算机中的数据。
- 支持分区丢失、格式化、误删除等情况下的数据恢复。
- 不仅支持基本磁盘，还支持动态磁盘。
- 支持 Raid 阵列的数据恢复，包含跨区卷、Raid0、Raid1 及 Raid5 的数据。

2. 分区恢复的操作过程

扫描整个故障磁盘，利用软件自带的智能检索功能，根据搜索到的数据来确定现存的和曾经存在过的分区及其文件系统格式。下面以实例介绍利用 R-Studio 软件恢复分区的整个过程。

　　1）运行 R-Studio 后，程序可以自动识别硬盘，读取到磁盘现存的分区表，从而得知现有的分区现状，如图 1-14 所示。

图 1-14　R-Studio 主界面

　　通过软件可以看到，这个磁盘分为 3 个分区，第一个分区为 NTFS，起始于 1 MB（2048 号扇区）的位置，大小为 100.51 GB；第二个分区为 NTFS，起始于 100.51 GB 的位置，大小为 311.00 GB；第三个分区为 NTFS，起始于 411.51 GB 的位置，大小为 520.00 GB。双击其中的一个分区，就可以遍历这个文件系统并以目录树的形式显示其目录及文件。如图 1-15 所示为所选的第一个分区中的目录及文件。

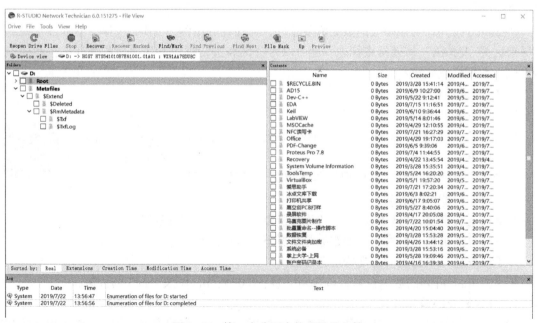

图 1-15　第一个分区中的目录及文件

Root 为根目录，单击 Root 后，可以在右侧的窗口中显示出根目录下所有的目录及文件。Metafiles 为元数据文件目录，存放的是文件系统的管理数据。如果是 FAT32 文件系统的话，里面存放的就是 DoS 引导记录（DoS Boot Record，DBR）及 FAT。

2）将硬盘中的分区删除，重新建立 3 个分区，模拟破坏分区完成。

3）利用 R-Studio 软件来进行分区的修复，从而恢复数据。

① 扫描整个磁盘。如果要找到原来的分区，则需要对磁盘进行整盘扫描，而非单独的分区。右击磁盘，在弹出的快捷菜单中选择"Scan（扫描）"命令，如图 1-16 所示。

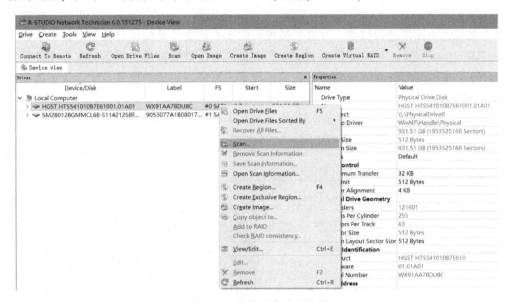

图 1-16　选择磁盘进行扫描

弹出"Scan（扫描设置）"对话框，如图 1-17 所示。在"Scan"对话框中，设置扫描的

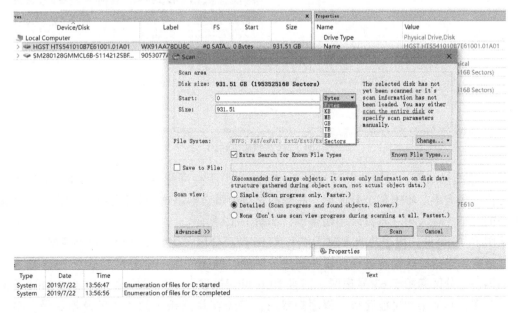

图 1-17　"Scan"对话框

"Start（起始位置）"和"Size（大小）"。默认从磁盘的起始位置开始，同时单位也可以根据需求进行修改。整个磁盘从前到后全部进行扫描，在"Start"文本框和"Size"文本框中分别输入分区的位置和大小就可以确定扫描范围，提高扫描效率。

R-Studio 软件可以支持 ExtX 文件系统、FAT 和 NTFS 文件系统以及 UFS 文件系统。软件默认勾选所有的类型选项，但是在实际情况下只保留可能的文件系统类型，这样可以降低计算机的负载，提高扫描速度，从而减少扫描时间。此例中只有 NTFS 文件系统，那么就可以保留对 NTFS 文件系统类型的勾选。

默认勾选"Extra Search for Known File Types"复选框，使 R-Studio 在进行扫描的同时对已知文件类型的特征值进行扫描，并将扫描得到的同类型文件单独保存在一个目录下面。单击"Known File Types"按钮可以查看 R-Studio 所支持的文件类型种类，但是只有在文件系统破坏得十分严重、文件的元数据信息完全丢失的情况下才需要使用这种恢复方式，为了提高扫描速度不建议选择此项。

设置完成后开始扫描，如图 1-18 所示。

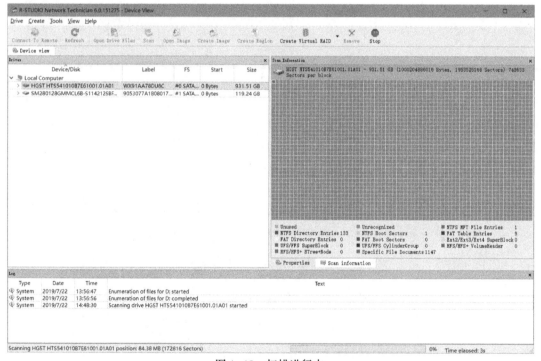

图 1-18　扫描进行中

②查验扫描结果。扫描结束后，R-Studio 将列出所有可能存在的分区，并给出每个分区的起始位置和大小。单击某个分区后，右侧的窗口中就会给出这个分区的逻辑参数，比如每个 FAT 项的大小、簇大小、根目录起始簇等，如图 1-19 所示。

从图 1-19 可见，程序共搜索到了 4 个 NTFS 类型分区，为什么会出现这种情况？

对磁盘原来的分区结构进行破坏并新建分区后，新建的第一个分区起始于 2048 扇区，而原来的第一个分区起始于 63 号扇区，而且 DBR 可能被破坏，这样原第一分区的 DBR 备份可能依然存在，其他结构可能完整。程序扫描时，首先在找到相应的 $MFT 及根目录，根据这些参数虚拟一个分区并解释其中的数据。这个分区就是图中显示的起始位置 Recognized6。可

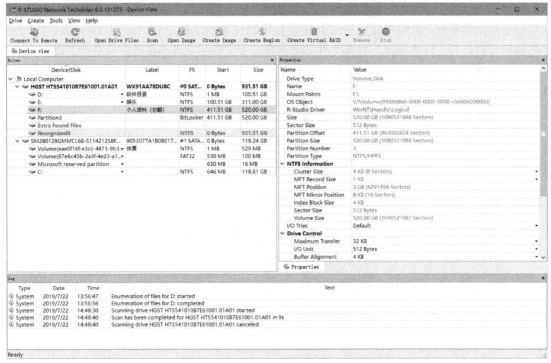

图 1-19　扫描结果

想而知，这个分区正确地解释其中数据的可能性相对较小，所以用红色标识此分区。双击该逻辑磁盘后，R-Studio 即开始根据该分区的参数遍历整个分区，然后在列表中显示找到的目录及文件，如图 1-20 所示。

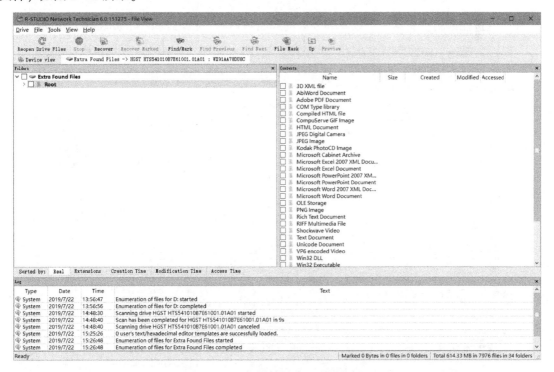

图 1-20　扫描结果分区遍历分析

　　虽然列出了这个分区的目录和文件，目录名和文件名均正确，由于起始位置错误，导致目录区对应的数据区不符，从而根据分析结果并没有得到想要的文件内容，运用 R-Studio 中十六进制的编辑窗口打开文件数据区，根据文件结构判断这个文件的文件头或特征值是否正确。

　　选择需要打开查看的分区，右击，从弹出的快捷菜单中选择"View/Edit（查看/编辑）"命令，具体如图 1-21 所示。

图 1-21　十六进制编辑查看器菜单栏

在十六进制编辑查看器中可以看到分区的起始数值为"EB 52 90"，如图 1-22 所示。

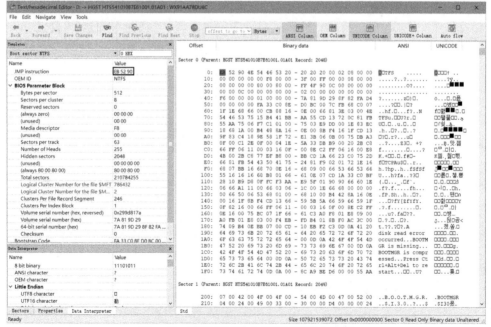

图 1-22　打开分区的十六进制编辑查看器

查阅分析，确定是否是被破坏而丢失的分区，进行数据恢复时，通常利用 WinHex 与 R-Studio 两个数据恢复软件配合使用，协同工作；确定分区后，可单击分区中需要恢复的文件或目录，右击，在弹出的快捷菜单中选择"Recover（恢复）"命令，如图 1-23 所示。

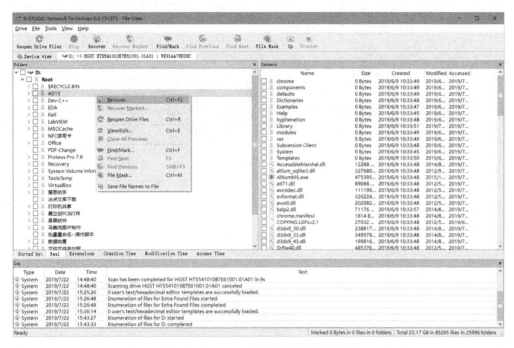

图 1-23　Recover 恢复指定文件或目录

弹出"Recover（恢复选项）"对话框，可选择需要恢复文件的存放位置，也可进行其他恢复类型的选择，例如：恢复数据流、文件夹结构等，如图 1-24 所示。

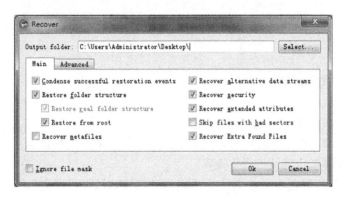

图 1-24　"Recover"对话框

1.3.3　DiskGenius 使用方法

DiskGenius 是一款磁盘管理及数据恢复软件，支持 GPT 磁盘类型（即采用 GUID 分区表）的分区操作，可以建立分区、格式化分区、删除分区等，同时提供了强大的数据恢复功能，如快速找回丢失的分区、误删除文件的恢复、分区被误格式化及分区被破坏后其分区内容的恢复、备份分区、还原分区、复制分区、复制硬盘、快速分区、检查与修复分区表错误、检测与修复坏道等功能。DiskGenius 提供基本磁盘扇区的文件读写功能，支持 VMWare 虚拟磁盘的文件格式，支持各种类型的硬盘、U 盘、存储卡。目前为止，DiskGenius 支持 Windows 操作系统下的 FAT16、FAT32、NTFS 及 EXFAT 文件系统，支持 Linux 操作系统下的 Ext3 和 Ext4 文件系统。DiskGenius 主界面示意图如图 1-25 所示。

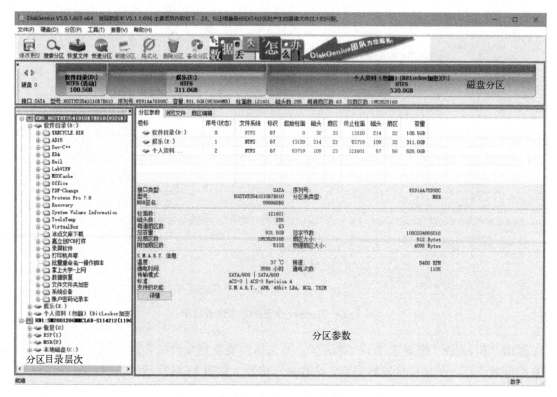

图 1-25　DiskGenius 主界面

主界面主要分为 3 部分：磁盘分区、分区目录层次和分区参数。

DiskGenius 的常用功能如下。

1. 快速分区

使用 DiskGenius 软件的"快速分区"功能（操作系统下同样自带新建分区、格式化功能）可以对存储介质（硬盘、U 盘、SD 等）进行快速分区及格式化操作。

1.3.3　DiskGenius 使用方法

选择需要快速分区的磁盘，右击，从弹出的快捷菜单中选择"快速分区"命令或者按〈F6〉键，打开"快速分区"对话框，如图 1-26 所示。

"快速分区"对话框包括各种选项，可采用默认设置，也可根据自身需求自定义。

● 分区表类型：可选择两种分区类型：MBR 和 GUID。

● 分区数目：可将磁盘分成一个分区或多个分区。

● 高级设置：在 MBR 分区类型中最多有 4 个主分区，如果超过 4 个分区，最多只能分 3 个主分区，具体在后面的章节再作解释。每个分区可以定义各自的配额、卷标名称、文件系统格式（FAT32、NTFS、EXFAT）、"对齐分区到此扇区数的整数倍"（可以选择

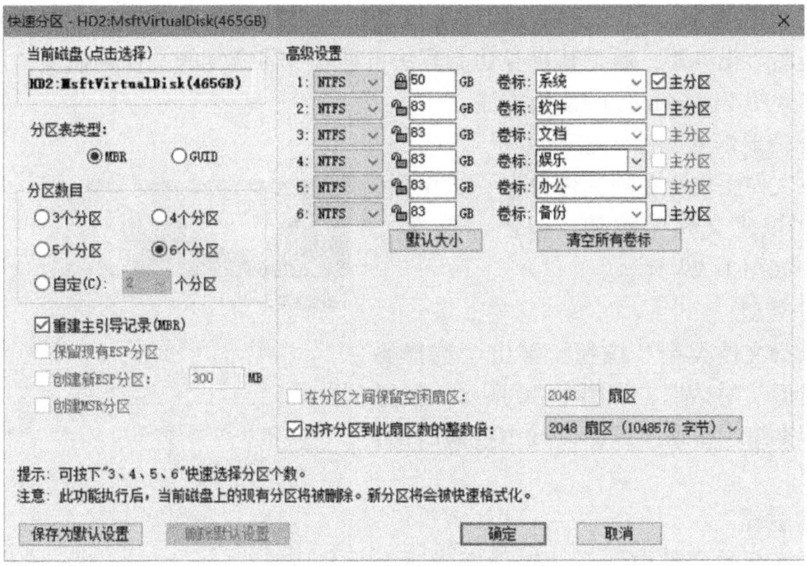

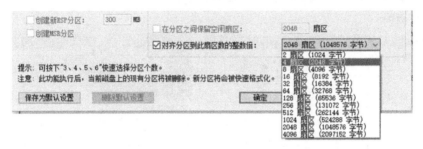

图 1-26 "快速分区"对话框

2048 扇区或者其他选项）选项如图 1-27 所示，单击"确定"按钮后完成快速分区。

图 1-27 "对齐分区到此扇区数的整数倍"选项

2. 搜索分区（搜索丢失分区）

利用"搜索丢失分区"功能来搜索丢失的分区，可自定义选择搜索范围，也可利用磁盘的物理结构原理指定柱面范围进行搜索。软件不会向硬盘写入任何数据，也不会破坏用户的磁盘。利用高级搜索时可在窗口中查看结果，每搜索到一个分区都会向用户发出请求（请求对话框包括是否保留此分区、忽略、停止搜索），"搜索丢失分区"对话框如图 1-28 所示。

3. 恢复文件

当误删除了文件，在没有向此分区存入其他文件的前提下，可以通过 DiskGenius 恢复文件，也可以通过 WinHex 恢复文件。使用

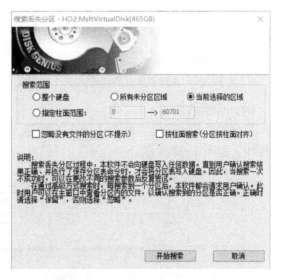

图 1-28 "搜索丢失分区"对话框

WinHex 需要一定的基础知识和使用经验才可顺利找到需恢复的文件。DiskGenius 则相对简单些，可利用其图形化界面，通过其自身功能算法自动查找需恢复的文件并恢复，而且查找更方便。下面简单介绍 DiskGenius 的使用方法。

（1）选择需要恢复文件所在磁盘

首先定位文件丢失所在的具体分区，选中后，单击工具栏"恢复文件"按钮，弹出"恢复文件"对话框，如图 1-29 所示。

（2）文件类型

单击"选择文件类型"按钮，弹出"选择要恢复的文件类型"对话框，如图 1-30 所示。设置文件格式类型来缩小搜索范围，以减少搜索时间，提高搜索效率。

（3）搜索进程

选择需要恢复的文件类型后，软件搜索时会精确抓取。单击"确定"按钮，则开始运行按文件类型的搜索，用户可以等待搜索结束，也可以随时进行暂停或者停止操作，图 1-31 即为正在搜索文件时的对话框。

图 1-29　"恢复文件"对话框

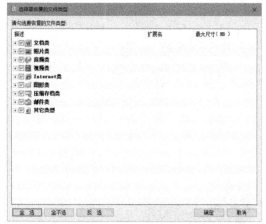

图 1-30　"选择要恢复的文件类型"对话框

图 1-31　搜索进程对话框

（4）搜索结果

粗略估计搜索进度，单击"停止"按钮，停止搜索，同时弹出对话框，让用户进行下一步操作，如图 1-32 所示。

图 1-32　搜索结束后的对话框

可以在对话框中选择文件的属性，也可以利用文件名进行精准查阅。需要注意的是，扫描恢复出来的文件，一定不能放在需要恢复丢失文件的分区，防止需恢复的文件记录被覆盖。

4. 扇区编辑

DiskGenius 同样支持 WinHex 十六进制的编辑，可以进行扇区的编辑，也可以进行查找文本、跳转偏移量等操作，还支持扇区的跳转、字节序的切换、解释为分区起始位置等功能，使用起来十分方便，如图 1-33 所示。

图 1-33 扇区编辑主界面

5. 坏道检测与修复

当磁盘出现卡顿、软件运行不流畅、资料丢失等情况时，可以通过 DiskGenius 对磁盘物理结构进行检测，通过柱面范围选择来检测，检测出现的故障点，可以通过软修复对硬盘进行修复，同时用不同的颜色块号来展示磁盘检测的结果。

首先选择需要修复的磁盘，在磁盘上右击，在弹出的快捷菜单中选择"坏道检测与修复"命令，打开"坏道检测与修复"对话框，如图 1-34 所示。

在此对话框可以设置检测的柱面范围、超时时间、检测时报告准确的扇区号等，单击"开始检测"按钮，进行坏道检测与修复操作。

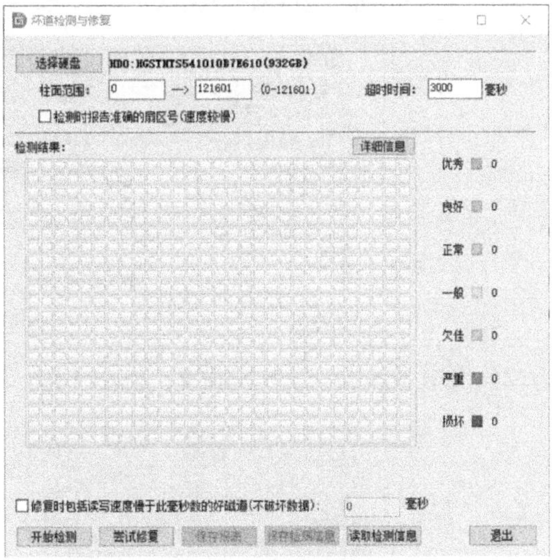

图 1-34 "坏道检测与修复"对话框

任务 1.4 实训

1.4.1 初识用 WinHex 恢复丢失的文件

1. 实训知识

（1）WinHex 的使用方法

见 1.3.1WinHex 使用方法。

（2）MBR 的基础知识

磁盘分区都有一个引导扇区，称为主引导记录（Master Boot Record，MBR）。它位于整个硬盘的第一个扇区：按照 C/H/S 地址描述，即 0 柱面 0 磁头 1 扇区；按照 LBA 地址描述即 0 扇区，它主要由 4 块组成：引导程序、Windows 磁盘签名、分区表、结束标识"55AA"。

（3）分区表的基础知识

为了方便用户对磁盘的管理，操作系统引入磁盘分区的概念，即将一块磁盘逻辑划分为几个区域。在分区表的 64 字节中，以 16 字节为一个分区表项来描述一个分区的结构。在一块硬盘里最多有 4 个主磁盘分区，被激活的分区称为主分区。

（4）文件系统类型

文件系统是操作系统管理分区、组织分区的方式，Windows 操作系统中常用 FAT32、NTFS、ExFAT，Linux 操作系统中常用 Ext4，iOS 系统中常用 HFS+等。

2. 实训目的

1）了解数据恢复的作用。

2）掌握 WinHex 的使用方法。

3. 实训任务

某客户在使用磁盘过程中突然断电，导致再次启动时，磁盘无法正常打开，且文件无法访问。现请使用 WinHex 恢复该磁盘分区中的 008 文件夹。

4. 实训步骤

1）加载故障磁盘。在装有 Windows 操作系统的计算机上，在"磁盘管理"中附加虚拟故障磁盘，如图 1-35 所示。发现磁盘无法正常打开，提示"没有初始化"，初步判断 MBR 扇区故障。

图 1-35　磁盘管理

2）使用 WinHex 打开磁盘 2，显示 MBR 扇区为乱码，如图 1-36 所示。

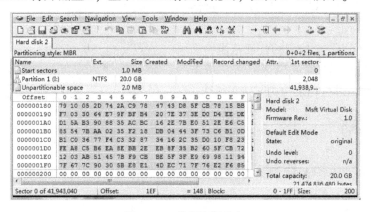

图 1-36　虚拟故障磁盘

3）双击进入 Partition1 分区，可见分区内文件目录均在，如图 1-37 所示。

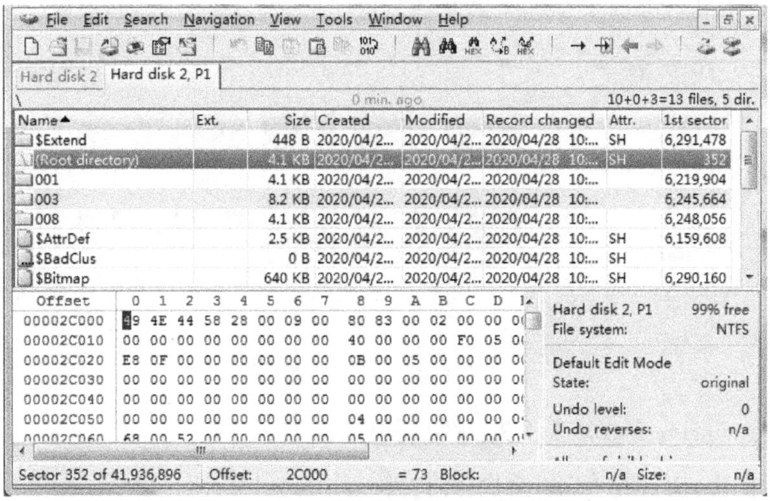

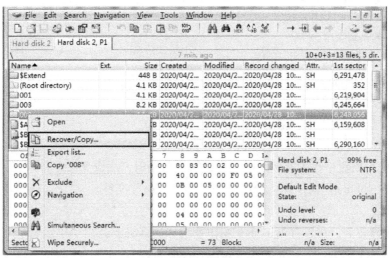

图 1-37 Partition1 分区

4）选中 008 目录，右击，在弹出的快捷菜单中选择"Recover/Copy"命令，如图 1-38 所示。

图 1-38 恢复目录

5）选择保存目录的目标位置，如图 1-39 所示。
6）显示恢复文件至目录位置，如图 1-40 所示。

图 1-39 保存目录的目标位置

图 1-40 恢复文件至目录位置

7）查看 008 目录。打开目标位置 "E:\"，可见 008 目录正常显示，如图 1-41 所示。

图 1-41　目录位置

至此，使用 WinHex 完成恢复丢失文件的任务。

1.4.2　初识用 R-Studio 恢复丢失的文件

1. 实训知识

（1）R-Studio 的使用方法

见 1.3.2 R-Studio 使用方法。

（2）MBR 的基础知识

可参考 1.4.1 节中相关实训知识。

2. 实训目的

1）了解数据恢复的作用。

2）掌握 R-Studio 的使用方法。

3. 实训任务

某客户在使用磁盘过程中突然断电，导致再次启动时，磁盘无法正常打开，且文件无法访问。现请使用 R-Studio 恢复该磁盘分区中的 "ST58.doc" 文件。

4. 实训步骤

1）加载故障磁盘，在装有 Windows 操作系统的计算机上，在 "磁盘管理" 中附加虚拟故障磁盘，如图 1-35 所示。

2）使用 WinHex 打开磁盘，显示 MBR 扇区为空，分区表丢失。如图 1-42 所示。可以判断，MBR 扇区故障。

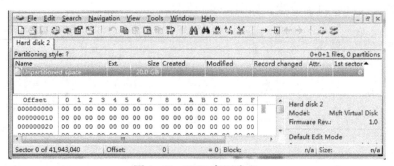

图 1-42　MBR 扇区为空

3）使用 R-Studio 打开故障磁盘，如图 1-43 所示，可见故障磁盘存在，但无分区信息。

图 1-43　用 R-Studio 打开故障磁盘

4）双击故障硬盘，出现故障提示，如图 1-44 所示。

图 1-44　故障提示

5）使用 R-Studio 扫描磁盘。单击工具栏"扫描"按钮，如图 1-45 所示。

图 1-45　R-Studio 扫描

6）弹出"扫描"对话框，如图 1-46 所示。

7）设置扫描区域、文件系统、扫描视图，单击"扫描"按钮，结果显示磁盘中存在 NTFS 分区。如图 1-47 所示。

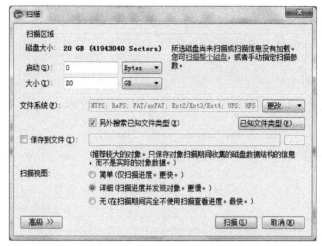

图 1-46 "扫描"对话框

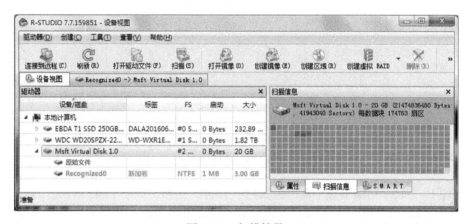

图 1-47 扫描结果

8）双击 Recognized0 磁盘分区，进入分区，分区内容如图 1-48 所示。

图 1-48 Recognized0 磁盘分区内容

9）恢复文件。单击分区内 "Root\doc" 目录，在 "ST58.doc" 文件上右击，在弹出的快捷菜单中选择 "恢复" 命令，如图 1-49 所示，打开 "恢复" 对话框。

图 1-49　恢复文件

10）在"恢复"对话框中设置输出文件夹、恢复选项，单击"确认"按钮，进行文件恢复，如图 1-50 所示。

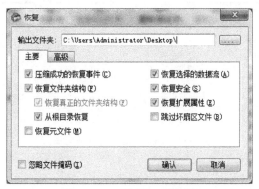

图 1-50　"恢复"对话框

📖 恢复文件时只单纯恢复文件，不恢复根目录及相应目录，可取消"主要"选项卡中"从根目录恢复"复选框的勾选。

至此，完成"ST58.doc"文件恢复。

1.4.3　初识用 DiskGenius 恢复丢失的文件

1. 实训知识

（1）DiskGenius 的使用方法

见 1.3.3 节 DiskGenius 使用方法。

（2）MBR 的基础知识

可参考 1.4.1 节中相关实训知识。

2. 实训目的

1）了解数据恢复的作用。

2）掌握 DiskGenius 的使用方法。

3. 实训任务

某客户在使用磁盘过程中突然断电，导致再次启动时，磁盘无法正常打开，且文件无法访问。现请使用 DiskGenius 恢复该磁盘分区中的"ST55.doc"文件。

4. 实训步骤

（1）加载故障磁盘

在装有 Windows 操作系统的计算机上，在磁盘管理中附加虚拟故障磁盘，如图 1-35 所示。

（2）使用 WinHex 打开磁盘

1）显示 MBR 扇区为空，分区表丢失，如图 1-42 所示。可以判断，MBR 扇区故障。

2）使用 DiskGenius 打开故障磁盘，无法正常查看分区，如图 1-51 所示。

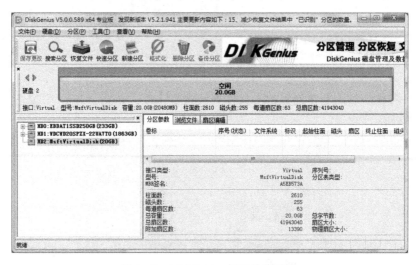

图 1-51　DiskGenius 打开故障磁盘

（3）搜索分区

1）选择故障磁盘，单击"搜索分区"按钮搜索已丢失分区（重建分区表），如图 1-52 所示。

图 1-52　搜索分区

2）弹出的"搜索丢失分区"对话框，如图 1-53 所示。在此设置"搜索范围"为"当前选择的区域"，单击"开始搜索"按钮，进行搜索。

3）搜索过程如图 1-54 所示。

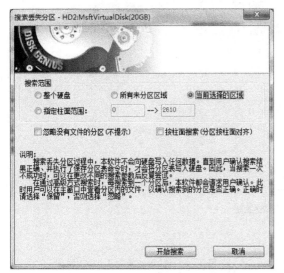

图 1-53　"搜索丢失分区"对话框

图 1-54　搜索进度

4）在搜索过程中搜索到分区，如图 1-55 所示，如果和现有分区不一致，则单击"保留"按钮，否则单击"忽略"按钮，如果扫描结束，可单击"停止搜索"按钮。

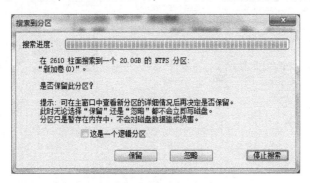

图 1-55　搜索到分区

此处单击"保留"按钮，保留搜索到的分区，继续搜索分区。搜索结束后，出现搜索结果对话框，如图 1-56 所示。

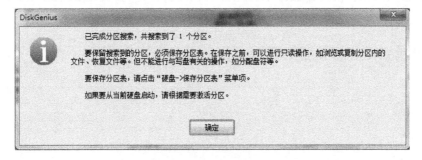

图 1-56　搜索结束

5) 单击"确定"按钮,完成分区修复,如图 1-57 所示。

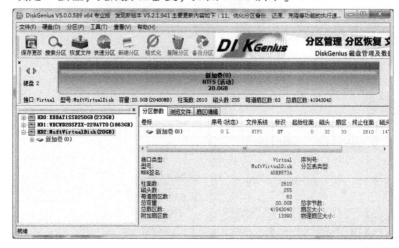

图 1-57   分区修复

(4) 恢复文件

打开恢复的新加卷,可见"doc"目录,在"doc"目录下找到"ST55. doc"文件,右击,在弹出的快捷菜单中选择"复制到指定文件夹"命令,如图 1-58 所示。

图 1-58   恢复文件

至此,完成 DiskGenius 恢复丢失的文件。

项目 2   恢复 FAT32 文件系统数据

FAT32 文件系统采用 32 位二进制数来记录管理的磁盘文件，因 FAT 类文件系统的核心是文件分配表，故命名为 FAT32。FAT32 是从 FAT 和 FAT16 发展而来的，由于 FAT 和 FAT16 格式在目前民用产品上已经被淘汰，只有部分老的工业设备还在使用，因此在此不作介绍。FAT32 的优点是稳定性和兼容性好，能充分兼容 Windows 9X 及以前版本，维护相对方便，缺点是安全性差，且最大只能支持 32 GB，单个文件最大只能支持4 GB。目前 U 盘、SD 卡、TF 卡等存储器多数采用 FAT32 格式，要进行 FAT32 文件系统中的数据恢复，必须熟知 FAT32 文件系统的系统结构、文件管理等知识。本项目将介绍 FAT32 文件系统结构及相关的数据恢复技术。

职业能力目标

◇ 理解 FAT32 文件系统的磁盘布局
◇ 理解 FAT32 文件系统的文件管理方式
◇ 理解 FAT 表的结构组成
◇ 掌握 DBR 的重建与修复方法
◇ 掌握根目录区的重构方法
◇ 掌握子目录区的重构方法
◇ 掌握 FAT32 文件系统中的文件恢复方法

任务 2.1   恢复 FAT32 文件系统的 DBR

任务分析

某公司一位职员习惯使用 U 盘存放数据，在某次使用时，U 盘被格式化。因为存有重要资料，且没有备份，找到维修人员进行数据恢复。

维修人员把 U 盘插入 Windows 系统的计算机上，使用数据恢复软件打开该磁盘，发现磁盘 0 扇区全部为 0，如图 2-1 所示，无法识别文件系统类型，判断 DBR 被病毒破坏。向下搜索 55AA，在第 6 扇区找到一个 DBR 备份，经过分析得出该 DBR 为被破坏的 DBR 备份，将该 DBR 备份复制到 0 扇区就可恢复 U 盘。

📖 FAT32 文件系统的 DBR 备份在正常的 DBR 位置后第 6 扇区，如果完好，可以直接复制备份至 DBR 位置，从而完成 DBR 修复。

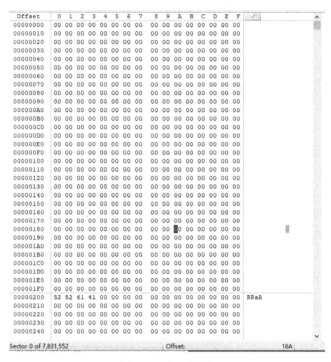

图 2-1　扇区故障

2.1.1　FAT32 文件系统

　　FAT32 文件系统的引导区 DBR 位于文件系统的 0 号扇区，是文件系统隐藏区域的一部分。DBR 中记录着文件系统的起始位置、大小、FAT 表个数及大小等相关信息。在 FAT 文件系统中，同时使用扇区地址和簇地址两种地址管理方式。只有存储用户数据的数据区使用簇进行管理（FAT12 和 FAT16 的根目录除外），所有簇都位于数据区。

　　FAT32 文件系统将逻辑盘的空间划分为 3 部分，依次是引导区（BOOT 区）及保留区、文件分配表区（FAT 区）和数据区（DATA 区）。引导区和文件分配表区又合称为系统区。具体结构如图 2-2 所示。

图 2-2　FAT32 整体结构

　　1）引导区及保留区：在 DBR 之后还有一些保留扇区，在实际恢复中可以不管保留区。

　　2）FAT 区：也称为文件分配表区，用来记录分区中文件系统数据区对应簇的使用状态及文件不连续状态下前后链接关系。FAT32 文件系统中有两个 FAT 表，正常只需要一个 FAT1，FAT2 为 FAT1 的备份。FAT 表有固定的开头 F8 FF FF 0F。

　　3）数据区是 FAT32 文件系统的核心区域，数据文件均存储在该区域，其中也包含了根目录和子目录，数据区的起始位置就是根目录所在的位置，根目录所在位置为 2 号簇。

📖 簇的概念：簇是比扇区大的一个存储单元，类似装有多瓶牛奶的一箱牛奶，每一瓶相当于一个扇区，簇就相当于一箱牛奶。一箱牛奶中具体包含几瓶牛奶，不同厂商有不同的标准，同理，簇大小一般分为 4、8、16、32、64、128 等，这些在系统格式化时已自动分配，一般 FAT32 文件系统的最大簇有 128 个扇区。

2.1.2　FAT32 数据结构

FAT32 文件系统的 DBR 由 5 部分构成，分别是跳转指令、系统版本号、BPB 参数、引导程序和结束标志，如图 2-3 所示。

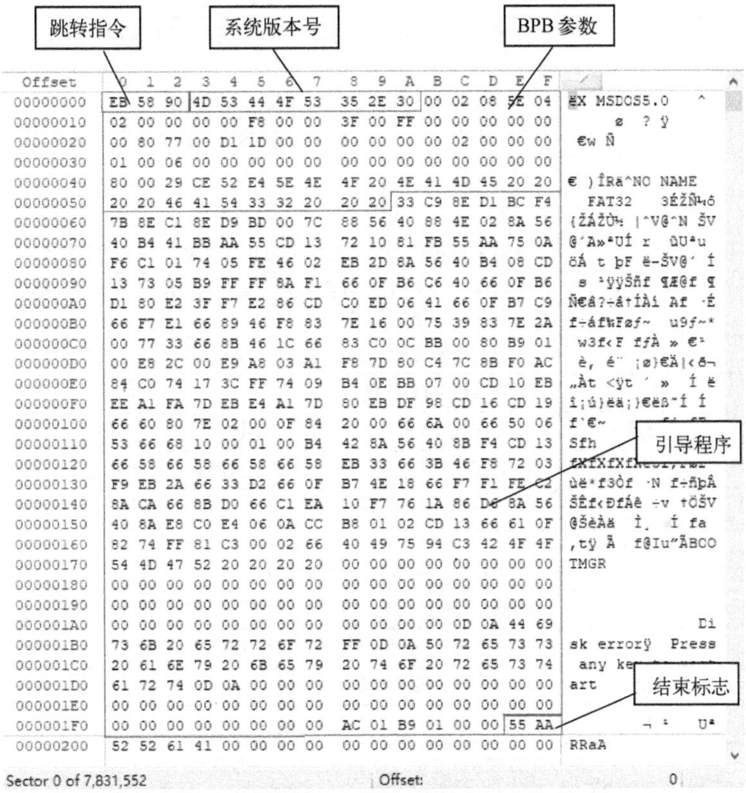

图 2-3　FAT32 的 DBR

通过 FAT32 文件系统的 DBR 模拟修改参数实践可以总结出：在 FAT32 存储介质中，当文件系统版本和引导程序全部清零之后，存储介质仍可正常使用，但跳转指令、BPB 参数和结束标志 3 部分中，任何一部分遭到修改都会使 U 盘文件系统损坏，这就说明在 DBR 中只要记住部分关键参数就可以。结构如表 2-1 所示。

表 2-1　DBR 参数

字节偏移	字段长度/字节	含　　义
00H~02H	3	跳转指令，代表汇编语言的 JMP 52。为 FAT32DBR（固定值 0）
03H~0AH	8	文件系统标志和版本号，这里为 MSDOS5.0
0BH~0CH	2	每扇区字节数，通常为 512（固定值）
0DH~0DH	1	每簇扇区数，通常为 4、8、16、32、64（非固定值）
0EH~0FH	2	DBR 保留扇区（通常计算为当前 DBR 到 FAT1 的扇区数）

（续）

字节偏移	字段长度/字节	含　义
10H~10H	1	FAT 个数，默认一共有两个 FAT（非固定值）
11H~12H	2	FAT32 必须等于 0
13H~14H	2	FAT32 必须等于 0
15H~15H	1	介质描述符，一般为 F8H 标准值，可移动存储介质（固定值）
16H~17H	2	FAT32 必须为 0，FAT12/FAT16 为一个 FAT 所占的扇区数
18H~19H	2	每磁道扇区数，只对于"特殊形状"（由磁头和柱面分割为若干磁道）的存储介质有效，003FH=63
1AH~1BH	2	磁头数，只对特殊的介质才有效，00FFH=255
1CH~1FH	4	隐藏扇区（本分区之前使用的扇区数，是 MBR 或 EBR 到该分区 DBR 之间的扇区数）
20H~23H	4	分区的总扇区数，即分区大小（非固定值）
24H~27H	4	FAT 大小，即一个 FAT 所占用的扇区数（非固定值）
28H~29H	2	FAT32 标记
2AH~2BH	2	FAT32 版本号 0.0
2CH~2FH	4	根目录首簇号，即是数据区的开始位置（一般为 2 号簇）
30H~31H	2	FSINFO（文件系统信息扇区）扇区号 01H，该扇区为操作系统提供关于空簇总数及下一可用簇的信息
32H~33H	2	备份引导扇区的位置。备份引导扇区总是位于文件系统的 6 号扇区
34H~3FH	12	用于以后 FAT 扩展使用
40H~40H	1	与 FAT12/16 的定义相同，只不过两者位于启动扇区不同的位置而已
41H~41H	1	与 FAT12/16 的定义相同，只不过两者位于启动扇区不同的位置而已
42H~42H	1	扩展引导标志，29H。与 FAT12/16 的定义相同，只不过两者位于启动扇区不同的位置而已
43H~46H	4	卷序列号，通常为一个随机值
47H~51H	11	卷标（ASCII 码），如果建立文件系统的时候指定了卷标，会保存在此
52H~59H	8	文件系统格式的 ASCII 码，FAT32
5AH~1FDH	420	引导代码，420 字节
1FEH~1FFH	2	签名标志"55 AA"（固定值）

　　一般 U 盘或其他 TF 卡在格式化时系统会自动分配参数，因为只有一个分区，所以可以不用 MBR（主引导）。有的系统在格式化 U 盘或其他 TF 卡时产生 MBR，而有的则直接以分区出现无 MBR（此例无 MBR）。MBR 的相关内容在项目 5 中详细介绍，在学习本项目时如果遇到 MBR 相关问题可以直接进入项目 5 学习相应的知识，或者使用随书提供的镜像示例文件。

　　因为 DBR 很重要，所以系统一般会有备份，备份 DBR 在正常 DBR 位置后第 6 扇区，参数与 DBR 一致。

2.1.3　重要概念

2.1.3　重要概念

1. 目录项

　　目录项是 FAT32 文件系统的重要组成部分，其主要作用是管理文件及目录。分区中的每个文件和目录均被分配 32 字节的目录项，用以描述文件或目录的文件名、属性、大小、起始簇号、时间和日期等信息。

　　分区根目录下的文件及文件夹的目录项存放在根目录区，分区子目录下的文件及文件夹的目录项存放在子目录区中，根目录区和子目录区都在数据区中。

　　FAT32 的目录项分为 4 类：短文件名目录项、长文件名目录项、"."目录项和".."目录项、卷标目录项。

2. 短文件名目录项

　　短文件名目录项占 32 字节，包含文件名、扩展名、属性、起始簇号及文件大小等内容，其含义见表 2-2。

表 2-2　FAT32 短文件名目录项的含义

字节偏移	长度/字节	内容及含义
00H	8	主文件名
08H	3	文件的扩展名
0BH	1	文件属性
0CH	1	未用
0DH	1	文件创建时间，精确到 10 ms
0EH	2	文件创建时间，包括时、分、秒
10H	2	文件创建日期，包括年、月、日
12H	2	文件最近访问日期，包括年、月、日
14H	2	文件起始簇号的高位
16H	2	文件修改时间，包括时、分、秒
18H	2	文件修改日期，包括年、月、日
1AH	2	文件起始簇号的低位
1CH	4	文件大小（以字节为单位）

　　文件属性的具体值见表 2-3。

表 2-3　文件属性

值（二进制）	值（十六进制）	含　义
00000000	00	读/写
00000001	01	只读
00000010	02	隐藏
00000100	04	系统
00001000	08	卷标
00010000	10	子目录
00100000	20	存档

　　根目录中存放若干文件，如图 2-4 所示，每个文件使用目录项表示，在查看文件所在位置及文件大小时选择短文件名目录项。图中，标①处为主文件名；标②处为扩展名；标③处为文件所在的高位簇号及低位簇号；标④处为 E5，当文件被删除时会把第 1 字节修改成 E5；标⑤处为文件属性。

3. 长文件名目录项

　　从 Windows 95 开始，文件名 "8.3" 格式的限制被打破了。文件名可以超过 8 个字符，可

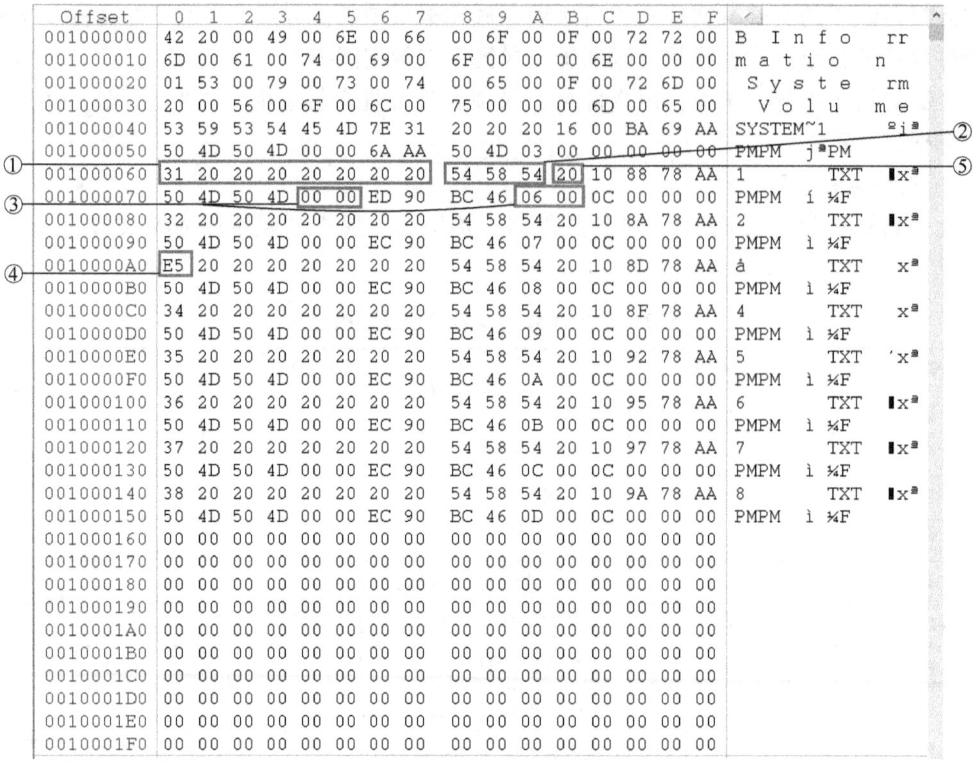

Offset	0	1	2	3	4	5	6	7	8	9	A	B	C	D	E	F					
001000000	42	20	00	49	00	6E	00	66	00	6F	00	0F	00	72	72	00	B	I	n	f	o	r r
001000010	6D	00	61	00	74	00	69	00	6F	00	00	00	6E	00	00	00	m a	t i	o	n
001000020	01	53	00	79	00	73	00	74	00	65	00	0F	00	72	6D	00	S y	s t	e	r m
001000030	20	00	56	00	6F	00	6C	00	75	00	00	00	6D	00	65	00	V o	l u	m	e
001000040	53	59	53	54	45	4D	7E	31	20	20	20	16	00	BA	69	AA	SYSTEM~1		ºﾟiª
001000050	50	4D	50	4D	00	00	6A	AA	50	4D	03	00	00	00	00	00	PMPM	jªPM
001000060	31	20	20	20	20	20	20	20	54	58	54	20	10	88	78	AA	1	TXT	▌xª
001000070	50	4D	50	4D	00	00	ED	90	BC	46	06	00	0C	00	00	00	PMPM	í ¼F
001000080	32	20	20	20	20	20	20	20	54	58	54	20	10	8A	78	AA	2	TXT	▌xª
001000090	50	4D	50	4D	00	00	EC	90	BC	46	07	00	0C	00	00	00	PMPM	ì ¼F
0010000A0	E5	20	20	20	20	20	20	20	54	58	54	20	10	8D	78	AA	å	TXT	xª
0010000B0	50	4D	50	4D	00	00	EC	90	BC	46	08	00	0C	00	00	00	PMPM	ì ¼F
0010000C0	34	20	20	20	20	20	20	20	54	58	54	20	10	8F	78	AA	4	TXT	xª
0010000D0	50	4D	50	4D	00	00	EC	90	BC	46	09	00	0C	00	00	00	PMPM	ì ¼F
0010000E0	35	20	20	20	20	20	20	20	54	58	54	20	10	92	78	AA	5	TXT	′xª
0010000F0	50	4D	50	4D	00	00	EC	90	BC	46	0A	00	0C	00	00	00	PMPM	ì ¼F
001000100	36	20	20	20	20	20	20	20	54	58	54	20	10	95	78	AA	6	TXT	▌xª
001000110	50	4D	50	4D	00	00	EC	90	BC	46	0B	00	0C	00	00	00	PMPM	ì ¼F
001000120	37	20	20	20	20	20	20	20	54	58	54	20	10	97	78	AA	7	TXT	▌xª
001000130	50	4D	50	4D	00	00	EC	90	BC	46	0C	00	0C	00	00	00	PMPM	ì ¼F
001000140	38	20	20	20	20	20	20	20	54	58	54	20	10	9A	78	AA	8	TXT	▌xª
001000150	50	4D	50	4D	00	00	EC	90	BC	46	0D	00	0C	00	00	00	PMPM	ì ¼F
001000160	00	00	00	00	00	00	00	00	00	00	00	00	00	00	00	00	
001000170	00	00	00	00	00	00	00	00	00	00	00	00	00	00	00	00	
001000180	00	00	00	00	00	00	00	00	00	00	00	00	00	00	00	00	
001000190	00	00	00	00	00	00	00	00	00	00	00	00	00	00	00	00	
0010001A0	00	00	00	00	00	00	00	00	00	00	00	00	00	00	00	00	
0010001B0	00	00	00	00	00	00	00	00	00	00	00	00	00	00	00	00	
0010001C0	00	00	00	00	00	00	00	00	00	00	00	00	00	00	00	00	
0010001D0	00	00	00	00	00	00	00	00	00	00	00	00	00	00	00	00	
0010001E0	00	00	00	00	00	00	00	00	00	00	00	00	00	00	00	00	
0010001F0	00	00	00	00	00	00	00	00	00	00	00	00	00	00	00	00	

图 2-4   目录项

以使用中文，扩展名也可以超过 3 个字符，这种格式的文件名就称为长文件名。当创建长文件名时，对应的短文件名的存储有以下 3 种处理原则。

1）取长文件名的前 6 个字符加上 "~1" 形成短文件名，其扩展名不变。

2）如果已存在这个名词的文件，则符号 "~" 后的数字自动增加。

3）出现 DOS 和 Windows3. x 非法字符，则以下画线 "_" 替代。

每个长文件名目录项也占用 32 字节，一个目录项作为长文件名目录项使用时可以存储 13 个字符，如果文件名很长，就需要很多个目录项，这些目录项按倒序排列在其短文件名目录项之前。长文件名各目录项的含义见表 2-4。

表 2-4   FAT32 长文件名目录项的含义

字节偏移	长度/字节	内容及含义
00H	1	序列号
01H	10	文件名的第 1~5 个 Unicode 码字符
0BH	1	长文件名目录项的属性标志，固定为 "0F"
0CH	1	保留
0DH	1	短文件名校验和
0EH	12	文件名的第 6~11 个 Unicode 码字符
1AH	2	始终为 0
1CH	4	文件名的第 12~13 个 Unicode 码字符

4. 根目录

FAT32 文件系统中，统一在数据区中的根目录区为根目录创建目录项，并由 FAT 表为文件的内容分配簇来存放数据。根目录区的首簇由格式化程序指派，并把簇号记录在 DBR 的 BPB 中。

5. "." 目录项和 ".." 目录项

在子目录所在的文件目录项区域中，总有两个特殊的目录项，"." 目录项和 ".." 目录项，其中 "." 目录项描述子目录本身的信息，".." 目录项描述上一级目录的信息。

6. 高位簇

在文件目录项的偏移 "14H～15H" 处是文件起始簇号的高位簇，偏移 "1AH～1BH" 处是文件起始簇号的低位簇。这 4 字节共同构成了文件的起始簇号。在手工提取文件时，需要计算文件的起始簇号，计算公式：

$$文件起始簇号=高位簇×65536+低位簇$$

7. FAT

FAT（File Allocation Table，文件分配表）是 FAT32 文件系统中非常重要的组成部分，FAT 有两个重要作用：描述簇的分配状态及标明文件或目录的下一簇的簇号。其作用及特点具体如下。

1）FAT 由 FAT 表项组成，FAT32 中每个表项占 32 位（即 4 字节）。一个扇区 512 字节，每个表项占 4 字节，则一个扇区可记录 128 个表项（512/4=128）。

2）FAT 表项从 0 开始编号。0 号表项与 1 号表项被系统保留并存储特殊标志内容。从 2 号表项开始，每个表项描述的地址对应于数据区的相应簇号。文件系统的数据区从 2 号表项（簇）开始记录，也就是根目录所在的簇号。

3）当文件系统被创建时，在 FAT1 与 FAT2 的 0 号表项与 1 号表项写入特定值。0 号表项在完好的 FAT32 文件系统中固定值为 F8 FF FF 0F，1 号表项是文件系统的错误标志。

4）如果某个簇未被分配使用，它对应的 FAT 表项值为 0；当某个簇已被分配使用，则它对应的 FAT 表项内的表项值也就是该文件的下一个存储位置的簇号。如果该文件结束于该簇，则在它的 FAT 表项中记录的是一个文件结束标记（0x0FFFFFFF）。

5）如果某个簇存在坏扇区，则整个簇会用 0xFFFFFF7 标记为坏簇，这个坏簇标记就记录在它所对应的 FAT 表项中。

6）当分区格式化后，用户所存储的文件就会以簇的形式记录在文件系统的数据区中，而且一个文件至少占用一个簇。如果文件只占用一个簇，对应的 FAT 表项将会写入结束标记。如果文件占用多个簇，则在其所占用的每个簇对应的 FAT 表项中写入为其分配的下一簇的簇号，在最后一个簇对应的 FAT 表项中写入结束标记。

2.1.4　任务实施

将磁盘插入计算机后，系统提示格式化，如图 2-5 所示。注意一定要单击"取消"按钮，如果单击了"格式化磁盘"按钮恢复会稍麻烦，在本项目后面会介绍。

修复步骤如下。

（1）打开磁盘

使用 WinHex 打开磁盘，发现 0 号扇区（此例中为 DBR 所在扇区）被清零。

图 2-5　提示格式化

（2）搜索

1）通过 Find Hex Values（查找十六进制值）功能搜索有用的信息（单击图 2-6 中标①处所示的"HEX"按钮，则打开对话框），DBR 被破坏，最简单的恢复方法是尝试用备份 DBR 进行修复。

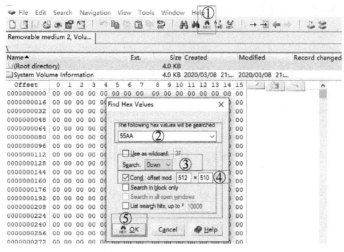

图 2-6　查找十六进制值

2）DBR 的标志可以通过表 2-1 中列为固定值的参数进行查找，例如可以搜索"EB5290"，也可以搜索"55AA"。此例搜索"55AA"（图 2-6 中标②处）。从当前位置往下搜索（图 2-6 中标③处），注意偏移量是"512=510"（图 2-6 中标④处），即从每个扇区的510 向下开始匹配（因为"55AA"所在位置为一个扇区的最后 2 字节），如果搜索"EB5290"，则偏移量为"512=0"。单击"OK"按钮，开始搜索（图 2-6 中标⑤）。

（3）利用备份 DBR 恢复 DBR

通过短暂的搜索，在第 6 扇区搜索到疑似 DBR 备份，通过向下验证 FAT 及根目录的方式，确定其为有效 DBR 备份。将备份扇区数据选中，通过按〈Ctrl+Shift+C〉键复制，再跳转至 0 扇区（DBR 所在），通过按〈Ctrl+B〉键粘贴并保存。

（4）重新加载磁盘

将磁盘重新加载，系统已不再提示格式化，磁盘可以正常打开，也可以正常打开磁盘内的文件。

至此磁盘修复完毕。

📖　〈Ctrl+B〉键用于覆盖写入，〈Ctrl+V〉键用于插入写入，两者用途不同。修复完故障硬盘后须重新加载刷新数据。如果是 U 盘，需要重新插拔，虚拟盘则需要卸载后重新加载。

任务 2.2　恢复 FAT32 文件系统中丢失的文件

2.2　恢复 FAT32 文件系统中丢失的文件

2.2.1　删除文件操作

数据恢复是在数据丢失后通过技术手段恢复丢失的文件。

数据丢失有很多种情况，例如：文件误删除、目录破坏或者丢失、误格式化等。本节对文件删除进行介绍，了解文件删除前后文件系统的结构变化。

1. 文件删除前的底层分析

首先分析 FAT32 文件系统下正常文件删除前后文件系统发生的变化，主要对比 FAT、根目录、文件内容扇区等内容。以"test1. txt"文件为例，讲解文件的各部分结构。

该文件在 FAT32 文件系统中分为 3 部分管理，分别为文件目录项、FAT 和数据区。文件"test1. txt"目录项的内容如图 2-7 所示。

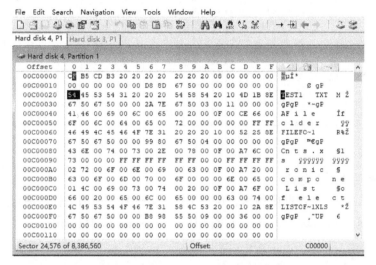

图 2-7　文件"test1. txt"目录项内容

从目录项可知，该文件只占用一个簇，即 3 号簇，文件大小为 11H（十进制值为 17），图 2-8 为该文件在 FAT 中的存储情况。

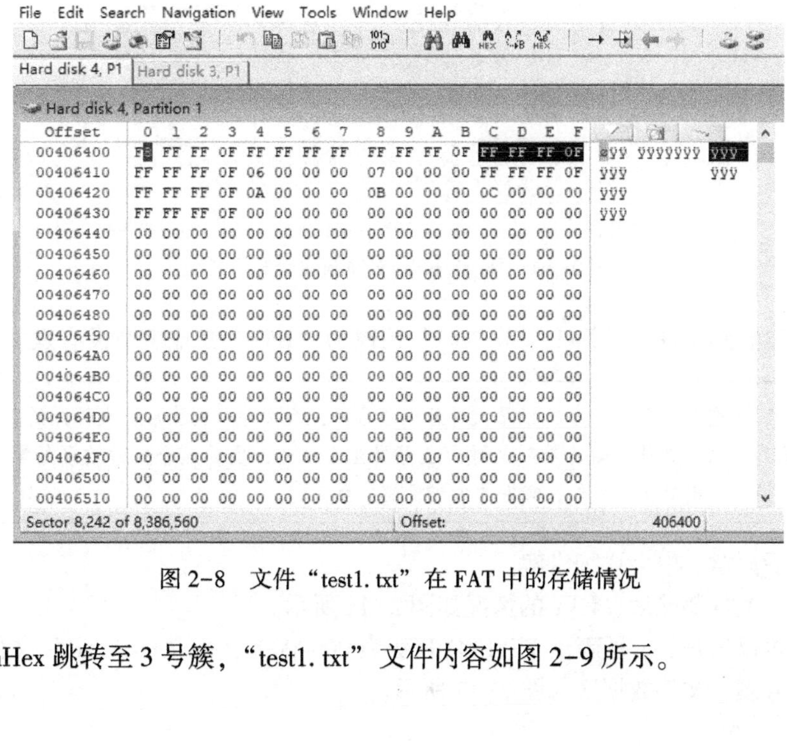

图 2-8　文件"test1. txt"在 FAT 中的存储情况

使用 WinHex 跳转至 3 号簇，"test1. txt"文件内容如图 2-9 所示。

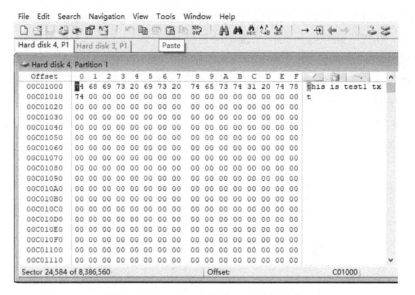

图 2-9　"test1.txt"文件 3 号簇的内容

2．文件删除后的底层分析

现在把"test1.txt"文件彻底删除，再对 FAT、文件目录项和数据区进行分析。

首先彻底删除"test1.txt"文件，查看其目录项，如图 2-10 所示。

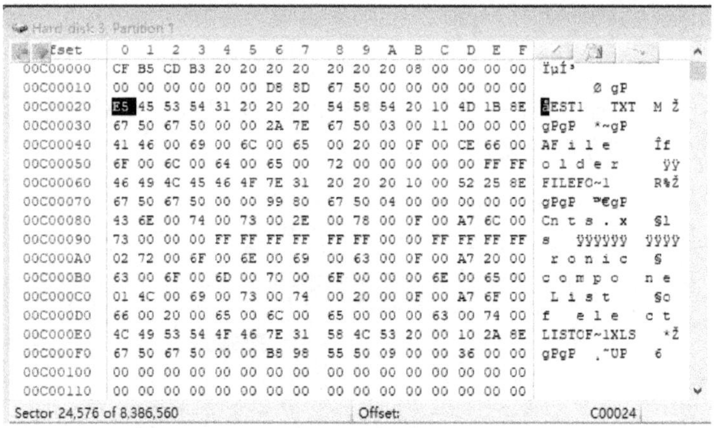

图 2-10　"test1.txt"文件删除后的目录项

从图中可以看到文件名的第 1 字节"54"已改为"E5"，其他字节没有发生变化。

📖 注：因为 FAT32 文件系统是用 4 字节记录文件开始簇号的，当文件被删除后，文件开始簇号高位的 2 字节是要被清零的，所以"文件开始簇号"实际上已经发生了改变，因为这个文件的开始簇号高位 2 字节本身就是零，所以看不出变化。另外，文件的大小没有发生变化。

高位簇在后面章节中会详细讲解。

"test1.txt"文件删除后，FAT 的情况如图 2-11 所示。

通过对比可以发现，3 号簇由 FFFFFF0F 变为 00000000，而"test1.txt"文件就放在 3 号簇。跳转至 3 号簇，文件数据区如图 2-12 所示。

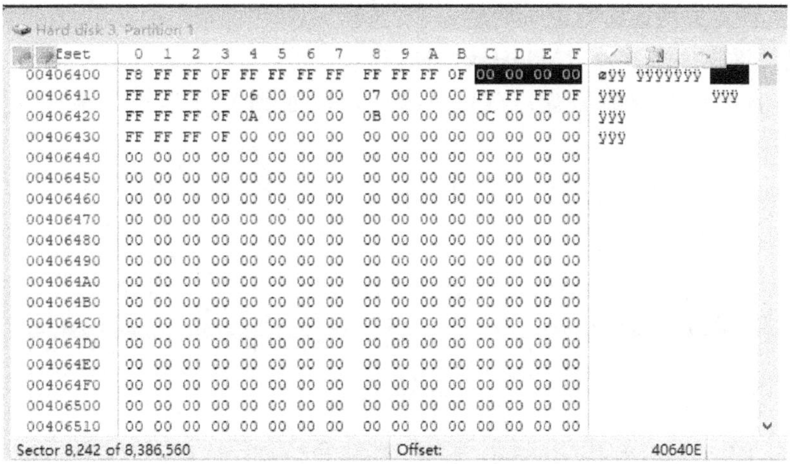

图 2-11　"test1.txt"文件删除后的 FAT

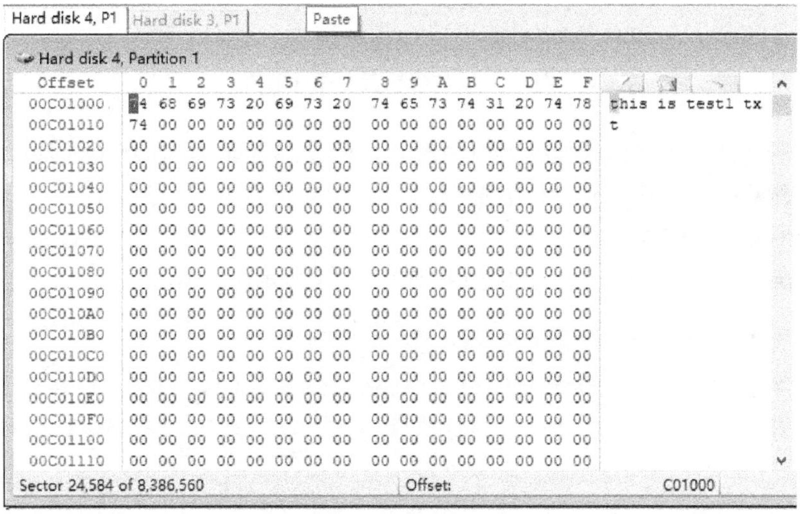

图 2-12　3 号簇的内容

可以发现 3 号簇所在的文件内容没有发生任何变化。数据区内容是最重要的，如果数据区被清除了，则文件将无法恢复，正因为数据内容还在，所以提供了数据恢复的可能性。通过以上对比，可以总结出文件删除后文件系统发生的变化。

1）对应文件内容占用簇的 FAT 表项清零，则表示该簇可以被其他文件使用。如果没有写入新文件，那对应簇的文件内容不变，但如果有新文件写入，则有可能会写入该簇，原有的内容会在新文件写入时会被覆盖，原文件可能无法再恢复成功。

2）目录区中文件目录项首字节修改成"E5"。

2.2.2　恢复删除的文件

通过对 FAT32 文件系统删除文件前后进行对比，可以得出结论：文件删除后只是 FAT 中的簇链被清零，文件目录项的首字节修改成"E5"，数据区无变化。对于 FAT 中簇链连续的被删文件，其恢复过程相对简单。对于簇链不连续的被删文件，恢复过程较复杂，恢复成功的可能也相对较小。

文件删除的恢复方法通常有以下两种。

1. 通过底层数据恢复软件（WinHex）恢复

用 WinHex 直接打开故障磁盘，在目录项中可以看到文件第一个字符变成了"?"，如图 2-13 中①处。

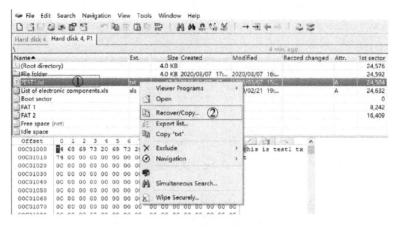

图 2-13　故障磁盘文件目录项

只需要右击文件，在弹出的快捷菜单中选择"Recover/copy"命令（图 2-13 中②处），就可以直接将被删除的文件恢复到目标位置中。

2. 使用 R-Studio 恢复

使用 R-Studio 打开故障磁盘，分区内容如图 2-14 所示。

图 2-14　故障磁盘分区内容

从图中可知，"?est1.txt"为被删除文件，选择该文件，右击，从弹出的快捷菜单中选择"恢复"命令或者按〈Ctrl+F2〉快捷键，将其恢复至目标位置，如图 2-15 所示。

恢复的"?est1.txt"文件可以正常打开，如图 2-16 所示。

至此，完成通过 R-Studio 对被删除文件的恢复。

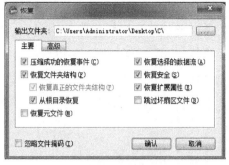
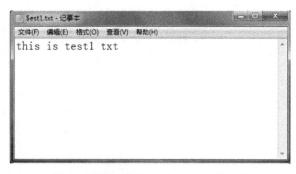

图 2-15　恢复文件　　　　　　　图 2-16　恢复的 "?est1.txt" 文件内容

2.2.3　有高位簇文件的删除恢复

数据存储时，当文件较多或较大时，低位簇被全部占用，则须启用高位簇。文件删除的同时会清除目录项中的高位簇，导致文件所在位置错误，这时按照之前文件删除的恢复方法恢复出来的文件是错误的。

下面以恢复 "106.txt" 文件为例，分析高位簇文件的删除恢复。

"106.txt" 文件删除前的目录项如图 2-17 所示。

Offset	0 1 2 3 4 5 6 7	8 9 A B C D E F			
0DC3B400	2E 20 20 20 20 20 20 20	20 20 20 10 00 03 E6 73	.		æs
0DC3B410	F0 50 F0 50 03 00 E7 73	F0 50 EF 50 00 00 00 00	ðPðP	çsðPïP	
0DC3B420	2E 2E 20 20 20 20 20 20	20 20 20 10 00 03 E6 73	..		æs
0DC3B430	F0 50 F0 50 00 00 E7 73	F0 50 00 00 00 00 00 00	ðPðP	çsðP	
0DC3B440	31 30 31 20 20 20 20 20	54 58 54 20 10 04 E6 73	101	TXT	æs
0DC3B450	F0 50 F0 50 03 00 ED 44	AD 4E F0 50 10 00 00 00	ðPðP	íD-NðP	
0DC3B460	31 30 32 20 20 20 20 20	54 58 54 20 10 00 00 00	102	TXT	
0DC3B470	F0 50 F0 50 03 00 9C 6A	9D 4E F1 50 0C 00 00 00	ðPðP	œj NñP	
0DC3B480	31 30 33 20 20 20 20 20	54 58 54 20 10 05 E6 73	103	TXT	æs
0DC3B490	F0 50 F0 50 03 00 9C 6A	9D 4E F2 50 0C 00 00 00	ðPðP	œj NòP	
0DC3B4A0	31 30 34 20 20 20 20 20	54 58 54 20 10 06 E6 73	104	TXT	æs
0DC3B4B0	F0 50 F0 50 03 00 9C 6A	9D 4E F3 50 0C 00 00 00	ðPðP	œj NóP	
0DC3B4C0	31 30 35 20 20 20 20 20	54 58 54 20 10 07 E6 73	105	TXT	æs
0DC3B4D0	F0 50 F0 50 03 00 9C 6A	9D 4E F4 50 0D 00 00 00	ðPðP	œj NôP	
0DC3B4E0	31 30 36 20 20 20 20 20	54 58 54 20 10 07 E6 73	106	TXT	æs
0DC3B4F0	F0 50 F0 50 03 00 9C 6A	9D 4E F5 50 0C 00 00 00	ðPðP	œj NõP	
0DC3B500	31 30 37 20 20 20 20 20	54 58 54 20 10 08 E6 73	107	TXT	æs
0DC3B510	F0 50 F0 50 03 00 9C 6A	9D 4E F6 50 0C 00 00 00	ðPðP	œj NöP	
0DC3B520	31 30 38 20 20 20 20 20	54 58 54 20 10 09 E6 73	108	TXT	æs
0DC3B530	F0 50 F0 50 03 00 9C 6A	9D 4E F7 50 0C 00 00 00	ðPðP	œj N÷P	
0DC3B540	31 30 39 20 20 20 20 20	54 58 54 20 10 0A E6 73	109	TXT	æs
0DC3B550	F0 50 F0 50 03 00 9C 6A	9D 4E F8 50 0C 00 00 00	ðPðP	œj NøP	
0DC3B560	31 31 30 20 20 20 20 20	54 58 54 20 10 0A E6 73	110	TXT	æs
0DC3B570	F0 50 F0 50 03 00 9C 6A	9D 4E F9 50 0C 00 00 00	ðPðP	œj NùP	

图 2-17　"106.txt" 文件删除前的目录项

从图中可知 "106.txt" 文件的高位簇号（14H ~ 15H 处）为 0003H，即 3，低位簇号（1AH ~ 1BH 处）为 50F5H，即 20725。彻底删除 "106.txt" 后其目录项内容如图 2-18 所示。

由 2.2.1 节可知文件删除后，文件目录项中的低位簇、文件大小未变化，文件名的首字节修改成 "E5"，FAT 中相应的表项簇链被清空，而高位簇文件被删除后会增加一个变化：目录项的高位簇删除。

恢复高位簇删除文件，主要是确定其高位簇号。通常会用以下两种方法完成高位簇删除文件的恢复。

1. 使用 R-Studio 扫描

使用 R-Studio 扫描到的文件通常非常多，有的不一定是需要的，这时需要从大量数据中找到所需恢复的文件。扫描结果如图 2-19 所示。

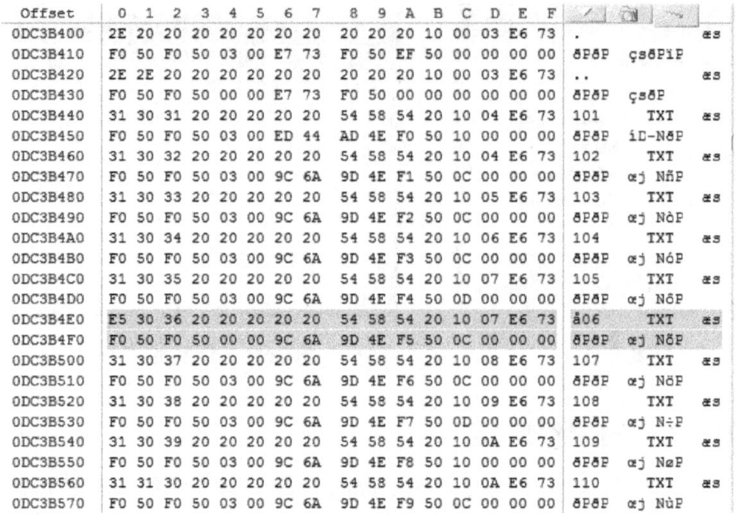

图 2-18 "106.txt" 文件删除后的目录项

图 2-19 R-Studio 扫描后的分区文件

双击 "?06.txt" 文件，内容如图 2-20 所示。由图可知，此 txt 文件内容正常，说明文件定位正确，而且是被删除文件。根据目录中的前后文件判断，此文件为被删除的 "106.txt" 文件。

图 2-20 "?06.txt" 文件内容及相应属性

选择"?06. txt"文件，右击，在弹出的快捷菜单中选择"恢复"命令，并将此文件恢复至目标位置。恢复出的文件可正常打开，内容如图 2-21 所示。

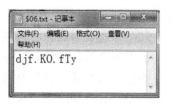

图 2-21　"?06. txt"文件内容

2. 通过子目录下其他文件的高位簇来定位

被删文件的同目录下有正常文件存在时，可以定位至正常文件的目录项，通过尝试正常文件高位簇来定位被删文件，也可以通过被删文件所在子目录的高位簇来推出被删文件的高位簇。

在图 2-22 中，"? 06. txt"文件的前后文件均为正常文件，在 FAT32 文件系统中，通常会按文件的存储顺序依次写入文件的目录项。从目录项判断其前后文件所在的高位簇为 3，故此文件的高位簇为 3 的可能性很大。

```
Offset    0  1  2  3  4  5  6  7   8  9  A  B  C  D  E  F    ╱  ▨  ╱
0DC3B400  2E 20 20 20 20 20 20 20  20 20 20 10 00 03 E6 73   .            æs
0DC3B410  F0 50 F0 50 03 00 E7 73  F0 50 EF 50 00 00 00 00   ðPðP  çsðPïP
0DC3B420  2E 2E 20 20 20 20 20 20  20 20 20 10 00 03 E6 73   ..           æs
0DC3B430  F0 50 F0 50 00 00 E7 73  F0 50 F0 50 00 00 00 00   ðPðP  çsðP
0DC3B440  31 30 31 20 20 20 20 20  54 58 54 20 10 04 E6 73   101      TXT æs
0DC3B450  F0 50 F0 50 03 00 ED 44  AD 4E F0 50 10 00 00 00   ðPðP  íDNðP
0DC3B460  31 30 32 20 20 20 20 20  54 58 54 20 10 04 E6 73   102      TXT æs
0DC3B470  F0 50 F0 50 03 00 9C 6A  9D 4E F1 50 0C 00 00 00   ðPðP  œj ñP
0DC3B480  31 30 33 20 20 20 20 20  54 58 54 20 10 05 E6 73   103      TXT æs
0DC3B490  F0 50 F0 50 03 00 9C 6A  9D 4E F2 50 0C 00 00 00   ðPðP  œj òP
0DC3B4A0  31 30 34 20 20 20 20 20  54 58 54 20 10 06 E6 73   104      TXT æs
0DC3B4B0  F0 50 F0 50 03 00 9C 6A  9D 4E F3 50 0C 00 00 00   ðPðP  œj óP
0DC3B4C0  31 30 35 20 20 20 20 20  54 58 54 20 10 07 E6 73   105      TXT æs
0DC3B4D0  F0 50 F0 50 03 00 9C 6A  9D 4E F4 50 0D 00 00 00   ðPðP  œj ôP
0DC3B4E0  E5 30 36 20 20 20 20 20  54 58 54 20 10 07 E6 73   å06      TXT æs
0DC3B4F0  F0 50 F0 50 00 00 9C 6A  9D 4E F5 50 0C 00 00 00   ðPðP  œj õP
0DC3B500  31 30 37 20 20 20 20 20  54 58 54 20 10 08 E6 73   107      TXT æs
0DC3B510  F0 50 F0 50 03 00 9C 6A  9D 4E F6 50 0C 00 00 00   ðPðP  œj öP
0DC3B520  31 30 38 20 20 20 20 20  54 58 54 20 10 09 E6 73   108      TXT æs
0DC3B530  F0 50 F0 50 03 00 9C 6A  9D 4E F7 50 0D 00 00 00   ðPðP  œj ÷P
0DC3B540  31 30 39 20 20 20 20 20  54 58 54 20 10 0A E6 73   109      TXT æs
0DC3B550  F0 50 F0 50 03 00 9C 6A  9D 4E F8 50 10 00 00 00   ðPðP  œj øP
0DC3B560  31 31 30 20 20 20 20 20  54 58 54 20 10 0A E6 73   110      TXT æs
0DC3B570  F0 50 F0 50 03 00 9C 6A  9D 4E F9 50 0C 00 00 00   ðPðP  œj ùP
```

图 2-22　"? 06. txt"文件所在子目录区

此文件低位簇为 50F5H，即 20725，高位簇为 3，计算得出簇号为 $3 \times 65536 + 20725 = 217333$，定位至相应的位置，内容如图 2-23 所示。

```
Offset    0  1  2  3  4  5  6  7   8  9  A  B  C  D  E  F
0DC3CC00  64 6A 66 2E 4B 4F 2E 66  54 79 0D 0A 00 00 00 00   djf.KO.fTy
0DC3CC10  00 00 00 00 00 00 00 00  00 00 00 00 00 00 00 00
0DC3CC20  00 00 00 00 00 00 00 00  00 00 00 00 00 00 00 00
0DC3CC30  00 00 00 00 00 00 00 00  00 00 00 00 00 00 00 00
0DC3CC40  00 00 00 00 00 00 00 00  00 00 00 00 00 00 00 00
```

图 2-23　"? 06. txt"文件所在区域

由图 2-23 可知文件定位正确，此文件的高位簇为 3。可选中文件内容，按〈Ctrl+Shift+N〉快捷键，将新建文件保存至目标位置，完成高位簇文件恢复。

2.2.4　任务实施

下面以实例讲解如何提取高位簇文件。此例中演示如何手工提取"常用器件 01. rar"文件。操作步骤如下。

（1）加载磁盘，定位文件目录项

在 Windows 操作系统中加载磁盘，使用 WinHex 打开磁盘及分区，定位文件所在的目录项，如图 2-24 所示。

（2）根据文件目录项判断文件是否为高位簇文件

由图 2-24 可以判断文件已被标记删除，文件的目录项中高位簇为 0，此时需要判断此文件是否位于高位簇，读取此文件的低位簇号 0801H，即 2049，此例中簇大小为 16，跳转至 2049 号簇，即 73712 号扇区，内容如图 2-25 所示。

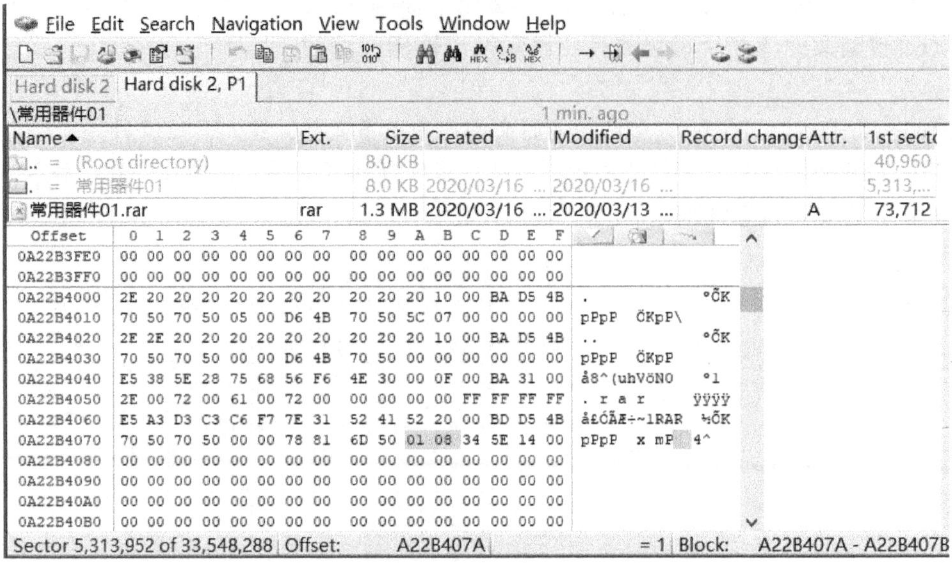

图 2-24　文件目录项

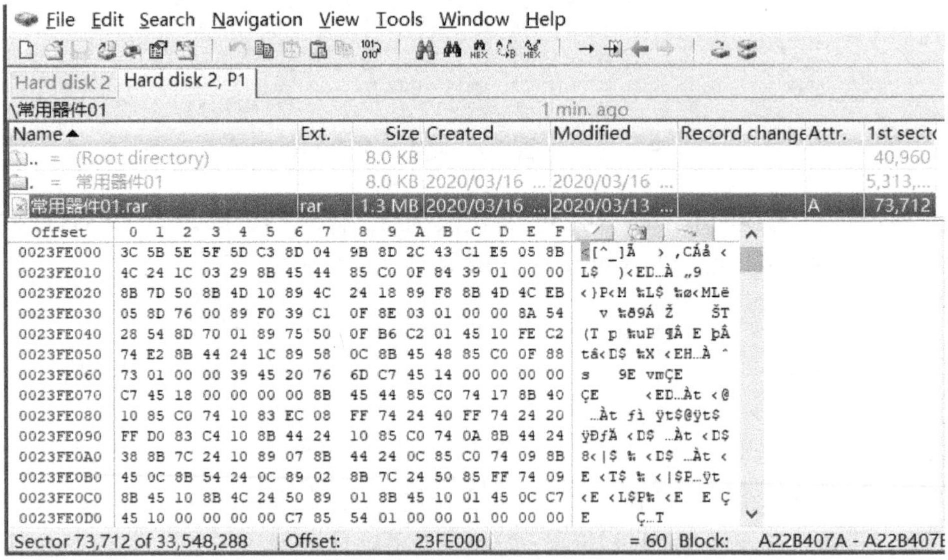

图 2-25　2049 号簇所在位置数据区域

从图中可知数据开头部分不符合"rar"文件头的要求，因而可判断此文件是高位簇文件。

（3）根据目录区及前后文件判断高位簇号，并计算起始簇号

根据前面提到的方法，利用文件所在的子目录区目录项所记录的高位簇号进行尝试，从而确定文件起始簇号。此例中目录区所在的高位簇号为 5，文件所在的低位簇号为 2049，代入

公式

文件起始簇号 = 高位簇号 × 65536 + 低位簇号

进行计算，文件的起始簇号为 5×65 536+2049 = 329 729，簇大小为 16，即 5 316 592 扇区，记录文件的大小，跳转至文件的起始扇区。

（4）定位文件，提取文件

跳转至文件起始扇区，此区域数据符合"rar"文件头的格式，判断文件高位簇号正确，根据文件大小提取文件至目标位置，如图 2-26 所示。

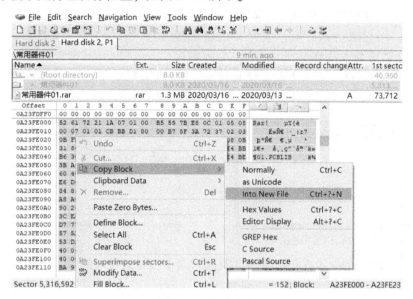

图 2-26　提取文件

（5）测试文件

提取的文件是"rar"格式，利用解压软件打开文件，单击"测试"按钮检测文件的好坏，如图 2-27 所示，该文件没有损坏，提取文件正确。

图 2-27　测试文件

至此，高位簇删除文件"常用器件01.rar"恢复完成。

任务 2.3　恢复子目录

2.3.1　文件或目录损坏的原因

在 FAT32 文件系统中存在很多故障情况，常见的故障现象有：加载磁盘后发现磁盘显示 RAW（如图 2-28 所示）而无法访问磁盘，或打开磁盘出现"无法访问：文件或目录损坏且无法读取。"的错误信息（如图 2-29 所示）而无法读取文件或目录（如图 2-30 所示）等。

图 2-28　故障磁盘出现 RAW 现象

图 2-29　无法访问磁盘　　　　　图 2-30　无法访问目录

出现图 2-28 所示的故障现象的原因可能是 FAT 中根目录对应的 FAT 表项删除，导致文件系统无法定位根目录，从而无法正常访问磁盘。

当打开分区中的某个文件或目录时，出现图 2-29 和图 2-30 所示的故障现象，原因可能是 FAT 中目录或文件对应的 FAT 表项删除，导致无法访问文件或目录。

2.3.2　恢复方法

文件或目录损坏且无法读取可能的原因是 FAT 有损坏，通常可手工提取文件或目录，也可修复 FAT。

1. 利用数据恢复软件手工提取数据

手工提取文件或目录，可以使用各类数据恢复软件进行，如 R-Studio、DiskGenius、WinHex 等软件，操作方法简单。下面举例使用 R-Studio 手工提取故障磁盘中的文件或目录。此例中以"File Folder"目录为例，读取该目录时报错。

恢复步骤如下。

（1）使用 WinHex 查看磁盘故障原因

使用 WinHex 打开故障磁盘，在根目录中发现"File Folder"目录区在 3 号簇，如图 2-31 所示。

图 2-31　根目录区

（2）查看 FAT

从 DBR 中读取 FAT1 所在扇区位置 6156，跳转至 FAT1 所在扇区，发现 FAT 的 3 号簇位置全部为 00，"File Folder" 目录对应的 FAT 表项被删除，如图 2-32 所示。

Offset	0 1 2 3 4 5 6 7	8 9 A B C D E F	
00301800	F8 FF FF 0F FF FF FF 0F	FF FF FF 0F 00 00 00 00	ǿỹỹ ỹỹỹỹỹỹỹ
00301810	FF FF FF 0F FF FF FF 0F	FF FF FF 0F 08 00 00 00	ỹỹỹ ỹỹỹ ỹỹỹ
00301820	FF FF FF 0F 0A 00 00 00	FF FF FF 0F 0C 00 00 00	ỹỹỹ ỹỹỹ
00301830	FF FF FF 0F 0E 00 00 00	FF FF FF 0F 10 00 00 00	ỹỹỹ ỹỹỹ
00301840	FF FF FF 0F 12 00 00 00	FF FF FF 0F 14 00 00 00	ỹỹỹ ỹỹỹ
00301850	FF FF FF 0F 16 00 00 00	FF FF FF 0F 18 00 00 00	ỹỹỹ ỹỹỹ
00301860	FF FF FF 0F 00 00 00 00	00 00 00 00 00 00 00 00	ỹỹỹ

图 2-32　FAT1 扇区

"File Folder" 对应的 FAT 表项被删除，导致其无法正常访问。

（3）使用恢复软件手工恢复目录

使用 R-Studio 打开故障磁盘，内容如图 2-33 所示。

图 2-33　"File Folder" 目录

从图 2-33 可知 FAT 损坏后，使用数据恢复软件不影响文件及目录显示。选择需要恢复的文件或目录，右击，在弹出的快捷菜单中选择 "恢复" 命令，保存至目标位置。

2. 修复 FAT 表项

FAT 直接影响磁盘的访问程度，FAT 表项存储着目录或文件的相应簇链，一旦表项出错，磁盘访问会报错，无法正常读取相应的目录或文件。

修改 FAT 表项的步骤如下。

步骤（1）和步骤（2）与利用数据恢复软件手工提取数据的步骤相同，此处省略。

（3）修复 FAT 表项

由步骤（1）和步骤（2）得知，"File Folder" 目录在 3 号簇，FAT1 中对应的 3 号簇位被删除，修改对应 FAT 表项为 0FFFFFFFH，修复后的 FAT1 如图 2-34 所示。以同样的方法修复FAT2 中的对应 3 号簇数据，保存数据。

Offset	0 1 2 3 4 5 6 7	8 9 A B C D E F	
00301800	F8 FF FF 0F FF FF FF FF	FF FF FF 0F 0F FF FF 0F	øỹỹ ỹỹỹỹỹỹỹ ỹỹỹ
00301810	FF FF FF 0F FF FF FF 0F	FF FF FF 0F 08 00 00 00	ỹỹỹ ỹỹỹ ỹỹỹ
00301820	FF FF FF 0F 0A 00 00 00	FF FF FF 0F 0C 00 00 00	ỹỹỹ ỹỹỹ
00301830	FF FF FF 0F 0E 00 00 00	FF FF FF 0F 10 00 00 00	ỹỹỹ ỹỹỹ
00301840	FF FF FF 0F 12 00 00 00	FF FF FF 0F 14 00 00 00	ỹỹỹ ỹỹỹ
00301850	FF FF FF 0F 16 00 00 00	FF FF FF 0F 18 00 00 00	ỹỹỹ ỹỹỹ
00301860	FF FF FF 0F 00 00 00 00	00 00 00 00 00 00 00 00	ỹỹỹ

图 2-34　修复后的 FAT1

（4）重新加载磁盘

修改数据后的磁盘需要重新加载。如果是 U 盘或硬盘，可以选择 "脱机"，再以 "联机"的方法进行重新加载；如果是虚拟磁盘，可以选择同样的方法加载，也可以选择 "分离 vhd"的方法先卸载，再附加磁盘重新加载。

1）此例中使用虚拟磁盘，在 "磁盘管理" 中选择 "脱机" 卸载磁盘，如图 2-35 所示。

2）选择菜单"操作"→"刷新"选项，再右击磁盘，在弹出的快捷菜单中选择"联机"命令，重新加载磁盘，结果如图 2-36 所示。

图 2-35   脱机状态   图 2-36   联机状态

3）双击该磁盘分区，查看"File Folder"目录修复情况，结果如图 2-37 所示。

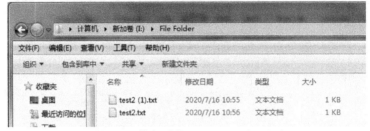

图 2-37   修复后的"File Folder"目录

2.3.3   文件名变乱码的恢复方法

在 FAT32 文件系统中，当打开分区出现文件名乱码现象，可能的原因有 DBR 中的每簇扇区数错误导致目录区定位错误、目录区故障（如病毒导致乱码、目录加密处理）等。

下面以实例介绍每簇扇区数错误导致文件名变乱码的恢复方法。

步骤如下。

1）打开磁盘，发现磁盘的根目录下的文件名显示正常，如图 2-38 所示，进入子目录发现文件名出现乱码或者打不开，如图 2-39 所示。

图 2-38   正常的根目录

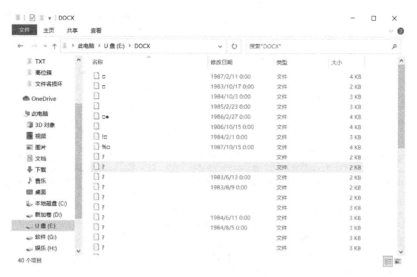

图 2-39　子目录区文件名出现乱码

2）使用 WinHex 打开磁盘，根目录区定位正常，单击子目录，发现子目录对应的区域明显错误，非正常目录区，如图 2-40 所示。初步判断是 DBR 扇区中的每簇扇区数参数错误，目前 DBR 记录的每簇扇区数为 32。

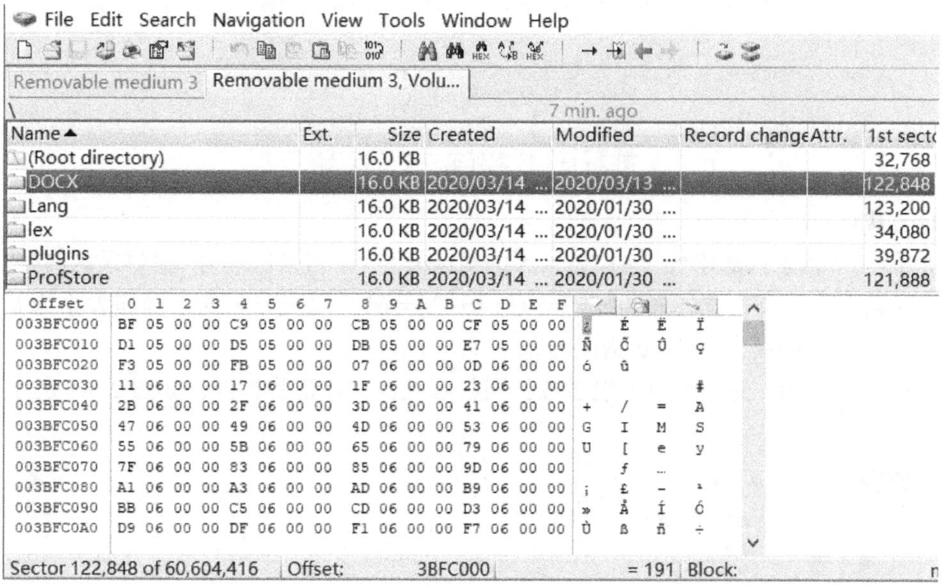

图 2-40　子目录区

3）定位根目录区，通过搜索子目录区的 ".." 目录项（即子目录的上一级目录），向下查找根目录中的正常子目录，如图 2-41 所示，1A1BH 处为 "0000" 表示根目录。搜索参数如图 2-42 所示。

4）在 35200 扇区搜索到子目录区，如图 2-43 所示，从图中可知子目录所在簇号为 40，扇区号为 35200。

根目录区所在簇号为 2，扇区号为 32768，由公式计算簇大小（即每簇扇区数）。

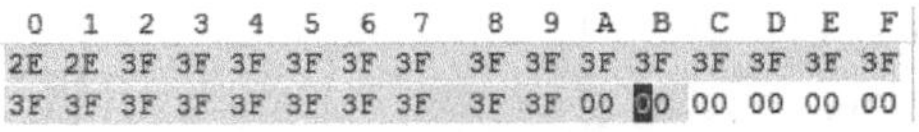

```
  0 1 2 3 4 5 6 7   8 9 A B C D E F
2E 2E 3F 3F 3F 3F 3F  3F 3F 3F 3F 3F 3F 3F 3F
3F 3F 3F 3F 3F 3F 3F  3F 3F 00 00 00 00 00 00
```

图2-41　模拟上一级目录为根目录的目录项　　　图2-42　搜索".."目录项

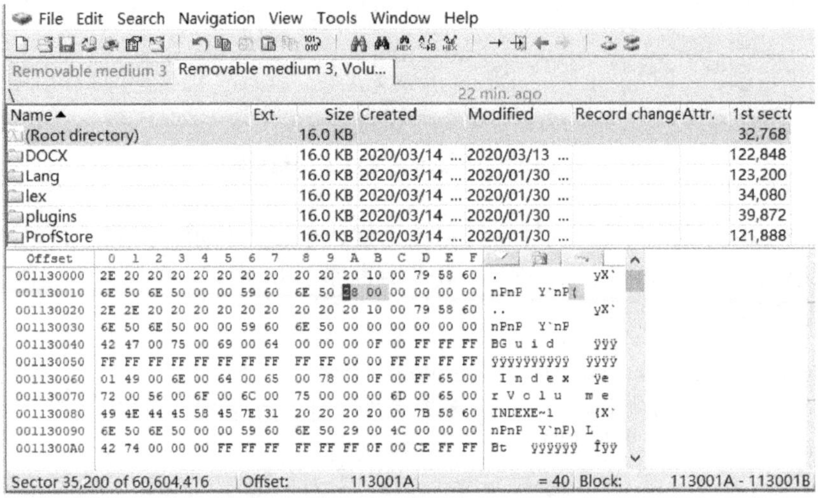

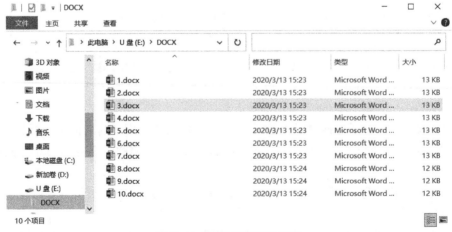

图2-43　搜索到第一个子目录区

计算公式：

簇大小=（子目录区的扇区号−根目录区的扇区号）/（子目录区簇号−根目录区簇号）

把上述数据代入公式，（35200−32768）/（40−2）=64，说明分区的正确簇大小为64，由此可知，DBR中现有的簇大小32是错误的。

5）重新填写DBR的每簇扇区数参数，刷新磁盘，文件正常打开，如图2-44所示。

图2-44　恢复正常的目录区

至此，因每簇扇区数参数错误导致的文件名变乱码恢复完毕。

2.3.4　任务实施

根目录区因病毒破坏导致文件名变乱码，导致所有的文件及目录无法正常访问。出现此类故障，可能是根目录区有加密或处理可恢复，也可能是真乱码而无法恢复。下面以实例介绍根目录区被异或加密导致目录区文件名乱码的恢复方法。

步骤如下。

1）打开磁盘，如图 2-45 所示，磁盘下所有文件名都变成乱码，且所有文件及目录无法访问。初步判断是根目录被破坏。

图 2-45　根目录区的文件名变乱码

2）使用 WinHex 打开，发现根目录区所在扇区变成乱码，如图 2-46 所示。

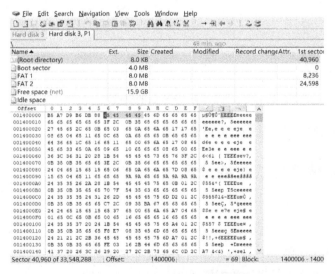

图 2-46　用 WinHex 打开根目录

3）观察根目录区数据，发现偏移 06~09H 处原本应是"20202020"，现在变为"45454545"。尝试将"45454545"异或"20H"，得到"65H"。选中根目录区所有乱码数据异或"65H"，如图 2-47 所示，异或后根目录区恢复正常，如图 2-48 所示。

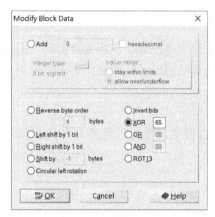

图 2-47 异或 "65H"

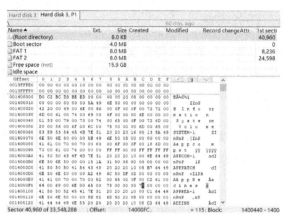

图 2-48 异或 "65H" 后的根目录区

4）打开磁盘，根目录下的文件名恢复正常，文件可正常访问，如图 2-49 所示。

图 2-49 恢复后的根目录

至此，根目录区文件名变乱码的故障恢复完毕。

任务 2.4 恢复被误格式化的分区

任务分析

某公司一位职员在使用某个 U 盘时，由于误操作把 U 盘格式化了。U 盘中存有重要资料，且没有备份，故找到维修人员进行数据恢复。

维修人员把 U 盘插入 Windows 系统的计算机上，使用数据恢复软件打开该磁盘，发现 U 盘分区正常，但目录下无任何文件及目录显示，但根目录后扇区内有数据，初步判断是误格式化导致 U 盘数据无法正常访问。

2.4.1　手工提取根目录下的文件

当 FAT32 文件系统格式化后，DBR、根目录区、FAT 等区域的数据会重新写入，原有的信息丢失，导致原先保存在根目录下的文件及目录无法正常访问。数据区（除根目录区重写外）均未发生变化，格式化前的文件及目录数据依然存在于磁盘中，只是根目录区中的目录项丢失。如果根目录下的文件是连续文件，恢复的方法相对简单；如果是不连续的文件，因 FAT 表项被重写，此时文件恢复比较麻烦，需把文件每个片断搜索到后再合并，对文件结构的要求非常高。

下面通过实例介绍格式化后手工提取根目录下文件的方法，以提取"py3book30. zip"文件为例。

1）使用 WinHex 打开磁盘，进入分区查看，发现根目录下无任何文件及目录，如图 2-50 所示。

图 2-50　格式化后的根目录区

2）通过搜索子目录区的".."目录项（即子目录的上一级目录）来查找根目录中正常子目录，搜索值设置如图 2-51 所示，1A1BH 处为"0000"表示根目录。搜索参数如图 2-52 所示。

```
  0 1 2 3 4 5 6 7   8 9 A B C D E F
 2E 2E 3F 3F 3F 3F 3F 3F  3F 3F 3F 3F 3F 3F 3F 3F
 3F 3F 3F 3F 3F 3F 3F 3F  3F 3F 00 00 00 00 00 00
```

图 2-51　模拟上一级目录为根目录的目录项　　　　图 2-52　向下搜索".."目录项

3）搜索到第一个子目录区，如图 2-53 所示，从图中可知为"JPG"目录区，将该目录区本身的目录项信息（即前两行数据）复制至根目录区，修改目录名为"JPG"，如图 2-54 所示。继续向下搜索子目录区，搜索到第二个子目录区，如图 2-55 所示，目录区显示为"DOC"目录区，在根目录区重构该虚拟子目录"DOC"，结果如图 2-56 所示。继续向下搜索，未找到其他子目录。

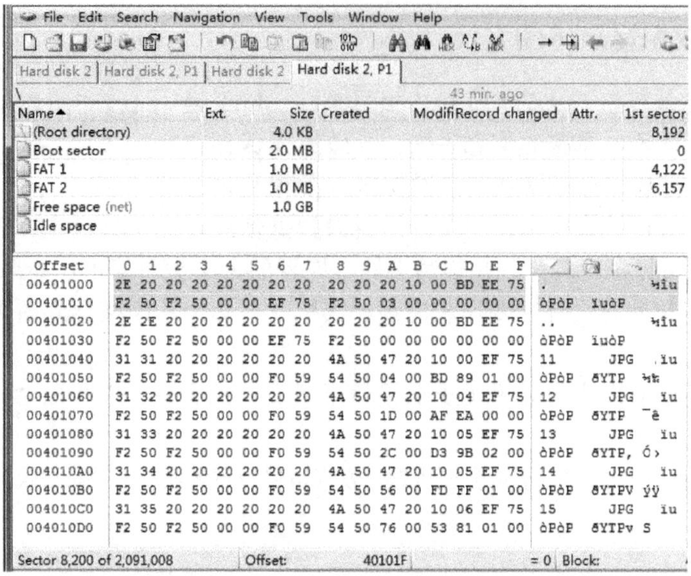

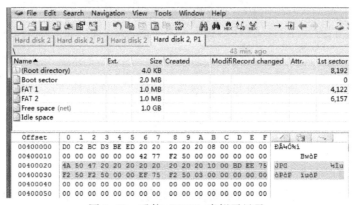

图 2-53　搜索到第一个子目录区

图 2-54　重构 "JPG" 虚拟子目录

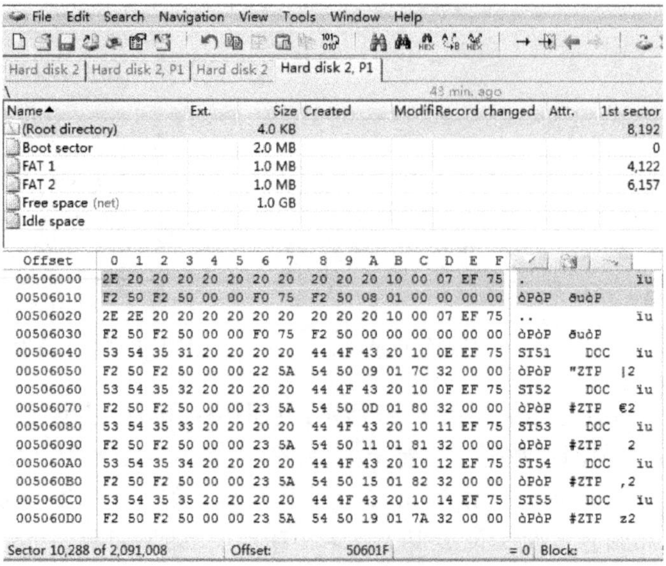

图 2-55　搜索到第二个子目录区

4）"py3book30. zip"未在前面的两个目录中，说明该文件可能是直接保存在根目录中，通过目录项寻找该文件的可能性很小。此时需要根据 zip 文件格式的特征值进行搜索文件位置。zip 文件的开头特征值为"504B0304"（PK），结束部分存在特征值"504B0506"（PK）。定位根目录，向下搜索"504B0304"，搜索参数设置如图 2-57 所示。

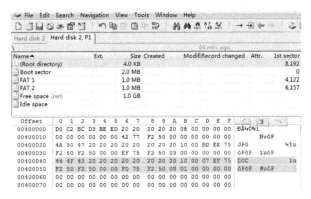

图 2-56　重构"DOC"虚拟子目录　　　　　图 2-57　搜索参数

5）搜索到 10 个匹配文件，结果如图 2-58 所示。

从搜索结果可知，只有最后一个文件可能是需要提取的文件，在此文件中可看出"py3book30"目录存在，如图 2-58 所示，由此可判断该扇区为"py3book30. zip"文件开始部分。定位文件头的"50"，按〈Alt+1〉键选择提取文件的起始位置。

向下搜索"504B0506"文件结尾部分，搜索到 10 个匹配项，其中 9 个为文档的结尾，只有 1 个为 zip 结尾，定位此匹配项的结尾，按〈Alt+2〉键，选择文件结束部分，如图 2-59 所示，按〈Ctrl+Shift+N〉键，创建新文件，文件名为"py3book30. zip"，保存至目标位置，如图 2-60 所示。

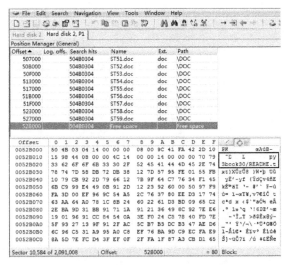

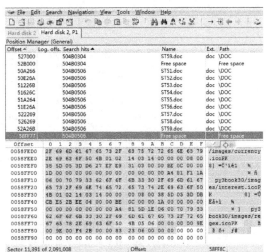

图 2-58　搜索结果　　　　　图 2-59　搜索结果并选择文件结尾

6）校验文件，使用 WinRAR 压缩软件打开文件"py3book30. zip"进行测试，如图 2-61 所示，文件可正常访问。

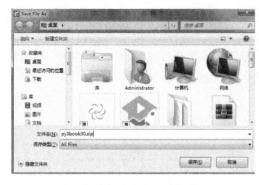

图 2-60　提取文件至目标位置　　　　　　　图 2-61　测试

至此，完成格式化后根目录下文件的提取。

2.4.2　手工计算 DBR 参数

当磁盘因病毒破坏而提示需格式化，如图 2-62 所示，或因 DBR 参数错误导致分区内文件与目录无法正常访问，或其他因 DBR 故障引起的问题，此时需要恢复 DBR 或者手工提取分区内文件。本节将介绍通过手工计算 DBR 参数来恢复分区的方法。

图 2-62　磁盘提示

步骤如下。

1）加载磁盘，确定故障。使用 WinHex 打开磁盘，如图 2-63 所示，磁盘前 6 个扇区均为乱码，根据第 7 号扇区数据，如图 2-64 所示，可判断此分区是 FAT32 文件系统，DBR 已被破坏。下面将进行手工计算 DBR 参数并重构 DBR 来恢复分区。DBR 中需要计算的主要参数有：每簇扇区数、保留扇区数（FAT1 起始扇区号）、FAT 表大小和文件系统总扇区数。

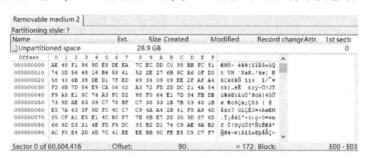

图 2-63　0 号扇区

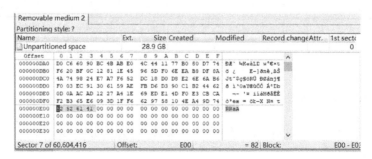

图 2-64　7 号扇区

2）计算 FAT 表大小。DBR 参数中的 FAT 表大小及 FAT1 起始位置（即保留扇区数）决定根目录的位置，是非常重要的参数。FAT 以 "F8FFFF0F" 为特征值开头，向下搜索 "F8FFFF0F" 关键值。在 3190 号扇区搜索到第一个 FAT，如图 2-65 所示，按〈F3〉键继续向下搜索，在 17979 号扇区搜索到第二个 FAT，如图 2-66 所示。

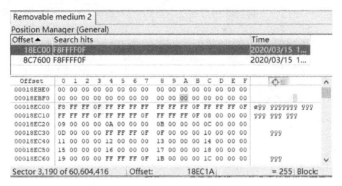

图 2-65　FAT1

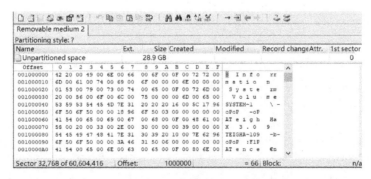

图 2-66　FAT2

由 FAT1 和 FAT2 所在扇区号可计算出 FAT 表大小，公式为

$$\text{FAT 大小} = \text{FAT2 起始扇区} - \text{FAT1 起始扇区}$$

把数据代入，可得 17979-3190=14789，则 FAT 表大小为 14789。

3）定位根目录，验证 FAT 表大小。从 FAT2 向下跳转 14789 扇区至根目录，如图 2-67 所示，由此可知 FAT 起始位置及大小正确。已有 FAT 表大小为 14789 和保留扇区号（即 FAT1 所在扇区号）3190。

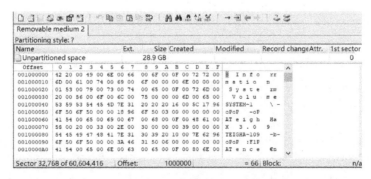

图 2-67　根目录（一）

4）搜索子目录，计算簇大小。向下搜索子目录区，可搜索"2E2E2020"，偏移量为"512＝32"，在 32 800 号扇区搜索到第 1 个子目录，如图 2-68 所示。根目录通常位于 2 号簇，由根目录和搜索到的子目录信息可以计算每簇扇区数，公式为

每簇扇区数 =（子目录起始扇区号−根目录起始扇区号）/（子目录簇号−根目录簇号）

把上述数据代入公式，即（32 800−32 768）/（3−2）= 32，每簇扇区数为 32。

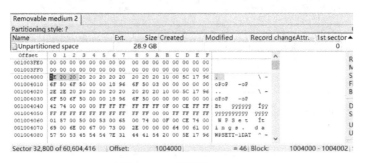

图 2-68　根目录（二）

5）重构 DBR，填写关键参数。将分区前 6 扇区乱码区域填充为 0。此例中因 DBR 位于 0 号扇区，故分区总扇区数为 60 604 416（由状态栏可得）。由前面几步已求出分区总扇区数、保留扇区数、每簇扇区数、FAT 表大小等参数，填入 DBR 相应位置，结果如图 2-69 所示，保存数据。

6）重新加载 U 盘，验证。断开 U 盘并重新加载，U 盘已修复完成，如图 2-70 所示。

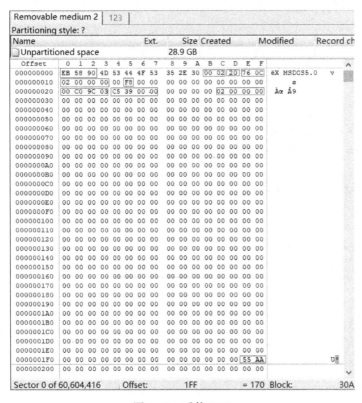

图 2-69　重构 DBR

图 2-70　修复完成的 U 盘

2.4.3 任务实施

2.4.3 任务实施

因误格式化 U 盘导致文件及目录无法正常访问的故障，通常会综合使用重构 DBR 恢复分区、重建虚拟子目录及手工恢复根目录下文件等方法恢复误格式化后的分区数据。

步骤如下。

1）加载磁盘，确定故障。使用 WinHex 打开磁盘，如图 2-71 所示，分区可正常打开，但无任何文件及子目录显示，如图 2-72 所示，可判断此分区被误格式化。

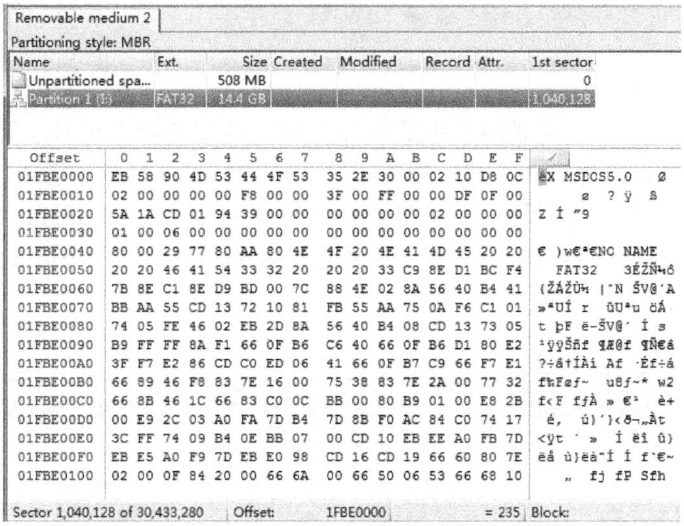

图 2-71 分区位置

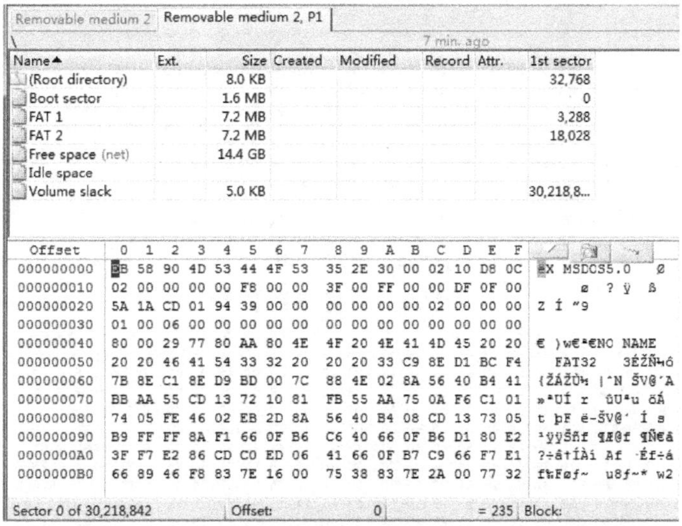

图 2-72 分区内容

2）搜索子目录，计算簇大小。向下搜索子目录区，搜索参数设置如图 2-73 及图 2-74 所示。根目录通常位于 2 号簇，由根目录和搜索到的子目录信息可以计算每簇扇区数，公式为

$$每簇扇区数 = (子目录起始扇区号 - 根目录起始扇区号)/(子目录簇号 - 根目录簇号)$$

把上述数据代入公式，即$(32\,800-32\,768)/(3-2)=32$，每簇扇区数为32。

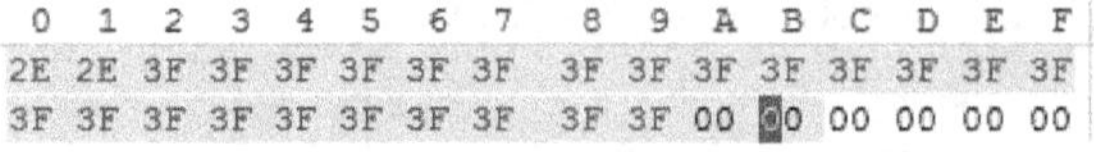

```
    0  1  2  3  4  5  6  7   8  9  A  B  C  D  E  F
   2E 2E 3F 3F 3F 3F 3F 3F  3F 3F 3F 3F 3F 3F 3F 3F
   3F 3F 3F 3F 3F 3F 3F 3F  3F 3F 00 00 00 00 00 00
```

图 2-73　模拟上一级目录为根目录的目录项　　　图 2-74　搜索参数

　　搜索到 11 个子目录区，搜索结果如图 2-75 所示。选取前两个子目录所在扇区号及簇号，计算原分区的每簇扇区数为$(7\,481\,888-32\,784)/(465\,572-3)=16$。查看当前分区 DBR，得知每簇扇区数为 16，如图 2-76 所示。可判断误格式化前后文件系统的每簇扇区数一致。在现分区的根目录区将图 2-75 中搜索到的所有子目录重构虚拟子目录，方法请参照 2.4.1 节，修复结果如图 2-77 所示，保存数据。

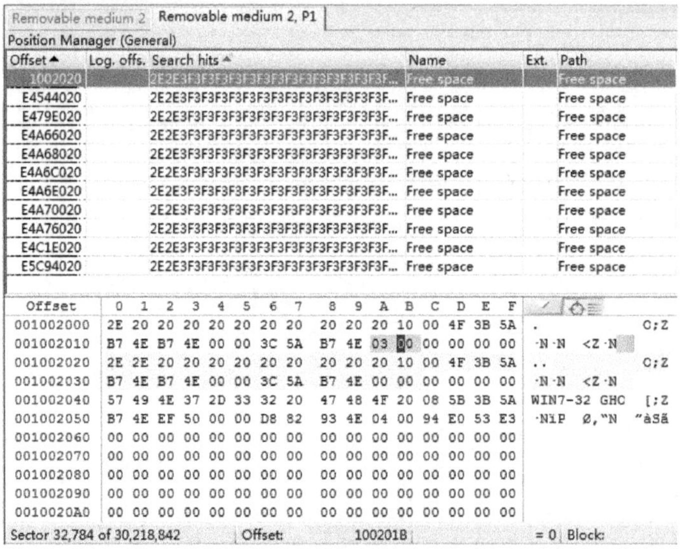

图 2-75　搜索结果

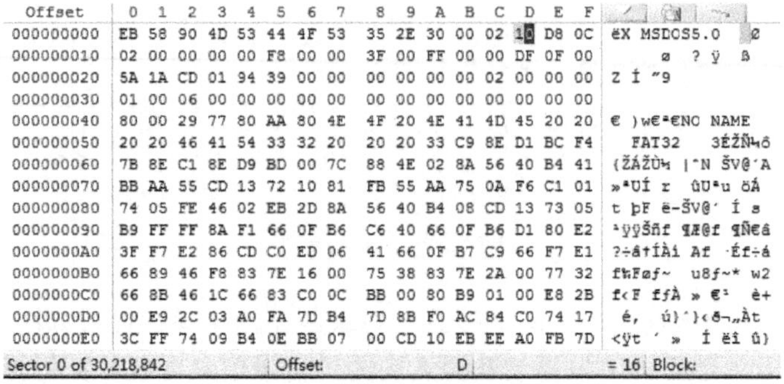

图 2-76　现分区 DBR

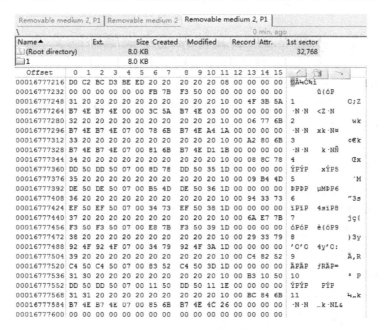

图 2-77　修复后的根目录区

3）重新加载 U 盘，提取文件。弹出 U 盘，重新加载 U 盘，刷新磁盘快照，文件和子目录均正常可读取，如图 2-78 所示。因格式化原数据对应的 FAT 表项被清除，无法在资源管理器中正常读取构建的虚拟子目录，只能手工提取相应的文件和目录，此处不再赘述，请参照2.4.1 节内容。

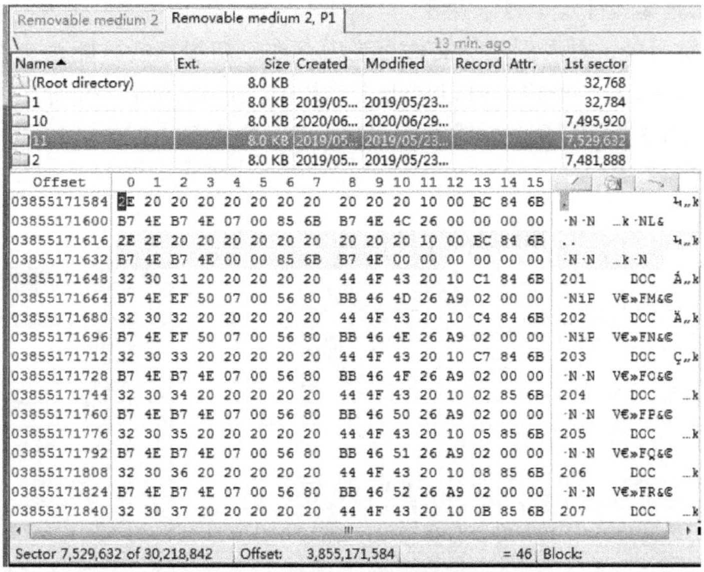

图 2-78　修复后的子目录区

如果误格式化前的 U 盘中文件是直接存放在根目录下，需要根据文件结构进行查找，如果是连续存放，文件相对容易，请参照 2.4.1 内容。如果文件存储不连续，恢复难度较大，本节不介绍，请自行查找相关资料。

任务 2.5 实训：恢复 FAT32 文件系统中被删除的文件

1. 实训知识

1）FAT32 文件系统中删除文件，并未对文件的目录项及内容进行彻底删除，FAT 中其对应文件占用簇的 FAT 表项被清 0，目录区中文件名首字节修改成"E5"，文件内容数据区未变化。

2）删除文件后对应的 FAT 表项被清 0，则表示该簇可以被其他文件使用。如果没有写入新文件，那对应簇的文件内容不变，但如果新文件写入，则有可能会写入该簇，原有的内容在新文件写入时会被覆盖，原有文件可能无法再恢复成功。

3）经过回收站删除的文件相对比较特殊，除上述变化外，其目录项中的文件名会发生变化，而且在回收站区域会产生目录项的索引，指向删除前的文件名。

2. 实训目的

1）了解文件删除前后的文件系统变化。

2）掌握删除文件的恢复方法。

3. 实训任务

FAT32 文件系统中因为使用者误操作，删除了名称为"20J1U(2).docx"的文件，现需要使用 WinHex 恢复误删除文件。

4. 实训步骤

1）加载磁盘至 Windows 系统，使用 WinHex 打开磁盘，结果如图 2-79 所示。根目录中除回收站子目录，无其他文件及子目录存在。

2）单击回收站目录，可看到若干文件目录项存在，初步判断可能是文件被删除。搜索需恢复的文件名"20J1U(2).docx"，可以单击工具栏的"Find Text"按钮，也可以选择菜单栏中"Search"→"Find Text"命令，或者按〈Ctrl+F〉快捷键，打开"Find Text"搜索文本对话框，如图 2-80 所示。

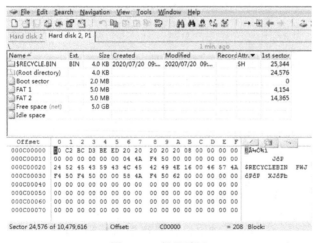

图 2-79 根目录区

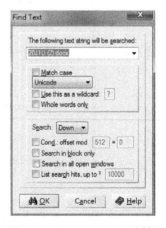

图 2-80 "Find Text"对话框

3）在 25376 扇区搜索到文件信息，如图 2-81 所示，此扇区号与目录中的"$IOOPFU9.

docx"文件对应，此文件内容仅指向删除文件的名称，与删除文件的起始簇号与文件大小无关。删除文件已被改名为"$ROOPFU9. docx"，因文件为删除状态，短文件名目录项中文件名首字母修改成"E5"，文件名长度大于等于 8 时，只显示前 6 个字符，此处可搜索文本"ROOPF"。

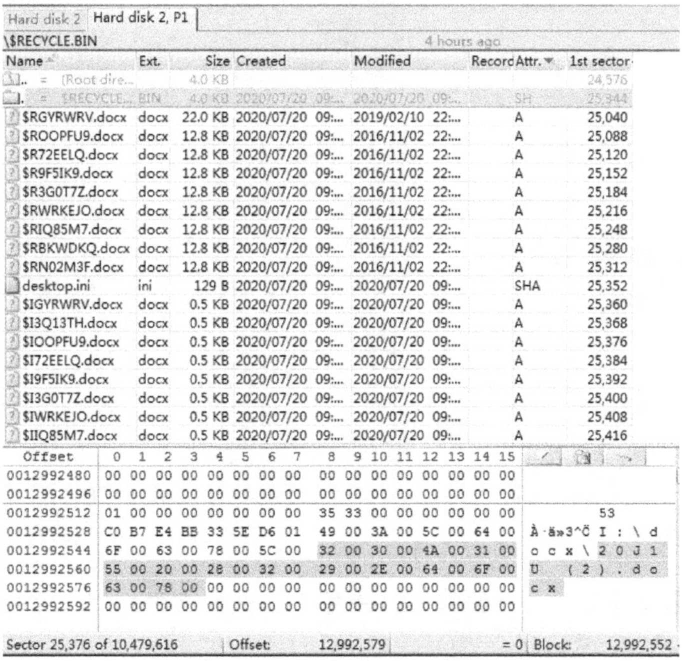

图 2-81 搜索文件名结果

4）定位回收站目录，向下搜索"ROOPF"，在 25 344 扇区中搜索到此目录项信息，如图 2-82 所示，记录此文件的起始簇号为 66，文件大小为 13 109 字节。继续向下搜索，未找到其他匹配项。

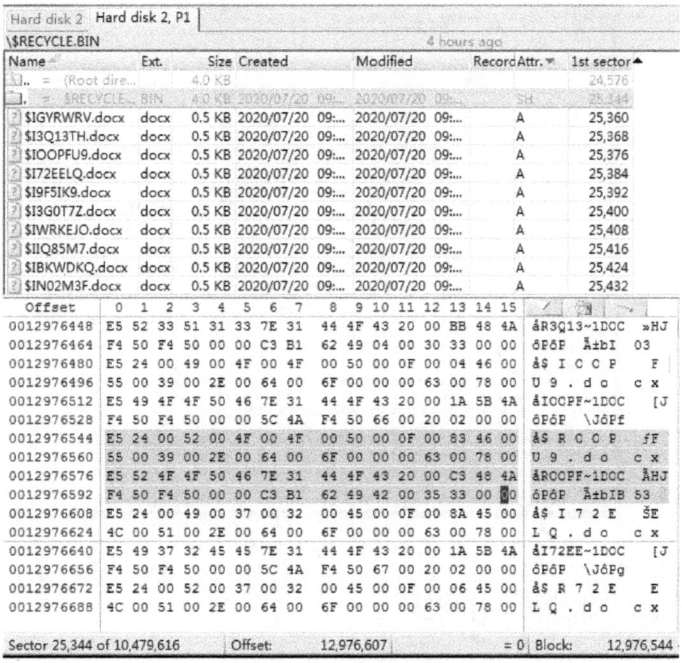

图 2-82 搜索结果

5）根据搜索到的文件起始簇号，定位文件起始位置，跳转至 66 号簇，即 25 088 扇区，设置如图 2-83 所示，66 号簇内容如图 2-84 所示，此区域内容为文档数据。

图 2-83　跳转至 12 号簇

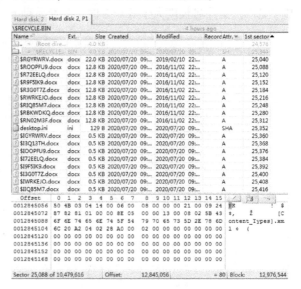

图 2-84　66 号簇内容

6）选择文件起始位置，向下偏移 13 109 字节，选择文件结尾，保存至新文件"20J1U（11）.docx"，文件可以正常访问。

或者根据该文件所在的扇区号 25 088，在回收站目录中定位此文件，直接恢复文件，如图 2-85 所示。

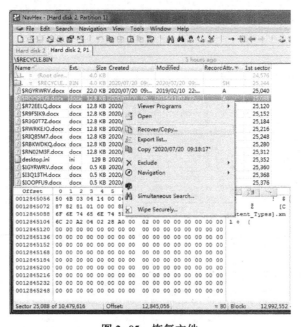

图 2-85　恢复文件

至此，完成经回收站删除的文件恢复。

项目 3　恢复 NTFS 数据

新技术文件系统（New Technology File System，NTFS）是伴随着 Windows NT 操作系统的诞生而产生的，并随着 Windows NT 4 跨入主流文件系统的行列。它的安全性和稳定性极其出色，在使用中不易产生文件碎片；同时它还提供了容错结构日志，可以记录用户的全部操作，从而保护了系统的安全。

NTFS 也是以簇为单位来存储数据文件，但 NTFS 中簇的大小并不依赖于磁盘或分区的大小。簇尺寸的缩小不但降低了磁盘空间的浪费，还减少了产生磁盘碎片的可能。NTFS 支持文件加密管理功能，可为用户提供更高层次的安全保证。

职业能力目标

◇ 理解 NTFS 的结构
◇ 理解 NTFS 的文件管理方式
◇ 理解文件记录结构
◇ 理解常见属性的结构和作用
◇ 掌握 DBR 的修复方法
◇ 掌握 NTFS 中文件的恢复方法

任务 3.1　恢复 NTFS 的 DBR

3.1　恢复 NTFS 的 DBR

任务分析

某公司一位职员在使用装有 Windows 7 系统的计算机时，突然断电，重启后，操作系统提示格式化分区，因此找到维修人员进行维修。

维修人员把磁盘挂载到正常安装有 Windows 系统的计算机上，使用数据恢复软件打开该磁盘，发现磁盘分区出现"？"，无法识别分区的文件系统类型，定位到文件系统的 DBR，发现 0号扇区已经全部变成 0，判断 DBR 损坏。分析 DBR 的下一扇区类型得知该文件系统为 NTFS，需要修复其 DBR。

3.1.1　NTFS 的基本结构

NTFS 的第一个扇区为引导扇区，即 DBR 扇区，包含分区的引导程序和 BPB 参数，如果参数破坏，则分区不能正常使用。DBR 扇区后是 15 个扇区的 NTLDR 区域，DBR 与 NTLDR 构成 $Boot 文件。

NTFS 中的所有文件及目录信息均保存于主文件表（Master File Table，MFT）区域，主文件表由文件记录（File Record，FR）构成，每个文件记录占 2 个扇区，文件记录记录文件的相关属性。

NTFS 主文件表中还记录一些非常重要的系统数据，这些数据被称为元数据文件，简称为"元文件"，包括用于定位和恢复的数据结构、引导程序数据及整个卷的分配位图等信息。

NTFS 分配给主文件表的区域大概占分区的 12%，剩余磁盘空间用来存放其他元文件和用户的文件。NTFS 的基本结构示意图如图 3-1 所示。$MFT 与 $MFTMirr 的位置可能会有变化，$MFT 也可能会出现在 $MFTMirr 前。

图 3-1   NTFS 的基本结构示意图

NTFS 分区又被称为 NTFS 卷，卷上簇的大小被称为卷因子，卷因子的大小与文件系统的性能有着直接的关系。簇的大小一般都是扇区大小的整数倍，通常是 2^n（n 为整数）。不同于 FAT32 文件系统，NTFS 从 0 扇区开始就是以簇为单位对扇区进行管理。NTFS 采用虚拟簇号和逻辑簇号两种方式来管理分区。

逻辑簇号（LCN）：与 FAT32 文件系统类似，逻辑簇号是从第一个簇到分区的最后一个簇的编号，只要知道 LCN 号、簇的大小及 NTFS 分区在物理磁盘中的起始扇区号（绝对扇区）就可以对簇进行定位。

虚拟簇号（VCN）：虚拟簇号与逻辑簇号不同，在物理上可能是不连续的，虚拟簇号只对文件占用的簇进行编号，这样方便对文件数据进行引用。

3.1.2   NTFS 的 DBR 分析

NTFS 的引导扇区是 $Boot 的第一个扇区，它的结构与 FAT 文件系统的 DBR 类似，所以习惯上也称该扇区为 DBR 扇区。DBR 扇区在操作系统的引导过程中起着非常重要的作用，如果 DBR 扇区遭到破坏，系统将不能正常启动。

NTFS 的 DBR 扇区与 FAT 文件系统的结构一样，也包括跳转指令、OEM 代号、BPB 参数、引导程序和结束标志 5 部分。图 3-2 是一个完整的 NTFS 的 DBR。

BPB（BIOS Parameter Block）参数是数据恢复中需要着重掌握的部分，其含义为 BIOS 参数块。BPB 从 DBR 的第 12（偏移 0BH 偏移处）字节开始，到偏移 53H 结束，占用 73 字节，记录了有关该文件系统的重要信息，其中各个参数的含义见表 3-1。

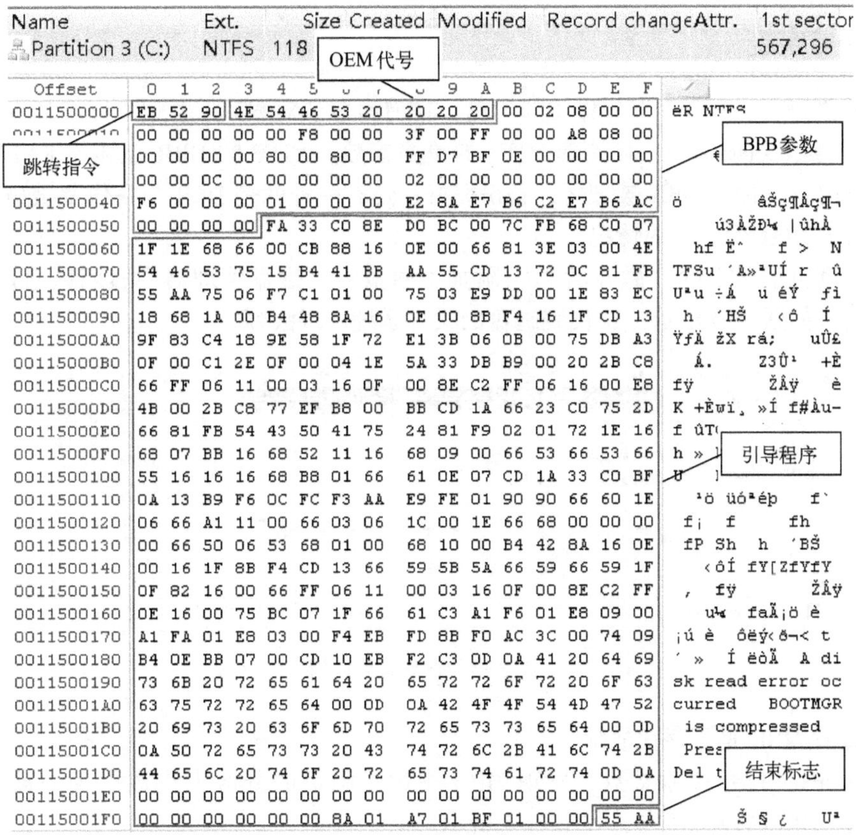

Name	Ext.	Size	Created	Modified	Record change	Attr.	1st sector
Partition 3 (C:)	NTFS	118					567,296

OEM 代号

Offset	0	1	2	3	4	5	6	7	8	9	A	B	C	D	E	F	
0011500000	EB	52	90	4E	54	46	53	20	20	20	20	00	02	08	00	00	ëR NTFS
0011500010	00	00	00	00	00	F8	00	00	3F	00	FF	00	00	A8	08	00	
0011500020	00	00	00	00	80	00	80	00	FF	D7	BF	0E	00	00	00	00	
0011500030	00	00	0C	00	00	00	00	00	02	00	00	00	00	00	00	00	
0011500040	F6	00	00	00	01	00	00	00	E2	8A	E7	B6	C2	E7	B6	AC	ö âŠç¶Âç¶¬
0011500050	9F	00	00	00	FA	33	C0	8E	D0	BC	00	7C	FB	68	C0	07	ú3À Ð¼ |ûhÀ
0011500060	1F	1E	68	66	00	CB	88	16	0E	00	66	81	3E	03	00	4E	hf Ë f > N
0011500070	54	46	53	75	15	B4	41	BB	AA	55	CD	13	72	0C	81	FB	TFSu ´A»ªUÍ r û
0011500080	55	AA	75	06	F7	C1	01	00	75	03	E9	DD	00	1E	83	EC	Uªu ÷Á u éÝ fì
0011500090	18	68	1A	00	B4	48	8A	16	0E	00	8B	F4	16	1F	CD	13	h ´HŠ ‹ô Í
00115000A0	9F	83	C4	18	9E	58	1F	72	E1	3B	06	0B	00	75	DB	A3	YÄ žX rá; uÛ£
00115000B0	0F	00	C1	2E	0F	00	04	1E	5A	33	DB	B9	00	20	2B	C8	Á. Z3Û¹ +È
00115000C0	66	FF	06	11	00	03	16	0F	00	8E	C2	FF	06	16	00	E8	fÿ ŽÂÿ è
00115000D0	4B	00	2B	C8	77	EF	B8	00	BB	CD	1A	66	23	C0	75	2D	K +Èwï¸ »Í f#Àu-
00115000E0	66	81	FB	54	43	50	41	75	24	81	F9	02	01	72	1E	16	f ûTCPAu$ ù r
00115000F0	68	07	BB	16	68	16	16	68	09	00	66	53	66	55	16	16	h » h h fSfU
0011500100	55	16	16	16	68	B8	01	66	61	0E	07	CD	1A	33	C0	BF	U h¸ fa Í 3À¿
0011500110	0A	13	B9	F6	0C	FC	F3	AA	E9	FE	01	90	90	66	60	1E	¹ö üóªéþ f`
0011500120	06	66	A1	11	00	66	03	06	1C	00	1E	66	68	00	00	00	f¡ f fh
0011500130	00	66	50	06	53	68	01	00	68	10	00	B4	42	8A	16	0E	fP Sh h ´BŠ
0011500140	00	16	1F	8B	F4	CD	13	66	59	5B	5A	66	59	66	59	1F	‹ôÍ fY[ZfYfY
0011500150	0F	82	16	00	66	FF	06	11	00	03	16	0F	00	8E	C2	FF	fÿ ŽÂÿ
0011500160	0E	16	00	75	BC	07	1F	66	61	C3	A1	F6	01	E8	09	00	u¼ faÃ¡ö è
0011500170	A1	FA	01	E8	03	00	F4	EB	FD	8B	F0	AC	3C	00	74	09	¡ú è ôëý‹ð¬< t
0011500180	B4	0E	BB	07	00	CD	10	EB	F2	C3	0D	0A	41	20	64	69	´ » Í ëòÃ A di
0011500190	73	6B	20	72	65	61	64	20	65	72	72	6F	72	20	6F	63	sk read error oc
00115001A0	63	75	72	72	65	64	00	0D	0A	42	4F	4F	54	4D	47	52	curred BOOTMGR
00115001B0	20	69	73	20	63	6F	6D	70	72	65	73	73	65	64	00	0D	is compressed
00115001C0	0A	50	72	65	73	73	20	43	74	72	6C	2B	41	6C	74	2B	Press Ctrl+Alt+
00115001D0	44	65	6C	20	74	6F	20	72	65	73	74	61	72	74	0D	0A	Del to restart
00115001E0	00	00	00	00	00	00	00	00	00	00	00	00	00	00	00	00	
00115001F0	00	00	00	00	00	00	8A	01	A7	01	BF	01	00	00	55	AA	Š § ¿ Uª

跳转指令　　BPB 参数　　引导程序　　结束标志

图 3-2　NTFS 的 DBR 扇区

表 3-1　NTFS 的 BPB 参数含义

字节偏移	长度/字节	定　义	字节偏移	长度/字节	定　义
00H~02H	3	跳转指令	20H~23H	4	NTFS 未使用，为 0
03H~0AH	8	OEM 代号	24H~27H	4	NTFS 未使用，为 80008000
0BH~0CH	2	每扇区字节数	28H~2FH	8	扇区总数
0DH~0DH	1	每簇扇区数	30H~37H	8	$MFT 的起始簇号
0EH~0FH	2	保留扇区（NTFS 不用）	38H~3FH	8	$MFTMirr 的起始簇号
10H~12H	3	总是 0	40H~40H	1	文件记录的大小
13H~14H	2	NTFS 未使用，为 0	41H~43H	3	未用
15H~15H	1	介质描述符	44H~44H	1	索引缓冲的大小
16H~17H	2	总是 0	45H~47H	3	未用
18H~19H	2	每磁道扇区数	48H~4FH	8	卷序列号
1AH~1BH	2	磁头数	50H~53H	4	校验和
1CH~1FH	4	隐藏扇区数	—	—	—

3.1.3 任务实施

DBR 在 NTFS 中扮演着十分重要的角色，在前面章节对 NTFS 也做了详细的介绍，它是元文件$Boot 的重要组成部分，存储着 NTFS 的重要参数。NTFS 的 DBR 破坏与 FAT32 一样可以分为两种情况，一种是 DBR 被破坏，备份完好；还有一种就是 DBR 与备份都被破坏。下面先来分析只有 DBR 遭到破坏的情况。

利用计算机管理中的"磁盘管理"附加上磁盘后，磁盘管理器中显示磁盘已正常联机，但是未分配，如图 3-3 所示，这代表磁盘的文件系统出现故障。

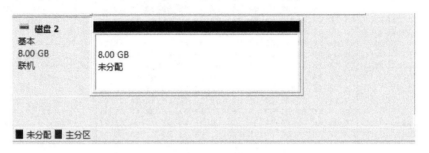

图 3-3 磁盘管理详情

（1）查看 MBR 是否存在故障

使用 WinHex 打开故障磁盘，发现 MBR 中记录磁盘的分区大小数据丢失被破坏，但是 MBR 中记录 DBR 的位置还在，如图 3-4 所示。

```
00000130  18 A0 B7 07 EB 08 A0 B6  07 EB 03 A0 B5 07 32 E4   · e ¶e µ 2ä
00000140  05 00 07 8B F0 AC 3C 00  74 09 BB 07 00 B4 0E CD   |ð¬< t »  ´ Í
00000150  10 EB F2 F4 EB FD 2B C9  E4 64 EB 00 24 02 E0 F8   ëòôëý+Éädë $ àø
00000160  24 02 C3 49 6E 76 61 6C  69 64 20 70 61 72 74 69   $ ÃInvalid parti
00000170  74 69 6F 6E 20 74 61 62  6C 65 00 45 72 72 6F 72   tion table Error
00000180  20 6C 6F 61 64 69 6E 67  20 6F 70 65 72 61 74 69    loading operati
00000190  6E 67 20 73 79 73 74 65  6D 00 4D 69 73 73 69 6E   ng system Missin
000001A0  67 20 6F 70 65 72 61 74  69 6E 67 20 73 79 73 74   g operating syst
000001B0  65 6D 00 00 00 63 7B 9A  97 E7 7D 60 00 00 00 20   em   c{|¡ç}`
000001C0  21 00 07 FE FF FF 00 08  00 00 00 00 00 00 00 00   ! þÿÿ  bÿÿ
000001D0  00 00 00 00 00 00 00 00  00 00 00 00 00 00 00 00
000001E0  00 00 00 00 00 00 00 00  00 00 00 00 00 00 00 00
000001F0  00 00 00 00 00 00 00 00  00 00 00 00 00 00 55 AA   Uª
```

图 3-4 MBR 中的数据

从图中可以读取到 DBR 的起始位置为 2048 号扇区。

（2）查看 DBR 情况

跳转到 2048 号扇区，发现 DBR 扇区全都被破坏，全都被填充"00"，如图 3-5 所示。

（3）搜索 DBR 备份

从 DBR 的位置向下搜索 NTFS 的跳转指令"EB5890"，通过搜索发现分区的 DBR 备份，搜索情况如图 3-6 所示，然后将备份 DBR 复制回分区开始的位置并保存，重新加载磁盘后，分区就可以正常打开了。

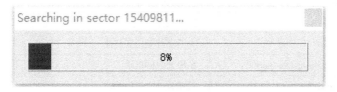

```
Hard disk 2            Offset     0  1  2  3  4  5  6  7    8  9  A  B  C  D  E  F
Model:    Msft  Virtual Disk  000100000  00 00 00 00 00 00 00 00  00 00 00 00 00 00 00 00
Firmware Rev.:        1.0   000100010  00 00 00 00 00 00 00 00  00 00 00 00 00 00 00 00
                            000100020  00 00 00 00 00 00 00 00  00 00 00 00 00 00 00 00
Default Edit Mode           000100030  00 00 00 00 00 00 00 00  00 00 00 00 00 00 00 00
State:          original    000100040  00 00 00 00 00 00 00 00  00 00 00 00 00 00 00 00
                            000100050  00 00 00 00 00 00 00 00  00 00 00 00 00 00 00 00
Undo level:          0      000100060  00 00 00 00 00 00 00 00  00 00 00 00 00 00 00 00
Undo reverses:       n/a    000100070  00 00 00 00 00 00 00 00  00 00 00 00 00 00 00 00
                            000100080  00 00 00 00 00 00 00 00  00 00 00 00 00 00 00 00
Total capacity:     8.0 GB  000100090  00 00 00 00 00 00 00 00  00 00 00 00 00 00 00 00
       8,589,934,592 bytes  0001000A0  00 00 00 00 00 00 00 00  00 00 00 00 00 00 00 00
                            0001000B0  00 00 00 00 00 00 00 00  00 00 00 00 00 00 00 00
Bytes per sector:      512  0001000C0  00 00 00 00 00 00 00 00  00 00 00 00 00 00 00 00
Surplus sectors at end: 5356 0001000D0 00 00 00 00 00 00 00 00  00 00 00 00 00 00 00 00
                            0001000E0  00 00 00 00 00 00 00 00  00 00 00 00 00 00 00 00
Mode:          hexadecimal  0001000F0  00 00 00 00 00 00 00 00  00 00 00 00 00 00 00 00
Character set:      CP 936  000100100  00 00 00 00 00 00 00 00  00 00 00 00 00 00 00 00
Offsets:       hexadecimal  000100110  00 00 00 00 00 00 00 00  00 00 00 00 00 00 00 00
Bytes per page:  39x16=624  000100120  00 00 00 00 00 00 00 00  00 00 00 00 00 00 00 00
                            000100130  00 00 00 00 00 00 00 00  00 00 00 00 00 00 00 00
Window #:            1      000100140  00 00 00 00 00 00 00 00  00 00 00 00 00 00 00 00
No. of windows:      1      000100150  00 00 00 00 00 00 00 00  00 00 00 00 00 00 00 00
                            000100160  00 00 00 00 00 00 00 00  00 00 00 00 00 00 00 00
Clipboard:       available  000100170  00 00 00 00 00 00 00 00  00 00 00 00 00 00 00 00
                            000100180  00 00 00 00 00 00 00 00  00 00 00 00 00 00 00 00
TEMP folder:   69.8 GB free 000100190  00 00 00 00 00 00 00 00  00 00 00 00 00 00 00 00
/sers\72803\AppData\Local\Temp 0001001A0 00 00 00 00 00 00 00 00 00 00 00 00 00 00 00 00
                            0001001B0  00 00 00 00 00 00 00 00  00 00 00 00 00 00 00 00
                            0001001C0  00 00 00 00 00 00 00 00  00 00 00 00 00 00 00 00
                            0001001D0  00 00 00 00 00 00 00 00  00 00 00 00 00 00 00 00
                            0001001E0  00 00 00 00 00 00 00 00  00 00 00 00 00 00 00 00
                            0001001F0  00 00 00 00 00 00 00 00  00 00 00 00 00 00 00 00
                            000100200  07 00 42 00 4F 00 4F 00  54 00 4D 00 47 00 52 00   B O O T M G R
                            000100210  04 00 24 00 49 00 33 00  30 00 00 D4 00 00 00 24   $ I 3 0 Ô  $
                            000100220  00 00 00 00 00 00 00 00  00 00 00 00 00 00 00 00
                            000100230  00 00 00 00 00 00 00 00  00 00 00 00 00 00 00 00
                            000100240  00 00 00 00 00 00 00 00  00 00 00 00 00 00 00 00
                            000100250  00 00 00 00 00 00 E9 C0  00 90 05 00 4E 00 54 00       éÀ    N T
                            000100260  4C 00 44 00 52 00 00 07  42 00 4F 00 4F 00 54 00   L D R   B O O T

Sector 2048 of 16777216            Offset:              100000
```

图 3-5　DBR 预览

Searching in sector 15409811...

8%

图 3-6　搜索情况图

任务 3.2　恢复 NTFS 中丢失的文件

任务分析

在使用装有 Windows 10 系统的计算机时，从电子邮箱中下载了一个附件后，计算机死机，强行重启后发现磁盘能正常加载，但磁盘打开后无任何文件信息，文件无法正常访问，找到维修人员进行维修。

维修人员把磁盘加载到安装有 Windows 系统的计算机上，使用 WinHex 打开磁盘，发现 NTFS 的 DBR 正常，文件因病毒破坏而无法正常读取，需要恢复指定文件。

3.2.1　文件记录结构分析

1. NTFS 的元文件

　　将一个分区格式化为 NTFS 后，格式化程序会向该分区内放入很多重要的系统文件信息，那么在 NTFS 中将这些称为元文件。元文件不能够直接访问，它们的文件名的第一个字符都是用 "$" 符号标注，是指该文件是隐藏的，用户无法进行访问和修改。

　　下面具体介绍一下 NTFS 中元文件的具体内容。在 NTFS 中，元文件共有 16 个，包含 MFT（$MFT）、MFT 备份（$MFTMirr）、日志文件（$LogFile）、卷文件（$Volume）、属性定义表（$AttrDef）、根目录（$Root）、簇位图文件（$Bitmap）、引导文件（$Boot）、坏簇文件（$BadClus）、安全文件（$Secure）、大写字符转换表文件（$UpCase）、扩展元数据文件（$Extended metadata directory）、重要解析点文件（$Extend\$Reparse）、变更日志文件（$Extend\$UsnJrnl）、配额管理文件（$Extend\$Quota）及对象 ID 文件（$Extend\$ObjId）。具体如表 3-2 所示。

表 3-2　$MFT 元文件列表

序　号	元　文　件	功　　能
0	$MFT	主文件表本身，是每个文件的索引
1	$MFTMirr	主文件表的部分镜像
2	$LogFile	事务型日志文件
3	$Volume	卷文件，记录卷标等信息
4	$AttrDef	属性定义列表文件
5	$Root	根目录文件，管理根目录
6	$Bitmap	位图文件，记录分区中簇的使用情况
7	$Boot	引导文件，记录用于系统引导的数据情况
8	$BadClus	坏簇列表文件
9	$Secure	安全文件
10	$UpCase	大写字符转换表文件
11	$Extend metadata diectory	扩展元数据目录
12	$Extend\$Reparse	重解析点文件
13	$Extend\$UsnJrnl	变更日志文件
14	$Extend\$Quota	额配管理文件
15	$Extend\$ObjId	对象 ID 文件

　　在 NTFS 中，磁盘上所有的内容数据都是以文件的形式出现，即使是文件系统的管理信息也是以一组文件的形式存储，统称为元文件。16 个元文件中主文件表（$MFT）是一个非常重要的元文件，它主要负责存储文件的记录，每个文件记录占用两个扇区。

　　为了确保文件系统结构的可靠性，系统专门为 $MFT 文件准备了一个备份文件（$MFTMirr），但其并不是$MFT 的完整镜像，而是一小部分镜像，一般只备份$MFT 的前 4 个文件记录（簇大小为默认值 8 时）。

　　$MFT 中前 16 个（序号 0~15）文件记录是元文件的记录。第 17~23（序号 16~22）记录是系统保留的记录，暂时不用，用于将来扩展。用户文件的记录则从第 24 个记录开始存放。

2. 文件记录整体结构

MFT 以文件记录来实现对文件的整体管理，每个文件记录对应不同文件，大小固定都是 1 KB，也就是一个 MFT 项占用两个扇区，和分区的簇大小没有关系。如果一个文件有很多属性或分散成了很多碎片，就需要很多的文件记录。所以存放文件记录位置的第一个记录就称作 "基本文件记录"。文件记录是连续的，从 0 开始依次顺序编号。

文件记录主要分为两个部分，文件记录头和属性列表，具体结构如表 3-3 所示。

表 3-3　文件属性结构表

文件记录头	属 性 列 表				结束标志 FF FF FF FF
	属性 1	属性 2	属性 3	…	

在 NTFS 中，磁盘上的所有数据都是以文件的形式出现，即使是文件系统的管理信息也是以一组文件的形式存储的，即元文件。

利用 WinHex 在 NTFS 中查看，如图 3-7 所示，MFT 一共有 4 个属性。

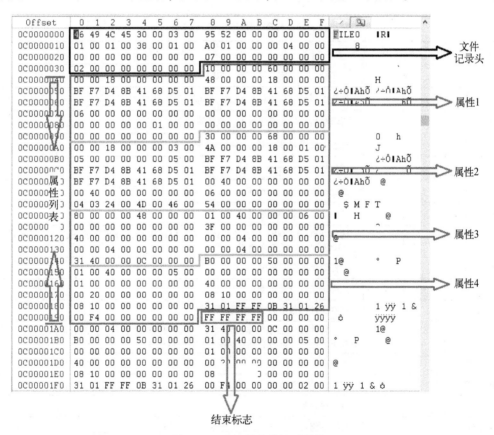

图 3-7　$MFT 的文件记录结构

3. 文件记录头（0x00~0x37；56 字节）

在同一个系统中，文件记录头的长度和具体偏移的数据含义是不变的，而且属性表是不可变的，属性列表是可变的，其不同的属性有着不同的含义，如图 3-8 所示，为一个文件记录头的数据。

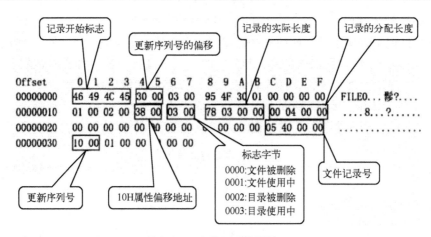

图 3-8　文件记录头详情

NTFS 文件记录头结构的含义见表 3-4。

表 3-4　NTFS 文件记录头信息

字 节 偏 移	长度/字节	含　　义
00H~03H	4	MFT 标志，一定为字符串 "FILE"
04H~05H	2	更新序列号（Update Sequence Number）的偏移
06H~07H	2	更新序列号的大小与数组，包括第一个字节
08H~0FH	8	日志文件序列号（$LogFile Sequence Number，LSN）
10H~11H	2	序列号（Sequence Number）
12H~13H	2	硬连接数（Hard Link Count），即有多少目录指向该文件
14H~15H	2	第一个属性的偏移地址
16H~17H	2	标志（Flag），00H 表示文件被删除，01H 表示文件正在使用，02H 表示目录被删除，03H 表示目录正在使用
18H~1BH	4	文件记录的实际长度
1CH~1FH	4	文件记录的分配长度
20H~27H	8	基本文件记录中的文件索引号
28H~29H	2	下一属性 ID，当增加新的属性时，将该值分配给新属性，然后该值增加，如果 MFT 记录重新使用，则将它置 0，第一个实例总是 0
2AH~2BH	2	边界
2CH~2FH	4	文件记录参考号
30H~31H	2	更新序列号
32H~35H	4	更新数组

　　NTFS 通过给一个文件创建几个文件属性的方式来实现 POSIX 的硬连接。每一个文件名属性都有自己的详细信息和父目录，当删除一个硬连接时，相应的文件名从 $MFT 文件记录中删除，当所有的硬连接删除后，文件才被完全删除。

　　如图 3-9 所示即为文件、文件夹、目录删除或正常状态。

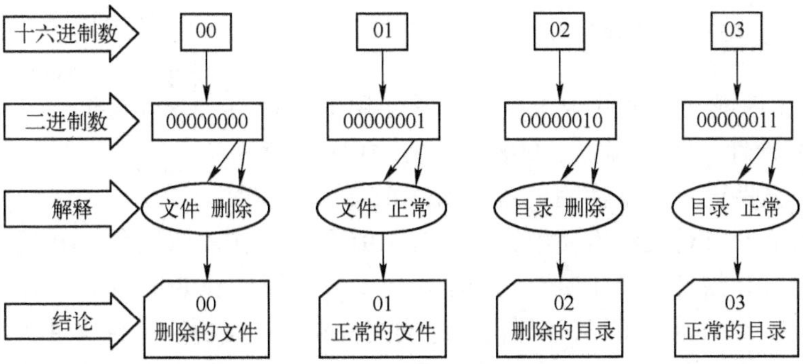

图3-9 文件、文件夹或者目录状态图

4. 文件记录的属性结构

在NTFS中所有与文件相关的数据均被认为是属性，例如文件名、修改时间、共享属性等，甚至包括文件的内容。文件记录是一个与文件相对应的文件属性列表，它记录了文件数据的所有属性。

每一个属性都可以分为两部分：属性头和属性体。这里以$MFT文件自身的文件记录中的10H属性为例，其结构如图3-10所示。

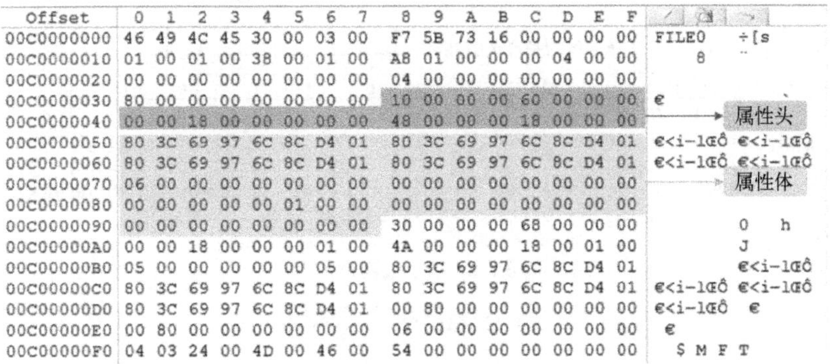

Offset	0	1	2	3	4	5	6	7	8	9	A	B	C	D	E	F	
00C0000000	46	49	4C	45	30	00	03	00	F7	5B	73	16	00	00	00	00	FILE0 ÷[s
00C0000010	01	00	01	00	38	00	01	00	A8	01	00	00	00	04	00	00	8 ¨
00C0000020	00	00	00	00	00	00	00	00	04	00	00	00	00	00	00	00	
00C0000030	80	00	00	00	00	00	00	00	10	00	00	00	60	00	00	00	€ `
00C0000040	00	00	18	00	00	00	00	00	48	00	00	00	18	00	00	00	
00C0000050	80	3C	69	97	6C	8C	D4	01	80	3C	69	97	6C	8C	D4	01	€<i-lŒÔ €<i-lŒÔ
00C0000060	80	3C	69	97	6C	8C	D4	01	80	3C	69	97	6C	8C	D4	01	€<i-lŒÔ €<i-lŒÔ
00C0000070	06	00	00	00	00	00	00	00	00	00	00	00	00	00	00	00	
00C0000080	00	00	00	00	00	01	00	00	00	00	00	00	00	00	00	00	
00C0000090	00	00	00	00	00	00	00	00	30	00	00	00	68	00	00	00	0 h
00C00000A0	00	00	18	00	00	00	01	00	4A	00	00	00	18	00	01	00	J
00C00000B0	05	00	00	00	00	00	05	00	80	3C	69	97	6C	8C	D4	01	€<i-lŒÔ
00C00000C0	80	3C	69	97	6C	8C	D4	01	80	3C	69	97	6C	8C	D4	01	€<i-lŒÔ €<i-lŒÔ
00C00000D0	80	3C	69	97	6C	8C	D4	01	00	80	00	00	00	00	00	00	€<i-lŒÔ €
00C00000E0	00	80	00	00	00	00	00	00	06	00	00	00	00	00	00	00	€
00C00000F0	04	03	24	00	4D	00	46	00	54	00	00	00	00	00	00	00	$ M F T

图3-10 属性结构

另外属性还有常驻与非常驻之分。当一个文件很小时，其所有属性体都可存放在$MFT的文件记录中，该属性称为常驻属性（Resident Attribute）。例如，标准信息属性和根索引为常驻属性。

如果属性体直接存放在$MFT中，那么NTFS对它的访问时间就将大大缩短，系统只需访问磁盘一次，就可立即获得数据。如果一个属性的属性体太大而不能存放在只有1 KB大小的$MFT文件记录中，那么系统将从$MFT以外为之分配区域。这些区域通常称为数据流（Data Run），它们可用来存储属性体。如果属性体是不连续的，NTFS将会分配多个数据流，以便用来管理不连续的数据。这种存储在数据流中而不是在$MFT文件记录中的属性体称为非常驻属性（Nonresident Attribute）。

属性根据其常驻和属性名，可以排列组合成4种不同的情况，分别为：常驻没有属性名、常驻有属性名、非常驻没有属性名和非常驻有属性名。

3.2.2 文件记录的常见属性

在 NTFS 的文件或文件夹的记录中，经常使用的属性有 10H 属性、30H 属性、80H 属性、90H 属性、A0H 属性和 B0H 属性。其中文件记录经常使用的属性有 10H 属性、30H 属性和 80H 属性；小文件夹经常使用的属性有 10H 属性、30H 属性和 90H 属性；大文件夹经常使用的属性有 10H 属性、30H 属性、90H 属性、A0H 属性和 B0H 属性。而有些小文件夹使用的属性可能也有 A0H 属性和 B0H 属性，这类文件夹往往是由小文件夹变为大文件夹后再变为小文件夹（即用户将文件夹中的文件删除后，文件夹中的剩余文件数量非常少，甚至是空文件夹而形成的小文件夹）。

1. 10H 属性

10H 属性的类型名为$STANDARD_INFORMATION（标准信息），是所有文件记录或文件夹记录都具有的属性，它包含了文件或文件夹的一些基本信息，如文件或文件夹建立的日期、时间、有多少个目录指向文件或文件夹等，它是一个常驻无属性名的属性。该属性位于文件记录头之后，偏移地址一般为 38H。在$AttrDef（属性列表元文件）中，标准的属性结构如图 3-11 所示。

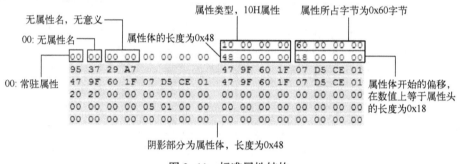

图 3-11 标准属性结构

2. 30H 属性

30H 属性（即文件名属性）属于常驻无属性名的属性，用于存储文件名，一般紧跟在 10H 属性（标准属性）之后。其大小为 68~578 字节，与最大文件名为 255 个 Unicode 字符对应，如果一个文件或文件夹的名字超过 8 个字符时，在记录中将会有两个 30H 属性，一个 30H 属性描述的是短文件名，而另一个描述的是长文件名。

这里为了将 30H 属性描述得更加详细，利用 WinHex 来具体介绍其内容，如图 3-12 所示。

标号①：父目录的参考号（即父目录的文件记录号）。

标号②：父目录的更新序列号。

标号③：文件的创建时间、修改时间、MFT 的修改时间、文件的最后访问时间。

标号④：文件分配的大小。

标号⑤：这里 4 字节为文件的属性，可以将开头十六进制字节转换为二进制字节，可以运用 8421BCD 码进行分析，属性可以累加起来。

标号⑥：文件名的长度。

标号⑦：文件的命名方式。

```
00000080   00 00 00 00 00 01 00 00   00 00 00 00 00 00 00 00
00000090   00 00 00 00 00 00 00 00   30 00 00 00 68 00 00 00
000000A0   00 00 18 00 00 00 03 00   4A 00 00 00 18 00 01 00
000000B0  ① 05 00 00 00 00 00 00  ② 05 00  ③ 0B F2 A6 01 6F 23 D2 01
000000C0   0B F2 A6 01 6F 23 D2 01   0B F2 A6 01 6F 23 D2 01
000000D0   0B F2 A6 01 6F 23 D2 01 ④ 00 40 00 00 00 00 00 00
000000E0   00 40 00 00 00 00 00 00 ⑤ 06 00 00 00 00 00 00 00
000000F0  ⑥ 04 ⑦ 03 ⑧ 34 00 4D 00 46 00   54 00 00 00 00 00 00 00
00000100   80 00 00 00 48 00 00 00   01 00 40 00 00 00 01 00
00000110   00 00 00 00 00 00 00 00   3F 00 00 00 00 00 00 00
```

图 3-12　30H 属性详情

标号⑧：文件名（同样文件名为 Unicode 编码）。

3. 80H 属性

80H 属性即 $DATA 属性，80H 属性主要用于存储文件。该属性比较复杂，一般情况下可以分为有属性头而无属性体、常驻无属性名、非常驻无属性名 3 种。

标准的属性结构如图 3-13 所示。

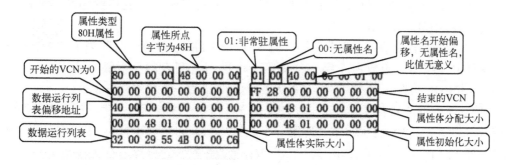

图 3-13　80H 属性结构详情

（1）有属性头无属性体

这种属性主要针对文本文件，其文本记录内容为 0 字节的情况。

例如：文件名为"a001.txt"，在资源管理器中查看"a001.txt"文件属性时，文件大小为 0 字节。其 80H 属性如图 3-14 所示。

```
Offset      0 1 2 3 4 5 6 7   8 9 A B C D E F
0B5AC500                      80 00 00 00 18 00 00 00   t.......€.......
0B5AC510    00 00 18 00 00 00 01 00   00 00 00 00 18 00 00 00   ...............
```

图 3-14　80H 属性

（2）常驻无属性名

80H 常驻无属性名分为 80H 属性头和 80H 属性体（即文件内容）两部分。文件内容的长度为 8 的倍数，当文件内容结束时并没有达到 8 的倍数时，多余的字节用 00 来填充。80H 常驻属性结构表如表 3-5 所示。

表 3-5　80H 常驻属性结构表

字节偏移	长度/字节	含　义	字节偏移	长度/字节	含　义
00H	4	属性类型（80H，对象 ID 属性）	0EH	2	属性 ID 标识
04H	4	该属性长度（包括文件属性头头部本身）	010H	4	属性体长度（L）
08H	1	是否为常驻标志，此处为 00，表示常驻	014H	2	属性内容起始偏移
09H	1	属性名的名称长度，00 表示没有属性名	016H	1	索引标志
0AH	2	属性名的名称偏移	017H	1	填充
0CH	2	标志（压缩、加密、稀疏等）	018H	L	文件内容

（3）非常驻无属性名

非常驻属性一般以数据流的形式表示，这里以"A005. txt"文件的 80H 属性进行分析，具体的数据流列表如下。

31　13　87　60　02　31　01　CC　EA　FE　21　01　ED　ED　00　8D

这个数据流的具体含义如下。

1）80H 属性共有 3 个数据流列表。

2）第 1 个数据流列表占 5 字节，即"31 13 87 60 02"，数值"31"表示第 1 个数据流列表的起始簇号占 3 字节，簇数占 1 字节，即第 1 个数据流列表起始簇号为 026087H（即 155783），共占 013H（即 19）个簇。

3）第 2 个数据流列表占 5 字节，即"31 01 CC EA FE"，数值"31"表示第 2 个数据流列表相对簇号占 3 字节，簇数占 1 字节，即第 2 个数据流列表的相对簇号为 FEEACCH（即 -70964），占 01H（即 1）个簇（注：FEEACC 为一个负数，负数用补码表示）。

4）第 3 个数据流列表占 4 字节，即"21 01 ED ED"，数值"21"表示第 3 个数据流列表相对簇号占 2 字节，簇数占 1 字节，即第 3 个数据流列表的相对簇号为 EDEDH（即 -4627），占 01H（即 1）个簇（注：EDEDH 为一个负数，负数用补码表示）。

5）数据"00 8D"为无效数据。

一个文件的 80H 非常驻属性由一个或多个数据流列表组成。如果一个文件的 80H 非常驻属性只有一个数据流列表，表示该文件在 NTFS 文件系统中的存储是连续的，那么该文件的 80H 非常驻属性的数据流列表可以表示为：

$$MN\quad XI_1XI_2\cdots XI_N\quad YI_1YI_2\cdots YI_M$$

其中，MN 是 1 字节，M 是该字节的高 4 位，表示文件内容的起始簇号占 M 字节；而 N 是该字节的低 4 位，表示文件内容的簇数占 N 字节。

文件内容起始簇号 = $YI_M\cdots YI_2YI_1$　　　（注：该值是一个整数，可正可负）

文件内容所占簇数 $XI_M\cdots XI_2XI_1$　　　（注：该值是一个正整数）

（注：在 NTFS 文件系统中数据的存储形式是采用小端格式，即低字节在前，高字节在后。）

这个文件的各个数据流的含义如表 3-6 所示。

表 3-6　数据流运算表

序号	数据运行列表	起始簇号	所占簇号
1	31　13　87　60　02	026087H	13H（即 19）
2	31　01　CC　EA　FE	026087H+FEEACCH = 026087H－11534H = 14B53H	01H（即 1）
3	21　01　ED　ED	026087H+FEEACCH+EDEDH = 14B53H－1213H = 13940H	01H（即 1）

A005.txt 文件的 LCN 与 VCN 的对应关系如表 3-7 所示。

表 3-7 LCN 与 VCN 的对应关系表

簇号 LCN/VCN		第 1 个数据运行列表				第 2 个数据运行列表	第 3 个数据运行列表
		起始簇号	下一个簇号	…	下一个簇号	下一个簇号	结束簇号
LCN	十六进制	26087	26088	…	26099	14B53	13940
	十进制	155783	155784		155801	84819	80192
VCN	十六进制	0	1	…	12	13	14
	十进制	0	1		18	19	20

WinHex 实例说明如图 3-15 所示。

```
00000000   04 03 24 00 4D 00 46 00   54 00 00 00 00 00 00 00
00000010   80 00 00 00 48 00 00 00   01 00 40 00 00 00 01 00
00000020   00 00 00 00 00 00 00 00   3F 0D 00 00 00 00 00 00
00000030   40 00 00 00 00 00 00 04   00 00 00 04 00 00 00 00
00000040   00 00 04 00 00 00 00 00   00 00 00 00 00 00 00 00
00000050   31 40 00 00 0C 00 FF FF   B0 00 00 00 50 00 00 00
00000060   01 00 40 00 00 00 05 00   00 00 00 00 00 00 00 00
00000070   01 00 00 00 00 00 00 00   40 00 00 00 00 00 00 00
```

图 3-15 文件数据流详情

　　方框中的数据为 80H 属性的数据流，因为此例中 80H 属性为非常驻属性，所以运用到了数据流，这个数据流的含义是：

3 指向的是倒数 3 字节：00 00 0CH 为簇流的起始簇号；

1 指向的是后面的 40H 这 1 字节：为簇流的大小（该文件占用的簇数）。

　　当一个文件由常驻属性变为非常驻属性后，即使文件的大小只有 1 字节，文件记录的 80H 属性仍然为非常驻属性。也就是说当一个文件的 80H 属性由常驻变为非常驻属性后，就不再由非常驻属性变回到常驻属性。因此，小文件的 80H 属性也有可能是非常驻属性。

4. B0 属性

B0 属性结构详情如图 3-16 所示。

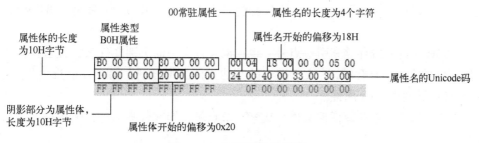

图 3-16 B0 属性结构详情

5. A0 属性（非常驻无属性名）

A0 属性结构详情如图 3-17 所示。

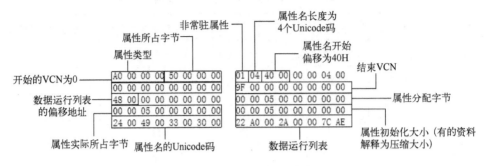

图 3-17   A0 属性结构详情

6. 90H 属性（文件夹/根索引属性）常驻有属性名

90 属性即 $INDEX_ROOT 属性，在 $MFT 记录项中只有记录项为目录（即文件夹）才有该属性，它总是常驻有属性名的属性，在 90H 属性中常用到的索引类型及名称如表 3-8 所示。

表 3-8   90H 属性表

名　　称	索引项类型	常用的地方	名　　称	索引项类型	常用的地方
$I30	文件名	目录	$O	所有者 ID	$Quots
$SDH	安全描述符	$Secure	$Q	配额	$Quots
$SII	安全 ID	$Secure	$R	重解析点	$Reparse
$O	对象 ID	$ObjId	—	—	—

NTFS 对目录的管理采用的是 B+树结构，该属性是实现 NTFS 的 B+树的根节点。

经过研究发现，90H 属性可以划分为以下 6 种情况。

1）文件夹中的所有文件名都存储在 90H 属性中，90H 属性是该记录的最后一个属性。

2）在 90H 属性中只存储一个索引节点号，文件夹中的所有文件名都存储在一个索引节点（即索引缓冲区）中，该索引节点号为 00，90H 属性后是 A0H 属性和 B0H 属性。

3）在 90H 属性中只存储一个索引节点号，也存储文件夹中的个别文件名，且所存储的文件名数等于所存储的索引节点（即索引缓冲区）数，90H 属性后是 A0H 属性和 B0H 属性。

4）在 90H 属性中既存储索引节点号，也存储文件夹中的个别文件名，且所存储的文件名数等于所存储的索引节点数减 1；文件夹中的其他文件名则分别存储在各个索引节点中，90H 属性后是 A0H 属性和 B0H 属性。

5）在 90H 属性中不存储任何文件名或索引节点号，即文件夹为空，90H 是该记录的最后一个属性。

6）在 90H 属性中不存储任何文件名或索引节点号，即文件夹为空，90H 属性后是 A0H 属性和 B0H 属性。

3.2.3　常见元文件分析

1. 元文件 $MFTMirr 分析

$MFTMirr 是系统以恢复为目的而创建的文件，为元文件$MFT 的几个文件记录做了备份。具体备份多少个文件记录取决于 NTFS 卷中每个簇的大小。当卷中簇大小不大于 4 KB 时，$MFTMirr 则备份前 4 个文件记录。通常 NTFS 文件系统中，默认簇的大小为 4 KB，所以$MFT-Mirr 通常备份文件$MFT 前 4 个文件记录。如果簇的大小大于 4 KB 时，那么$MFTMirr 文件则备份$MFT 前 1 个簇的文件记录，而且是按文件记录的顺序进行备份的。

2. 元文件 $Bitmap 分析

元文件$Bitmap 用来管理卷中簇的使用情况。它的数据流由一系列的位构成，每一位代表一个 LCN。低位代表了前面的簇，高位代表了后面的簇，其数据流第一字节的第 0 位代表了卷的 0 号簇的使用情况，1 位代表了卷中 1 号簇的使用情况，2 位代表了卷中 2 号簇的使用情况，以此类推。当该位为 1 表示其对应的簇已经分配给文件使用了。

元文件$Bitmap 由文件记录头和 3 个属性构成，即 10H 属性、30H 属性和 80H 属性，如图 3-18 所示。

Offset	0	1	2	3	4	5	6	7	8	9	A	B	C	D	E	F		
00C0001800	46	49	4C	45	30	00	03	00	06	F7	01	18	03	00	00	00	FILE0 ÷	
00C0001810	06	00	01	00	38	00	01	00	C0	01	00	00	00	04	00	00	文件记录头	
00C0001820	00	00	00	00	00	00	00	00	06	00	00	00	00	00	00	00		
00C0001830	6D	4B	00	00	00	00	00	00	10	00	00	00	60	00	00	00	mK	
00C0001840	00	00	18	00	00	00	00	00	48	00	00	00	18	00	00	00	H	
00C0001850	0C	36	69	E7	A8	88	D6	01	0C	36	69	E7	A8	88	D6	01	6iç ¨ˆÖ 10H属性	
00C0001860	0C	36	69	E7	A8	88	D6	01	0C	36	69	E7	A8	88	D6	01	6iç ¨ˆÖ	
00C0001870	06	00	00	00	00	00	00	00	00	00	00	00	00	00	00	00		
00C0001880	00	00	00	00	01	00	00	00	00	00	00	00	00	00	00	00		
00C0001890	00	00	00	00	00	00	00	00	30	00	00	00	68	00	00	00	0 h	
00C00018A0	00	00	18	00	00	00	02	00	50	00	00	00	18	00	01	00	P	
00C00018B0	00	00	00	00	00	00	05	00	0C	36	69	E7	A8	88	D6	01	6iç ¨ˆÖ	
00C00018C0	0C	36	69	E7	A8	88	D6	01	0C	36	69	E7	A8	88	D6	01	6i 30H 属性 ¨ˆÖ	
00C00018D0	0C	36	69	E7	A8	88	D6	01	00	00	3B	00	00	00	00	00	6i	
00C00018E0	60	FF	3A	00	00	00	00	00	06	00	00	00	00	00	00	00	`ÿ:	
00C00018F0	07	03	24	00	42	00	69	00	74	00	6D	00	61	00	70	00	$ B i t m a p	
00C0001900	80	00	00	00	48	00	00	00	01	00	40	00	00	00	04	00	€ H @	
00C0001910	00	00	00	00	00	00	00	00	AF	03	00	00	00	00	00	00	80H 属性	
00C0001920	40	00	00	00	00	00	00	00	00	00	3B	00	00	00	00	00	@	
00C0001930	60	FF	3A	00	00	00	00	00	60	FF	3A	00	00	00	00	00	`ÿ: `ÿ:	
00C0001940	32	B0	03	4F	FC	0B	00	00	80	00	00	00	70	00	00	00	2° Oü € p	
00C0001950	00	05	18	00	00	00	05	00	44	00	00	00	28	00	00	00	D (	

图 3-18　元文件 Bitmap 扇区

（1）10H 属性

10H 属性定义了元文件$Bitmap 创建时间、最后修改时间、该 MFT 修改时间、文件最后访问时间、文件标志等信息。

（2）30H 属性

30H 属性定义了元文件$Bitmap 父目录的文件参考号为根目录、$Bitmap 的一些时间属性、系统分配给$Bitmap 的大小（这里为 76000H 字节）及实际使用的大小（这里为 753C8H 字节）；在属性的最后定义了该文件的文件名为 Unicode 字符串"$Bitmap"。

（3）80H 属性

80H 属性定义了位图文件数据的数据流在卷中的位置，再次定义了系统分配给该属性的大小和实际使用的大小。在图 3-18 中，$Bitmap 起始 VCN 号为 0，最后的 VCN 号为 75H，起始 LCN 为 4015H 簇，总共占用了 76H 个簇。

3. 元文件 $Boot 分析

元文件$Boot 用于系统启动，该文件的数据流指向卷的启动扇区，包含卷大小、簇大小和 MFT 等信息。它是唯一不能重新部署的文件，其位置一旦确定就不能再移动。元文件$Boot 由文件记录头和 4 个属性构成，即 10H 属性、30H 属性、50H 属性和 80H 属性，如图 3-19 所示。

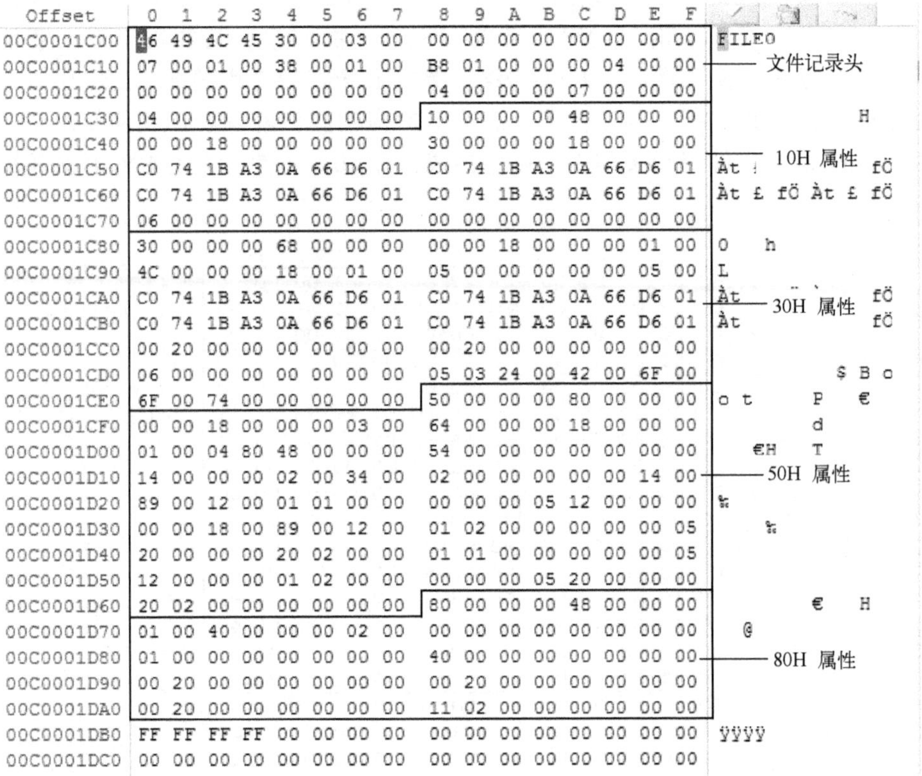

```
Offset      0  1  2  3  4  5  6  7   8  9  A  B  C  D  E  F
00C0001C00  46 49 4C 45 30 00 03 00  00 00 00 00 00 00 00 00    FILE0
00C0001C10  07 00 01 00 38 00 01 00  B8 01 00 00 00 04 00 00    ──── 文件记录头
00C0001C20  00 00 00 00 00 00 00 00  04 00 00 00 07 00 00 00
00C0001C30  04 00 00 00 00 00 00 00  10 00 00 00 48 00 00 00          H
00C0001C40  00 00 18 00 00 00 00 00  30 00 00 00 18 00 00 00    0
00C0001C50  C0 74 1B A3 0A 66 D6 01  C0 74 1B A3 0A 66 D6 01    Àt  10H 属性  fÖ
00C0001C60  C0 74 1B A3 0A 66 D6 01  C0 74 1B A3 0A 66 D6 01    Àt £ fÖ Àt £ fÖ
00C0001C70  06 00 00 00 00 00 00 00  00 00 00 00 00 00 00 00
00C0001C80  30 00 00 00 68 00 00 00  00 00 18 00 00 00 01 00    0   h
00C0001C90  4C 00 00 00 18 00 01 00  05 00 00 00 00 00 05 00    L
00C0001CA0  C0 74 1B A3 0A 66 D6 01  C0 74 1B A3 0A 66 D6 01    Àt  30H 属性  fÖ
00C0001CB0  C0 74 1B A3 0A 66 D6 01  C0 74 1B A3 0A 66 D6 01    Àt            fÖ
00C0001CC0  00 20 00 00 00 00 00 00  00 20 00 00 00 00 00 00
00C0001CD0  06 00 00 00 00 00 00 00  05 03 24 00 42 00 6F 00        $ B o
00C0001CE0  6F 00 74 00 00 00 00 00  50 00 00 00 80 00 00 00    o t     P €
00C0001CF0  00 00 18 00 00 00 03 00  64 00 00 00 18 00 00 00            d
00C0001D00  01 00 04 80 48 00 00 00  54 00 00 00 00 00 00 00    €H  T
00C0001D10  14 00 00 00 02 00 34 00  02 00 00 00 00 00 14 00    ──── 50H 属性
00C0001D20  89 00 12 00 01 01 00 00  00 00 00 05 12 00 00 00    ‰
00C0001D30  00 00 18 00 89 00 12 00  01 02 00 00 00 00 00 05    ‰
00C0001D40  20 00 00 00 20 02 00 00  01 01 00 00 00 00 00 05
00C0001D50  12 00 00 00 01 02 00 00  00 00 00 05 20 00 00 00
00C0001D60  20 02 00 00 00 00 00 00  80 00 00 00 48 00 00 00        €   H
00C0001D70  01 00 40 00 00 00 02 00  00 00 00 00 00 00 00 00     @
00C0001D80  01 00 00 00 00 00 00 00  40 00 00 00 00 00 00 00    ──── 80H 属性
00C0001D90  00 20 00 00 00 00 00 00  00 20 00 00 00 00 00 00
00C0001DA0  00 20 00 00 00 00 00 00  11 02 00 00 00 00 00 00
00C0001DB0  FF FF FF FF 00 00 00 00  00 00 00 00 00 00 00 00    ÿÿÿÿ
00C0001DC0  00 00 00 00 00 00 00 00  00 00 00 00 00 00 00 00
```

图 3-19　$Boot 的文件记录

（1）10H 属性

10H 属性定义了$Boot 创建时间、最后修改时间、该 MFT 修改时间、文件最后访问时间、文件标志等信息。

（2）30H 属性

30H 属性定义了$Boot 的父目录的文件参考号为根目录、$Boot 的一些时间属性、系统分配给$Boot 的大小（这里为 2000H 字节）、实际使用的大小（这里为 2000H 字节）；定义了标志为 06H，表示其为隐藏、系统文件；在属性的最后定义了该文件的文件名为 Unicode 字符串"$Boot"。

（3）50H 属性

50H 属性定义了 $Boot 的安全信息。

（4）80H 属性

80H 属性定义了引导文件数据的数据流在卷中的位置、系统分配给该属性的大小和实际使用的大小。此例中 $Boot 起始 VCN 号为 0，最后的 VCN 号为 1，起始 LCN 为 0（且总是为 0），总共占用了 2 个簇。

3.2.4　任务实施

利用 Windows 系统下的磁盘管理器新建一个 16 GB 的 NTFS 的虚拟磁盘，分别向磁盘中放入 "99. txt" 和 "14. xls" 两个文件。

1. 提取常驻文件

首先提取 "99. txt" 文件，因为这里的 txt 文件占用字节数较少，可以存储在文件记录 80H 属性中，提取文件的操作步骤如下。

（1）定位到磁盘分区的 DBR 位置

打开 WinHex，选择要提取文件的目标磁盘，定位到 DBR，DBR 扇区详情如图 3-20 所示。

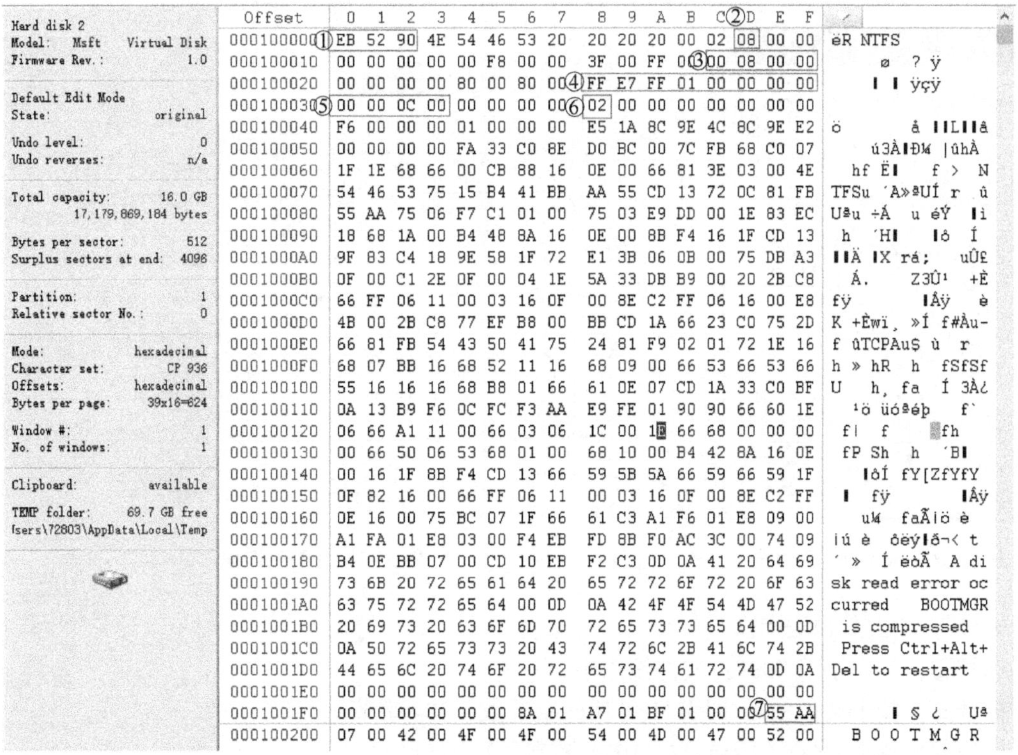

图 3-20　DBR 详情

标号①：NTFS 格式的跳转指令。

标号②：簇大小：一个簇占用 8 个扇区。

标号③：DBR 的隐藏扇区（DBR 当前所在扇区号）：2048。

标号④：当前分区的大小（扇区数）。

标号⑤：$MFT 的起始簇号：786 432。

标号⑥：$MFTMirr 的起始簇号：2。

标号⑦：结束标志 55AA。

经过上面 DBR 关键信息的读取，可以得到$MFT 的起始位置，那么接下来就需要跳转到$MFT 的起始位置，其公式为：起始位置＝簇大小×$MFT 起始簇号＝8×786 432＝6 291 456。

（2）定位到$MFT

跳转定位到$MFT 的起始位置 6 291 456，向下搜索"99.txt"，按〈Ctrl+F〉键打开"Find text（搜索）"对话框，设置如图 3-21 所示。在 NTFS 中，采用的编码方式是：Unicode，向下搜索文件名定位该文件所在的文件记录项。

（3）定位到文件记录所在的$MFT 项

分析$MFT 项中的内容，详情如图 3-22 所示。

Offset	0 1 2 3	4 5 6 7	8 9 A B	C D E F	
00C003C40	①46 49 4C 45	30 00 03 00	E4 5E 01 05	00 00 00 00	FILE0　ä^
00C003C410	01 00 01 00	38 00②01 00③	40 01 00 00	00 04 00 00④	8 @
00C003C420	00 00 00 00	00 00 00 00	03 00 00 00	F1 00 00 00⑤	ñ
00C003C430	03 00 00 00	00 00 00 00	10 00 00 00	60 00 00 00	
00C003C440	00 00 00 00	00 00 00 00	48 00 00 00	18 00 00 00	H
00C003C450	00 00 00 00	00 00 00 00	FE 5C 2C 44	4D F7 D4 01	þ\,DM÷Ô
00C003C460	3B 6E DD 1C	0E 97 D7 01	0C 2D DE 1D	0F 97 D7 01	;nÝ　-×　-Þ-×
00C003C470	20 00 00 00	00 00 00 00	00 00 00 00	00 00 00 00	
00C003C480	00 00 00 00	09 01 00 00	00 00 00 00	00 00 00 00	
00C003C490	00 00 00 00	00 00 00 00	30 00 00 00	68 00 00 00	0 h
00C003C4A0	00 00 00 00	00 00 00 00⑦	4E 00 00 00	18 00 01 00	N
00C003C4B0	⑥05 00 00 00	00 00 05 00	F6 05 DE 1D	0F 97 D7 01	ö Þ　-×
00C003C4C0	F6 05 DE 1D	0F 97 D7 01	F6 05 DE 1D	0F 97 D7 01	ö Þ　-× ö Þ　-×
00C003C4D0	F6 05 DE 1D	0F 97 D7 01	00 00 00 00	00 00 00 00	ö Þ　-×
00C003C4E0	00 00 00 00	00 00 00 00⑧	20 00 00 00	00 00 00 00	
00C003C4F0	⑨06⑩39 00	39 00 2E 00	74 00 78 00	74 00 00 00	9 9 . t x t
00C003C500	80 00 00 00	⑬38 00 00 00⑪00	00 18 00 00	00 01 00	€ 8
00C003C510	⑫1A 00 00 00	18 00 00 00⑭	A3 AC D5 E2	D6 D6 D1 F8	£¬ÕâÖÖÑø
00C003C520	C9 FA B9 DB	B5 E3 BC B4	CA B9 D4 DA	BD F1 CC EC	Éú¹Ûµã¼´Ê¹ÔÚ½ñÌì
00C003C530	0D 0A 00 00	00 00 00 00	FF FF FF FF	82 79 47 11	ÿÿÿÿ‚yG
00C003C540	00 00 00 00	00 00 00 00	00 00 00 00	00 00 00 00	
00C003C550	00 00 00 00	00 00 00 00	00 00 00 00	00 00 00 00	
00C003C560	00 00 00 00	00 00 00 00	00 00 00 00	00 00 00 00	
00C003C570	00 00 00 00	00 00 00 00	00 00 00 00	00 00 00 00	
00C003C580	00 00 00 00	00 00 00 00	00 00 00 00	00 00 00 00	
00C003C590	00 00 00 00	00 00 00 00	00 00 00 00	00 00 00 00	
00C003C5A0	00 00 00 00	00 00 00 00	00 00 00 00	00 00 00 00	
00C003C5B0	00 00 00 00	00 00 00 00	00 00 00 00	00 00 00 00	
00C003C5C0	00 00 00 00	00 00 00 00	00 00 00 00	00 00 00 00	
00C003C5D0	00 00 00 00	00 00 00 00	00 00 00 00	00 00 00 00	
00C003C5E0	00 00 00 00	00 00 00 00	00 00 00 00	00 00 00 00	
00C003C5F0	00 00 00 00	00 00 00 00	00 00 00 00	00 00 03 00	
00C003C600	00 00 00 00	00 00 00 00	FF FF FF FF	82 79 47 11	
00C003C610	00 00 00 00	00 00 00 00	00 00 00 00	00 00 00 00	

图 3-21 "Find text"对话框　　　　图 3-22 $MFT 详情

标号①：记录开始标记。

标号②：标志字节 0001：文件使用中。

标号③：整个文件实际占用$MFT 项的字节数：304 字节。

标号④：整个$MFT 的字节数：1024 字节（2 个扇区）。

标号⑤：文件所在的$MFT 项号：39。

标号⑥：父目录的参考号（这里指的直接存在根目录中，文件没有子目录）。

标号⑦：父目录的更新序列号。

标号⑧：文件的属性。

标号⑨：文件名的长度。

标号⑩：文件名（实际内容）。

标号⑪：常驻属性标志。

标号⑫：文件内容长度（占用字节数）。

标号⑬：文件内容相对于 80H 属性首字节开始的偏移字节数。

标号⑭：文件实际内容。

（4）复制文件内容输出

利用的复制文件内容输出至新文件。选中文件内容，右击，从弹出的快捷菜单中选择"Copy Block"→"Into New File"命令，如图 3-23 所示。

2. 提取非常驻文件

XLS 文件的结构比较复杂，即使是一个空的文件，它的大小也远大于 1 KB，就需要使用 80H 非常驻属性，使用数据流查找文件的起始位置。

1）与任务一相似，定位到$MFT 后直接从$MFT 向下搜索文件名，"Find text"对话框如图 3-24 所示。

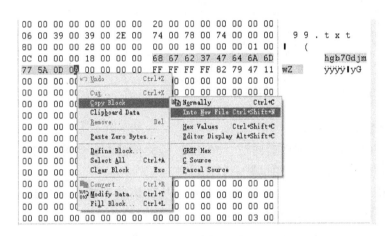

图 3-23　文件输出操作命令

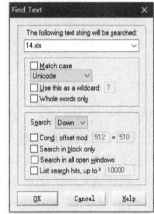

图 3-24　"Find text"对话框

2）定位到文件所在的文件记录项，详情如图 3-25 所示。

标号①：记录开始标记。

标号②：标志字节 0001：文件使用中。

标号③：整个文件实际占用$MFT 项的字节数：336 字节。

标号④：整个$MFT 的字节数：1024 字节（2 个扇区）。

标号⑤：文件所在的$MFT 项号：44。

标号⑥：父目录的参考号（这里指的直接存在根目录中，文件没有子目录）。

标号⑦：父目录的更新序列号。

标号⑧：文件的属性。

标号⑨：文件名的长度。

标号⑩：文件名（实际内容）。

标号⑪：非常驻属性标流位。

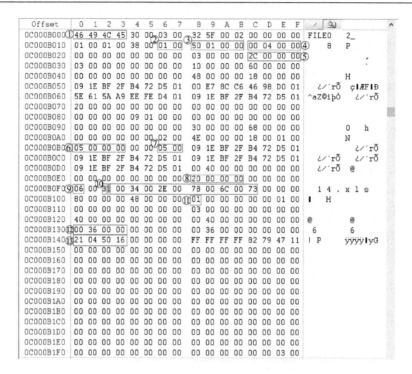

图 3-25　"14. xls" 文件记录项详情

标号⑫：文件的大小（字节数）：13 824。

标号⑬：DATA 数据流：21 04 50 16，其中后两位 "50 16" 是文件的起始簇号：5712，"04" 是文件大小（占用几个簇，一个簇没有占用也算一个簇）：4。

3）跳转到文件的起始位置。选中文件的起始字节，右击，从弹出的快捷菜单中选择 "Beginning of block" 命令，操作详情如图 3-26 所示。

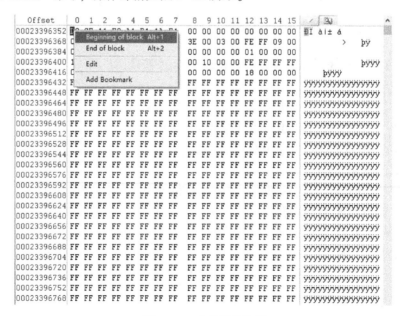

图 3-26　文件起始选择

根据文件的大小跳转到文件的结尾，按〈Alt+G〉打开"Go To Offset（偏移）"对话框，如图 3-27 所示。

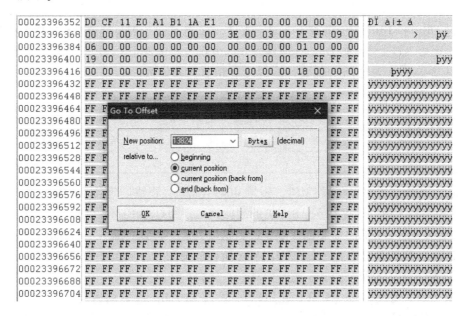

图 3-27　"Go To Offset"对话框

选中文件的最后 1 字节，文件复制输出，或另存为一个新的文件，文件的扩展名直接改成"xls"，操作详情如图 3-28 所示。至此，"14. xls"就提取出来了。

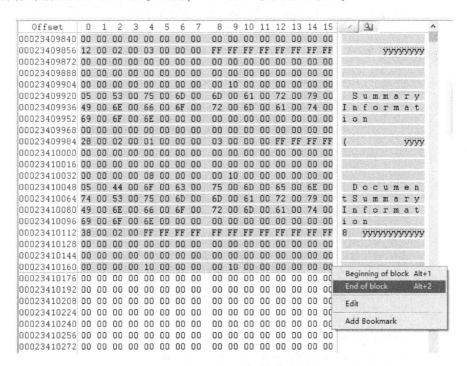

图 3-28　文件结尾选择

任务 3.3　实训：手工重建 NTFS 的 DBR

当分区 DBR 和 DBR 备份都被破坏时需要手动重建 DBR。要重建 NTFS 文件系统的 DBR，先复制一个完好 NTFS 分区的 DBR 到需要修复的分区，再修改 DBR 中几个重要参数就可以修复 DBR。表 3-9 即为重建 DBR 需要计算的几个 BPB 重要参数。

表 3-9　需要计算的 BPB 参数

字节偏移	长度/字节	含　义	字节偏移	长度/字节	含　义
0x0D	1	每簇扇区数	0x38	8	元文件$MFTMirr 的起始簇号
0x28	8	扇区总数	0x30	8	元文件$MFT 的起始簇号

1）通过 DBR 位置向下搜索$MFT，搜索 46494C45H，很快的定位到$MFT 项，但是发现仅有 4 个$MFT 项，所以这里并不是$MFT 的起始扇区，而是$MFTMirr。

2）通过元文件$MFT 记录中 80H 属性的数据流列表中可以得到元文件$MFT 的开始簇号；查找$MFTMirr，找到并记录下元文件$MFTMirr 所在的扇区号，从元文件$MFTMirr 记录的 80H 属性的数据流列表中得到$MFTMirr 的开始簇号；簇大小计算公式为

每簇扇区数（簇大小）=（$MFT 起始扇区号-$MFTMirr 起始扇区号）/（$MFT 起始簇号-$MFTMirr 起始簇号）

3）计算磁盘分区的大小：查找元文件$Bitmap，从前文中已知$Bitmap 是序号 6 号的$MFT 文件记录项，从$MFT 的起始位置向下偏移 12 个扇区即可定位到$Bitmap 文件记录所在扇区，从$Bitmap 记录的 80H 属性可知实际流的大小为 262 048 字节，因簇位图中每个二进制位表示 1 个簇，故 1 字节可表示 8 个簇，故分区的总扇区数可通过公式计算得到，公式为

分区总扇区数=$Bitmap 实际流的大小×8×簇大小

$Bitmap 文件记录如图 3-29 所示。

```
0C0101800  46 49 4C 45 30 00 03 00  67 53 40 00 00 00 00 00  FILE0    gS@
0C0101810  06 00 01 00 38 00 01 00  50 01 00 00 00 04 00 00   8   P
0C0101820  00 00 00 00 00 00 00 00  05 00 00 00 06 00 00 00
0C0101830  05 00 00 00 00 00 00 00  10 00 00 00 60 00 00 00
0C0101840  00 00 18 00 00 00 00 00  48 00 00 00 18 00 00 00          H
0C0101850  63 64 5D 36 05 75 D5 01  63 64 5D 36 05 75 D5 01  cd]6 uÕ cd]6 uÕ
0C0101860  63 64 5D 36 05 75 D5 01  63 64 5D 36 05 75 D5 01  cd]6 uÕ cd]6 uÕ
0C0101870  06 00 00 00 00 00 00 00  00 00 00 00 00 00 00 00
0C0101880  00 00 00 00 00 01 00 00  00 00 00 00 00 00 00 00
0C0101890  00 00 00 00 00 00 00 00  30 00 00 00 68 00 00 00          0   h
0C01018A0  00 00 18 00 00 00 02 00  50 00 00 00 18 00 01 00          P
0C01018B0  05 00 00 00 00 00 05 00  63 64 5D 36 05 75 D5 01          cd]6 uÕ
0C01018C0  63 64 5D 36 05 75 D5 01  63 64 5D 36 05 75 D5 01  cd]6 uÕ cd]6 uÕ
0C01018D0  63 64 5D 36 05 75 D5 01  00 04 00 00 00 00 00 00  cd]6 uÕ
0C01018E0  A0 FF 03 00 00 00 00 00  06 00 00 00 00 00 00 00   ÿ
0C01018F0  07 03 24 00 42 00 69 00  74 00 6D 00 61 00 70 00   $ B i t m a p
0C0101900  80 00 00 00 48 00 00 00  01 00 40 00 00 00 04 00  €   H   @
0C0101910  00 00 00 00 00 00 00 00  3F 00 00 00 00 00 00 00          ?
0C0101920  00 00 00 00 00 00 00 00  40 00 00 00 00 00 00 00          @
0C0101930  A0 FF 03 00 00 00 00 00  A0 FF 03 00 00 00 00 00   ÿ       ÿ
0C0101940  31 40 BF FF 0B 00 00 00  FF FF FF FF 00 00 00 00  1@¿ÿ    ÿÿÿÿ
0C0101950  12 00 00 00 01 02 00 00  00 00 00 05 20 00 00 00          I H
0C0101960  20 02 00 00 00 00 00 00  80 00 00 00 48 00 00 00       €   H
0C0101970  01 00 40 00 00 00 04 00  00 00 00 00 00 00 00 00   @
0C0101980  3F 00 00 00 00 00 00 00  40 00 00 00 00 00 00 00  ?       @
0C0101990  00 00 04 00 00 00 00 00  A0 FF 03 00 00 00 00 00           ÿ
0C01019A0  A0 FF 03 00 00 00 00 00  31 40 BF FF 0B 00 00 00   ÿ      1@¿ÿ
0C01019B0  FF FF FF FF 00 00 00 00  00 00 00 00 00 00 00 00  ÿÿÿÿ
0C01019C0  00 00 00 00 00 00 00 00  00 00 00 00 00 00 00 00
0C01019D0  00 00 00 00 00 00 00 00  00 00 00 00 00 00 00 00
0C01019E0  00 00 00 00 00 00 00 00  00 00 00 00 00 00 00 00
0C01019F0  00 00 00 00 00 00 00 00  00 00 00 00 00 00 05 00
```

图 3-29　$Bitmap 文件记录详情

得到分区的大小为 262 048×8×8 = 16 771 072。

计算得到的分区总扇区数包含分区中的 DBR 备份，比 DBR 中的总扇区数大 1，故需减 1 记作分区总扇区数。

4）依次记录 BPB 中的重要参数。

- DBR 的隐藏扇区数：2048。
- 分区的总扇区数：16 771 072。
- 分区簇大小：8。
- MFTMirr 的起始簇号：2。
- MFT 的起始簇号：786 432。

5）填写 MBR，MBR 中记录分区的大小扇区数要和通过 Bitmap 算出来的分区大小保持一致。

6）分离虚拟磁盘重新附加，磁盘内文件可以正常打开，如图 3-30 和图 3-31 所示。

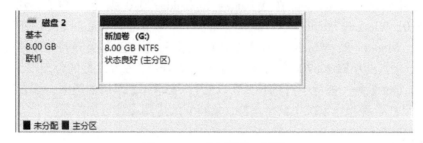

图 3-30　"磁盘管理"详情

图 3-31　文件内容

项目 4 恢复 exFAT 文件系统数据

扩展文件分配表（Extended File Allocation Table，exFAT）诞生于闪存介质，如 USB 闪存驱动器、数字卡等。因为现在要转存的文件越来越大，闪存介质的容量越来越大，且闪存介质的芯片是连续读写。如果使用 FAT 文件系统，在管理的空间及存储的文件大小等方面，就会显得力不从心；如果使用 NTFS，作为日志型文件系统，需要记录详细的读/写操作，使得芯片的磨损率增加。因此 FAT 系统及主流的 NTFS 并不适用于这种介质，基于这些考虑，微软引入了 exFAT 文件系统。

exFAT 文件系统是 Microsoft 在 Windows Embedded 5.0 以上（包括 Windows CE5.0、Windows CE6.0、Windows Mobile 5、Windows Mobile 6、Windows Mobile 6.1）开始使用的。目前 Windows 7、Windows 8、Windows 10 等常用的操作系统均已完美支持。如果使用 Windows XP，则需要打一个名为 KB955704 的补丁。同时 MAC OS 10.6.5 之后的各版本，许多 Linux 的发行版，如 Ubuntu 最新一些版本（内核 3.8 以上），安卓 4.2 以后的版本，都支持 exFAT 文件系统。exFAT 已在各种操作系统中获得支持，使得它的应用必将更加广泛。

职业能力目标

◇ 理解 exFAT 文件系统的整体结构及 DBR 的结构
◇ 理解 exFAT 文件系统中文件的管理方法
◇ 理解 FAT 和簇位图的作用、特点
◇ 理解文件或目录的组织形式、特点
◇ 掌握 exFAT 文件系统中的文件提取方法

任务 4.1 恢复 exFAT 文件系统的 DBR

4.1 恢复 exFAT
文件系统的 DBR

任务分析

某公司一位职员在使用一个大容量的移动硬盘时，由于在读写文件时误插拔，重新插入计算机时，发现移动硬盘无法正常挂载，提示用户需要格式化，移动硬盘无法正常访问，因存有重要数据，不敢继续操作，找到维修人员进行维修。

维修人员把移动硬盘插入到正常安装有 Windows 系统的计算机上，同样提示需要格式化。跳过格式化，使用 WinHex 打开该磁盘，发现磁盘分区出现 "?"，无法识别文件系统类型，定位 0 号扇区并确定文件系统类型，发现分区的 0 号扇区已经全部变成乱码，初步判断 DBR 被破坏。分析后续扇区数据，基本判断该分区为 EXFAT 文件系统，需要修复 EXFAT 文件系统的 DBR。

查看 12 号扇区备份 DBR 及校验信息均有效，只需要将有关扇区复制过来，即可修复 DBR。

📖 分区的 12 号扇区是 DBR 的备份，必要时可以用来修复 DBR。

4.1.1　exFAT 文件系统整体结构

（1）exFAT 文件系统与 FAT 文件系统的区别

exFAT 和 FAT32 文件系统不同之处在于以下几点。

1）FAT32 的 FAT 表最多只能使用 28 位地址，exFAT 的 FAT 表可以使用 32 位地址。

2）FAT32 的文件系统大小只能使用 4 B 表示，描述的最大值为 0xFF FF FF FF 个扇区（也就是 2 TB）。而 EXFAT 文件系统的大小使用 8 B 表示，理论上可以支持最大为 8 ZB 的分区（$2^{64} \times 512\,B = 2^{73}\,B = 8\,ZB$），系统建议支持最大的分区为 512 TB，已远远超过目前所见到的最大存储介质。

3）FAT32 文件系统中单个文件最大是 4 GB，已不能满足目前一些大文件的需求（FAT32 用 4 字节描述文件总字节数，可表示的最大值为 0xFFFFFFFF 字节，也就是 4 294 967 295 字节，即 4 GB）。而 exFAT 文件系统中文件大小使用 8 B 描述，理论上可以支持的最大文件为大小为 2^{64} B，系统建议的最大文件为 512 TB。

（2）exFAT 文件系统的整体结构

exFAT 文件系统整体结构如图 4-1 所示。

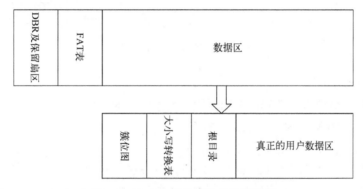

图 4-1　exFAT 文件系统的整体结构

整体结构在分区被格式化时创建，它们的含义如下。

1）DBR 及保留扇区。DBR 在分区的 0 号扇区，1~23 号扇区为保留扇区。其中 12~23 号扇区为 0~11 号扇区的备份，其中 12 号扇区是 DBR 的备份。

2）FAT。与 FAT32 不同的是，exFAT 文件系统中只有一个 FAT。

3）簇位图文件。描述数据区簇的使用情况，位于 2 号簇，是数据区的开始。

4）大小写转换表，是 exFAT 文件系统中的第二个元文件，类似于 NTFS 中的元文件 $UpCase。该文件大小固定为 5836 字节，实际占用 12 个扇区，系统为其分配 1 个簇空间。

5）真正的用户数据区，是 exFAT 文件系统的主要区域，用来存放用户的文件及目录。一般第一块区域是根目录。

4.1.2　exFAT 文件系统 DBR 数据结构

DBR 开始于 exFAT 文件系统的第 0 号扇区。由 6 部分组成，分别为跳转指令、OEM 代号、保留扇区数、BPB 参数、引导程序和结束标志。图 4-2 是完整的 EXFAT 文件系统的 DBR。

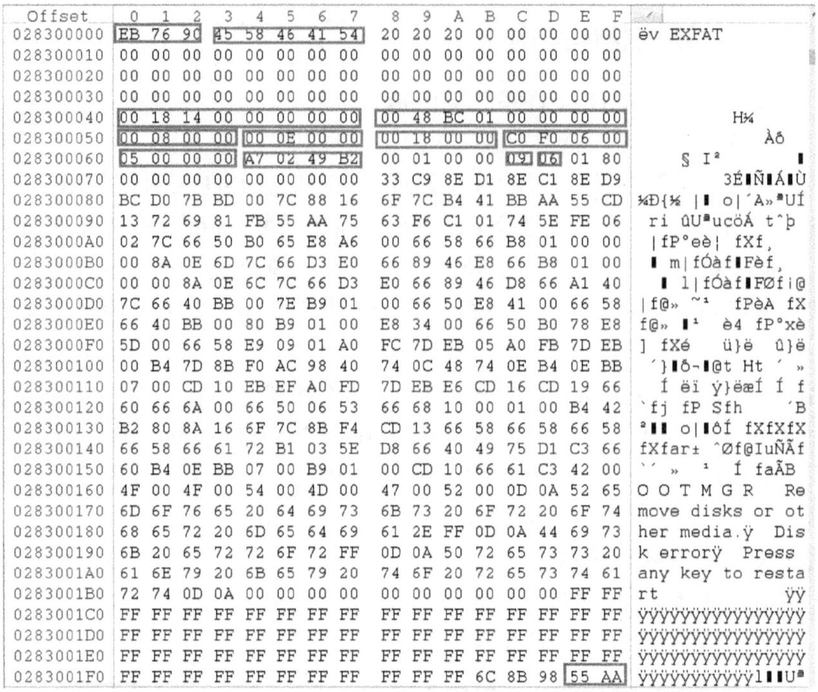

图 4-2　exFAT 的 DBR 扇区

6 个区域分别描述如下。

1）00H~02H：跳转指令 0xEB 76 90，代表汇编语言的 JMP 76。

2）03H~0AH：OEM 代号，即明文 exFAT。

3）0BH~3FH：保留区，暂时不用，目前均为 00H。

4）40H~77H：BPB（BIOS Parameter Block）参数区，其中一些重要的参数描述如下：

① 40H~47H：分区的起始扇区号，也称为隐藏扇区数，是指本分区前的物理扇区数。

② 48H~4FH：分区的总扇区数。

③ 50H~53H：FAT 表的起始扇区号，即从 DBR 到 FAT 的扇区数。

④ 54H~57H：FAT 表占用的扇区数，它与分区大小、簇大小有关。

⑤ 58H~5BH：数据区的起始扇区号。一般指簇位图的起始位置。

⑥ 5CH~5FH：分区内的总簇数。

⑦ 60H~63H：根目录的起始簇号。

⑧ 6CH~6CH：每扇区字节数（exFAT 中每扇区字节数用 2^N 的形式表示，一般总是 09H，表示 512）。

⑨ 6DH~6DH：每簇扇区数（2^N），exFAT 支持 512 B~32 MB 的簇大小。

⑩ 6EH~6EH：FAT 表的个数。

5）78H~1FDH：共 390 字节的引导程序。这部分代码如果遭到破坏，文件系统将无法使用。

6）1FEH~1FFH：55 AA 结束标志。

4.1.3　任务实施

加载示例文件 4-1，使用 WinHex 打开该磁盘。分区信息表如图 4-3 所示。分区类型为

“?”，不能识别该分区类型。

Name	Ext.	Size	Created	Modified	Record changed	Attr.	1st sector▲
Start sectors		1.0 MB					0
Partition 1 (J:)	?	1.0 TB					2,048
Unpartitionable space		2.0 MB					2,147,479,552

图 4-3 示例文件分区信息表

修复步骤如下。

(1) 进入分区，查看损坏情况

双击进入该分区。看到第 0~11 扇区均为乱码，看不出文件系统类型。继续往后查看，发现第 12 扇区很像是 exFAT 分区的数据，判断该分区很可能为 exFAT 文件系统，如图 4-4 所示。继续向后查看，发现均符合 exFAT 文件系统的特征。

```
Offset       0  1  2  3  4  5  6  7   8  9  A  B  C  D  E  F
0000001800  EB 76 90 45 58 46 41 54  20 20 20 00 00 00 00 00  ëv EXFAT
0000001810  00 00 00 00 00 00 00 00  00 00 00 00 00 00 00 00
0000001820  00 00 00 00 00 00 00 00  00 00 00 00 00 00 00 00
0000001830  00 00 00 00 00 00 00 00  00 00 00 00 00 00 00 00
0000001840  00 08 00 00 00 00 00 00  00 E8 FF 7F 00 00 00 00         èÿ
0000001850  00 08 00 00 00 80 00 00  00 88 00 00 B0 FF 3F 00      €   ˆ  °ÿ?
0000001860  05 00 00 00 47 66 87 F4  00 01 00 00 09 09 01 80      Gf‡ô       €
0000001870  00 00 00 00 00 00 00 00  33 C9 8E D1 8E C1 8E D9          3ÉŽÑŽÁŽÙ
0000001880  BC D0 7B BD 00 7C 88 16  6F 7C B4 41 BB AA 55 CD  ¼Ð{½ |ˆ o|´A»ªUÍ
0000001890  13 72 69 81 FB 55 AA 75  63 F6 C1 01 74 5E FE 06   ri ûUªucöÁ t^þ
00000018A0  02 7C 66 50 B0 65 E8 A6  00 66 58 66 B8 01 00 00   |fP°eè¦ fXf¸
00000018B0  00 8A 0E 6D 7C 66 D3 E0  66 89 46 E8 66 B8 01 00   Š m|fÓàf‰Fèf¸
00000018C0  00 00 8A 0E 6C 7C 66 D3  E0 66 89 46 D8 66 A1 40    Š l|fÓàf‰FØf¡@
00000018D0  7C 66 40 BB 00 7E B9 01  00 66 50 E8 41 00 66 58  |f@» ~¹  fPèA fX
00000018E0  66 40 BB 00 80 B9 01 00  E8 34 00 66 50 B0 78 E8  f@» €¹  è4 fP°xè
00000018F0  5D 00 66 58 E9 09 01 A0  FC 7D EB 05 A0 FB 7D EB  ] fXé   ü}ë  û}ë
0000001900  00 B4 7D 8B F0 AC 98 40  74 0C 48 74 0E B4 0E BB   ´}‹ð¬˜@t Ht ´ »
0000001910  07 00 CD 10 EB EF A0 FD  7D EB E6 CD 16 CD 19 66    Í ëï ý}ëæÍ Í f
0000001920  60 66 6A 00 66 50 06 53  66 68 10 00 01 00 B4 42  `fj fP Sfh    ´B
0000001930  B2 80 8A 16 6F 7C 8B F4  CD 13 66 58 66 58 66 58  ²€Š o|‹ôÍ fXfXfX
0000001940  66 58 66 61 72 B1 03 5E  D8 66 40 49 75 D1 C3 66  fXfar± ^Øf@IuÑÃf
0000001950  60 B4 0E BB 07 00 B9 01  00 CD 10 66 61 C3 42 00  `´ »  ¹  Í faÃB
0000001960  4F 00 4F 00 54 00 4D 00  47 00 52 00 0D 0A 52 65  O O T M G R   Re
0000001970  6D 6F 76 65 20 64 69 73  6B 73 20 6F 72 20 6F 74  move disks or ot
0000001980  68 65 72 20 6D 65 64 69  61 2E FF 0D 0A 44 69 73  her media.ÿ  Dis
0000001990  6B 20 65 72 72 6F 72 FF  0D 0A 50 72 65 73 73 20  k errorÿ  Press
00000019A0  61 6E 79 20 6B 65 79 20  74 6F 20 72 65 73 74 61  any key to resta
00000019B0  72 74 0D 0A 00 00 00 00  00 00 00 00 00 00 FF FF  rt            ÿÿ
00000019C0  FF FF FF FF FF FF FF FF  FF FF FF FF FF FF FF FF  ÿÿÿÿÿÿÿÿÿÿÿÿÿÿÿÿ
00000019D0  FF FF FF FF FF FF FF FF  FF FF FF FF FF FF FF FF  ÿÿÿÿÿÿÿÿÿÿÿÿÿÿÿÿ
00000019E0  FF FF FF FF FF FF FF FF  FF FF FF FF FF FF FF FF  ÿÿÿÿÿÿÿÿÿÿÿÿÿÿÿÿ
00000019F0  FF FF FF FF FF FF FF FF  FF FF FF 6C 8B 98 55 AA  ÿÿÿÿÿÿÿÿÿÿÿl‹˜Uª
```

图 4-4 示例文件的第 12 号扇区

(2) 将备份 DBR 信息复制到 0~11 扇区

将第 12~23 号扇区内容使用〈Ctrl+Shift+C〉键复制，然后使用〈Ctrl+B〉键粘贴到 0 号扇区位置。保存内容。

(3) 重新加载磁盘

将磁盘示例文件重新加载，系统已不再提示需格式化，能正常打开文件系统。至此磁盘分区修复完成。在 WinHex 中看到分区信息如图 4-5 所示。在操作系统下看到文件信息如图 4-6 所示。

Name	Ext.	Size	Created	Modified	Record changed	Attr.	1st sector▲
Start sectors		1.0 MB					0
Partition 1 (J:)	exFAT	1.0 TB					2,048
Unpartitionable space		2.0 MB					2,147,479,552

图 4-5 正常的分区信息表

名称 ^	修改日期	类型	大小
DaBaiCai_v6.0_1905	2019/7/4/周四 2 ...	文件夹	
中盈创信设备软件	2019/10/4/周五 ...	文件夹	

图 4-6　在操作系统下的磁盘文件

任务 4.2　恢复 exFAT 文件系统中丢失的文件

4.2　恢复 exFAT 文件系统中丢失的文件

任务分析

某公司一位职员在使用一个移动硬盘时，不小心彻底删除一个重要文件，找到维修人员进行恢复。

维修人员把移动硬盘插入到正常安装有 Windows 系统的计算机上，使用 WinHex 打开该磁盘，发现磁盘分区类型为 exFAT。由于 WinHex 不能正常识别 exFAT 文件系统，所以该删除的文件需要手工提取恢复。

4.2.1　FAT 和簇位图

FAT（File Allocation Table）即文件分配表，是 exFAT 文件系统重要组成部分。

（1）FAT 的特点

1）exFAT 文件系统只有一个 FAT，由格式化程序在分区格式化时创建。

2）FAT 跟在 DBR 之后，其具体位置由 DBR 的 BPB 参数中偏移量为 50H~53H 的字节描述。

3）FAT 由 FAT 表项构成，FAT 表项简称为 FAT 项，EXFAT 的每个 FAT 项由 4 字节（32 位）构成。

4）每个 FAT 项都有一个固定的编号，这个编号从 0 开始，也就是说，第一个 FAT 项是 0 号 FAT 项，第二个 FAT 项是 1 号 FAT 项，以此类推。

（2）FAT 的用途

1）FAT 的前两个 FAT 项有专门的用途。0 号 FAT 项常用来存放 FAT 的起始标志，一般为 "F8 FF FF FF"，1 号 FAT 表项一般直接标注为 "FF FF FF FF"。可以简单地认为 "F8 FF FF FF FF FF FF FF" 就是 FAT 的起始位置。

在 WinHex 中可以通过从头搜索 "F8 FF FF FF FF FF FF FF"（偏移 512 = 0）来找 FAT 的起始位置。

2）分区的数据区从 2 号簇开始，每一个簇都会映射到 FAT 中唯一的 FAT 项（第 0、1 号 FAT 项已有专门用途）。因此数据区中的第一个簇也就编号为 2 号簇。3 号簇与 3 号 FAT 项映射，4 号簇与 4 号 FAT 项映射，以此类推。一个分区中，有多少个簇就需要有多少个 FAT 项。因此，簇数越多，FAT 就越大；反之，FAT 就越小。

第 2 号簇开始一般分配给元文件簇位图文件。

3）分区格式化后，分区的两个元文件及用户文件都以簇为单位存放在数据区中。

4）每个文件至少占用一个簇。当一个文件占用多个簇时，簇号可能是连续的，也可能是不连续的。如果文件存放的簇不连续，簇号就以簇链的形式存放在 FAT 中；而如果文件存放在连续的簇中，FAT 项则不登记这些连续的簇链，均为 "00 00 00 00"。

所以在 FAT 中看到数值为 "00 00 00 00" 的 FAT 项，并不能说明该 FAT 项对应的簇是可用簇（这与 FAT32 不同）。表 4-1 表示了 exFAT 中每个 FAT 项值的含义。

表 4-1　exFAT 中每个 FAT 项值的含义

项　值	含　义
0x00000000	没有使用
0x10000000	无效
0x02000000~F6FFFFFF	簇号描述值
0xF7FFFFFF	坏簇
0xF8FFFFFF	FAT 的起始标志
0xF9FFFFFF~FEFFFFFF	未定义
0xFFFFFFFF	文件结束簇标志

（3）FAT 的实例

exFAT 的 FAT 表的实例如图 4-7 所示。除了前 5 个 FAT 项有数据外，后面的 FAT 项均为空。

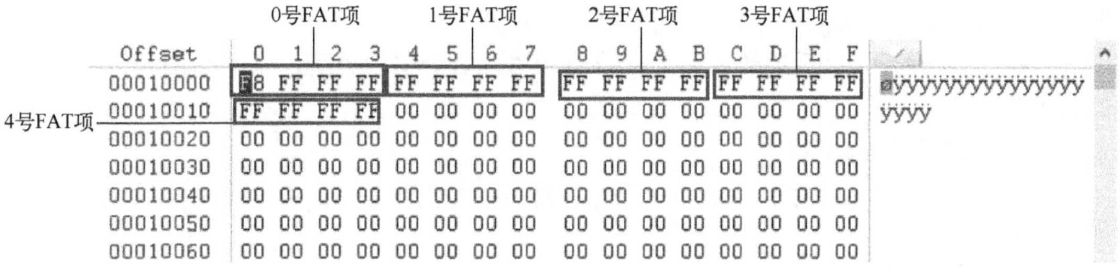

图 4-7　一个 exFAT 的 FAT 实例

1）0、1 号 FAT 项：为 "F8FFFFFF FFFFFFFF"，表示 FAT 起始位置。

2）2 号 FAT 项：分配给元文件 "簇位图" 使用，"FFFFFFFF" 是文件结束标志，表示 "簇位图" 文件占用了一个簇。

3）3 号 FAT 项：分配给元文件 "大小写转换表" 使用，"FFFFFFFF" 是文件结束标志，表示 "大小写转换表" 文件占用了一个簇。

4）4 号 FAT 项：分配给根目录使用，"FFFFFFFF" 是文件结束标志，表示目前根目录占用了一个簇。

5）其余 FAT 项为 "00000000"，并不表示这些簇没有文件占用，也有可能是这些簇中存储的文件是连续的。

> exFAT 中较少能看到不连续簇的占用情况。当存放文件时，系统会自动调整文件存放位置，尽可能使文件占用空间连续，提高文件读写的效率。当 exFAT 文件系统重新被格式化时，会清空 FAT 的第 1 个扇区，其余的不变。

（4）簇位图文件

簇位图文件是 exFAT 文件系统中的第一个元文件，类似于 NTFS 中的元文件 $BitMap，用来管理分区中簇的使用。一般该文件的起始位置是 2 号簇，也就是文件系统的第 1 个簇。其大小由格式化时分区大小与簇大小共同决定。

📖 根据簇位图文件的大小及分区总扇区数，可以很快估算出簇大小，在分区较大时，簇大小≈分区总扇区数 ／（簇位图大小×8），取与之最接近的 2^n 的一个值。

4.2.2　目录项数据结构

目录项是 exFAT 文件系统非常重要的组成部分。在 DBR 中，偏移位置 0x60~0x63 指示了根目录的起始簇号，可以根据簇号值跳转到相应的簇。

图 4-8 是一个 exFAT 文件系统的 U 盘的根目录示例。该 U 盘被格式化时设定的卷标为"A0123456789"，复制了一个名为"0123456789abcdefghijklmnopqrstuvwxyz.txt"的文件在根目录。

1. 目录项的结构及特点

（1）目录项的主要结构

1）分区中的每个文件和文件夹（也称为子目录）都被分配一个或多个大小为 32 字节的目录项，用以描述文件或文件夹的属性、大小、起始簇号和时间、日期、名称等信息。其中，卷标、簇位图、大小写转换表也被视作特殊的目录项。

2）exFAT 文件系统目录项的第一个字节用来描述目录项的类型，剩下的 31 字节用来记录文件的相关信息。

（2）目录项的主要特点

1）在 exFAT 文件系统中，文件夹也被视为特殊类型的文件，所以每个文件夹也都有目录项。

2）在 exFAT 文件系统中，分区根目录下的文件及文件夹的目录项存放在根目录区中，分区子目录下的文件及文件夹的目录项存放在数据区相应的簇中。

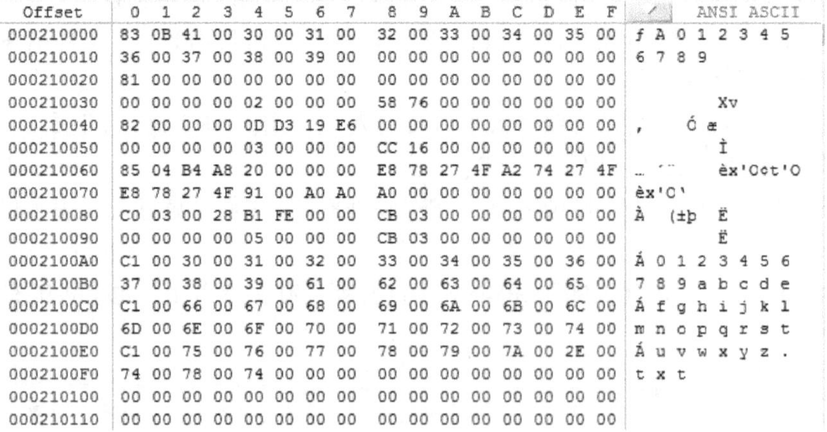

图 4-8　根目录的初始状态

2. 目录项的 4 种类型

1）卷标目录项，以 83H 或 03H 开头。

2）簇位图文件的目录项，以 81H 开头。

3）大小写转换表的目录项，以 82H 开头。

4）用户文件（文件夹）的目录项。

3. 卷标目录项

卷标目录项就是分区的名字，可以在格式化分区时创建，也可以随时修改。

如果在创建时就命名的话，则以"83H"开头；如果创建时没有命名的话，则以"03H"开头。若在系统创建完成后再重新命名，则会在后面某一个根目录的目录项区域中重新建立一个以"83H"开头的目录项。

图 4-8 中第 1、2 行（32 字节）就是描述的卷标目录项，再次分割出来如图 4-9 所示，83H 为特征符，0BH 为长度，即 11 字节，其卷标名为"A0123456789"，用 Unicode 编码。卷标目录项的含义，如表 4-2 所示。

```
83 0B 41 00 30 00 31 00   32 00 33 00 34 00 35 00
36 00 37 00 38 00 39 00   00 00 00 00 00 00 00 00
```

图 4-9　根目录中卷标目录项的状态

表 4-2　卷标目录项的含义

字 节 偏 移	长度/字节	内容及含义	本例中的数据
00H	1	83H：正常卷标项 03H：没有卷标项	83H，表示正常卷标项
01H	1	卷标字符数	11
02H	22	卷标	A0123456789 的 Unicode 编码
18H	8	保留（也可用）	可以扩展用，但在 Windows 下一般不用

4. 簇位图文件的目录项

exFAT 文件系统格式化时建立了簇位图文件，并为其创建一个目录项，放在根目录区中。簇位图文件的目录项占用 32 字节，其中第一个字节是特征值，用"81H"表示。

图 4-8 中第 3、4 行（32 字节）就是描述的簇位图目录项，再次分割出来如图 4-10 所示。

```
81 00 00 00 00 00 00 00   00 00 00 00 00 00 00 00
00 00 00 00 02 00 00 00   58 76 00 00 00 00 00 00
```

图 4-10　根目录中簇位图目录项的状态

目录项的各数据具体含义见表 4-3。

表 4-3　exFAT 簇位图文件目录项的含义

字 节 偏 移	长度/字节	内容及含义	本例中的数据
00H	1	特征值为"81H"	81H
01H	1	保留	00H
02H	18	保留	00……00H
14H	4	起始簇号	02000000，即 2 号簇
18H	8	簇位图文件大小	00007658H，即 30296 字节

本例簇位图中，每字节表示 8 个簇，故本例中分区的总簇数为 30 296×8，即 242 368 簇。

5. 大小写转换表的目录项

exFAT 文件系统格式化时建立了大小写转换表，并为其创建一个目录项，放在根目录区中。大小写转换表的目录项占用 32 字节，其中第一个字节是特征值，用"82H"表示。

图 4-8 中第 5、6 行（32 字节）就是描述大小写转换表的目录项，再次分割出来如

图 4-11 所示。具体含义见表 4-4。

```
82 00 00 00 0D D3 19 E6  00 00 00 00 00 00 00 00
00 00 00 00 03 00 00 00  CC 16 00 00 00 00 00 00
```

图 4-11   根目录中大小写转换表目录项的状态

表 4-4   exFAT 大小写转换表目录项的含义

字 节 偏 移	长度/字节	内容及含义	本例中的数据
00H	1	特征值为 "82H"	82H
01H	3	保留	000000H
04H	14	保留	没有实际意义
14H	4	起始簇号	03000000，即 3 号簇
18H	8	文件大小	CC16000000000000，固定为 5836

6. 用户文件（文件夹）目录项

exFAT 文件系统中每个用户文件都有 3 个或更多个目录项（每两行 32 字节为一个单元），前面两个属性目录项表示文件或文件夹的位置、大小、存储状态等信息，后面一个或多个存储文件名（根据文件名的长度决定有几个目录项）。如示例中有一个文件，名为 "0123456789abcdefghijklmnopqrstuvwxyz. txt"，它的目录项如图 4-12 所示。

```
85 04 B4 A8 20 00 00 00  E8 78 27 4F A2 74 27 4F
E8 78 27 4F 91 00 A0 A0  A0 00 00 00 00 00 00 00
C0 03 00 28 B1 FE 00 00  CB 03 00 00 00 00 00 00
00 00 00 00 05 00 00 00  CB 03 00 00 00 00 00 00
C1 00 30 00 31 00 32 00  33 00 34 00 35 00 36 00
37 00 38 00 39 00 61 00  62 00 63 00 64 00 65 00
C1 00 66 00 67 00 68 00  69 00 6A 00 6B 00 6C 00
6D 00 6E 00 6F 00 70 00  71 00 72 00 73 00 74 00
C1 00 75 00 76 00 77 00  78 00 79 00 7A 00 2E 00
74 00 78 00 74 00 00 00  00 00 00 00 00 00 00 00
```

图 4-12   一个用户文件的目录项

用户文件目录项的类型值含义如下。

85H：文件属性目录项 1，用来记录文件的附加目录项数、校验等属性，具体含义见表 4-5。

表 4-5   用户文件 "85H" 属性目录项的含义

字 节 偏 移	描 述	字 节 偏 移	描 述
00H	目录项的类型值	01H	附加目录项数，由文件名的长度来决定，最小值为 2
02H~03H	校验和	04H~05H	常规属性
08H~0BH	创建时间	0CH~0FH	最后修改时间
10H~13H	最后访问时间	14H	创建时间（精确到 10 ms）
15H~17H	保留	18H~1FH	保留

C0H：文件属性目录项 2，记录着文件是否有碎片、文件的起始簇号和文件的大小等信息，具体含义见表 4-6。

表 4-6　用户文件"C0H"属性目录项的含义

字 节 偏 移	描　述	字 节 偏 移	描　述
00H	目录项类型值	01H	片段化标志
03H	文件名的字符数	04H~05H	文件名校验
08H~0FH	文件的总字节数	14H~17H	起始簇号
18H~1FH	文件的总字节数		

在本属性中，数据恢复用户最关心的是文件总字节数、起始簇号两个重要参数。其中 18H~1FH 是为 NTFS 中压缩属性准备的，一般情况下与 08H~0FH 的相同。

C1H：文件名目录项，除了前面两个字节，后面的 30 个字节全部存储文件名的 Unicode 编码。具体含义见表 4-7。

表 4-7　用户文件"C1H"属性目录项的含义

字 节 偏 移	描　述	字 节 偏 移	描　述
00H	目录项类型值	01H	保留
02H~1FH	文件名（Unicode 编码）		

4.2.3　删除文件时的改变

（1）文件（文件夹）被删除后发生的变化

在 exFAT 中，当一个文件或文件夹被删除后（包括回收站删除和〈Shift+Del〉键彻底删除），主要发生以下改变。

1）文件对应的簇在簇位图中的使用情况发生改变。原来占用的得到释放，相应的位由 1 变成 0。

2）目录项的标志位发生改变。目录项的属性值发生了变化，其首字节的最高位改变为 0。即 85H、C0H、C1H 分别被改为 05H、40H、41H，其余均保持不变。

3）文件夹删除时，除改变文件夹的相关属性外，也会改变文件夹下文件目录项的删除标志。

4）FAT 一般没有变化。exFAT 文件系统不容易产生文件碎片，当一个簇放不下文件时，会将整个文件内容后移到一个能连续存放新文件的簇。所以原来存放数据时，FAT 表项一般为空值，删除后自然也没有改变。

📖 在文件删除后绝对不能新增任何文件，否则有可能会第一时间被覆盖，从而造成文件永久性的丢失。

（2）文件被彻底删除后的示例

如图 4-13 所示，exFAT 分区的根目录下有 3 个文件和 1 个文件夹。

名称	修改日期	类型	大小
PDF工具包	2014/6/11/周三 ...	文件夹	
DiskGenius_Mono64.exe	2017/11/7/周二 ...	应用程序	12,228 KB
屏幕录像专家 V2014.zip	2017/4/11/周二 ...	WinRAR ZIP 压缩...	9,196 KB
制作刻录ISO.zip	2013/3/19/周二 ...	WinRAR ZIP 压缩...	7,021 KB

图 4-13　一个 exFAT 分区下被删除前的文件及子文件夹

这时，使用 WinHex 打开它的根目录区，查看 DiskGenius_Mono64.exe 的目录项，如图 4-14 所示。

```
85 03 5F 95 20 00 00 00   8F 3B 28 4F 36 8B 67 4B   ..._.    ;(O6‹gK
8F 3B 28 4F 6D 00 A0 A0   A0 00 00 00 00 00 00 00   ;(Cm
C0 03 00 15 03 49 00 00   B0 0D BF 00 00 00 00 00   À    I  ° ¿
00 00 00 00 34 02 00 00   B0 0D BF 00 00 00 00 00       4  ° ¿
C1 00 44 00 69 00 73 00   6B 00 47 00 65 00 6E 00   Á D i s k G e n
69 00 75 00 73 00 5F 00   4D 00 6F 00 6E 00 6F 00   i u s _ M o n o
C1 00 36 00 34 00 2E 00   65 00 78 00 65 00 00 00   Á 6 4 . e x e
00 00 00 00 00 00 00 00   00 00 00 00 00 00 00 00
```

图 4-14　DiskGenius_Mono64.exe 文件正常的目录项

使用〈Shift+Del〉键删除其中的 DiskGenius_Mono64.exe，再次查看文件的目录项，如图 4-15 所示。

```
05 03 5F 95 20 00 00 00   8F 3B 28 4F 36 8B 67 4B    ._.    ;(O6‹gK
8F 3B 28 4F 6D 00 A0 A0   A0 00 00 00 00 00 00 00   ;(Cm
40 03 00 15 03 49 00 00   B0 0D BF 00 00 00 00 00   @    I  ° ¿
00 00 00 00 34 02 00 00   B0 0D BF 00 00 00 00 00       4  ° ¿
41 00 44 00 69 00 73 00   6B 00 47 00 65 00 6E 00   A D i s k G e n
69 00 75 00 73 00 5F 00   4D 00 6F 00 6E 00 6F 00   i u s _ M o n o
41 00 36 00 34 00 2E 00   65 00 78 00 65 00 00 00   A 6 4 . e x e
00 00 00 00 00 00 00 00   00 00 00 00 00 00 00 00
```

图 4-15　DiskGenius_Mono64.exe 文件被删除后的目录项

对比发现，两个目录项除了属性字节从"85H""C0H""C1H"分别改变为"05H""40H""41H"，其余都没有变化。

4.2.4　任务实施

加载示例文件"4-2"，提取一个名为"DiskGenius_Mono64.exe"的文件。

在实际工作中，不可能通过眼睛直接去找相应的文件目录属性项的方法来找文件。现在知道了被删除的文件名，则可以通过文件名来查找相应文件的目录项。

（1）搜索文件名对应的目录项

1）已知文件名为"DiskGenius_Mono64.exe"，则通过编码转换软件先将"DiskGenius_Mono64.exe"的前若干个字符（不超过 15 个，注意大小写要一样），转换成 Unicode 编码，例如将"DiskGenius_"这 11 个字符进行转换，得到 Unicode 编码为"4400690073006B00470065006E006900750073005F00"。

2）使用 WinHex 打开该分区，然后使用〈Ctrl+Alt+X〉快捷键或 HEX 快捷工具，搜索刚刚得到的 Unicode 编码，如图 4-16 所示，定位到相应的文件目录项，从光标停留位置向上 4 行，找出当前文件所对应的全部属性信息，如图 4-15 所示。

（2）获取文件重要信息

图 4-16　搜索相应的文件名所对应的目录项

根据文件目录项属性得知该文件的起始簇和文件长度分别为"C0H"或"40H"属性的相对偏移 14H 和 18H 位置的两个数值，如图 4-15 所框出的部分。

通过数据解释器，得到该文件的起始簇号为 564，文件大小为 12 520 880 字节。用记事本记录这两个数据。

从 BPB 中得知 2 号簇（簇位图所在位置）为 10 240 扇区，簇大小为 256（即 2^8）。因此，该文件的实际起始扇区为：10 240+（564-2）×256＝154 112。使用〈Ctrl+G〉快捷键或快捷按钮 ，跳转到 154 112 扇区，如图 4-17 所示。

在光标所在位置按〈Alt+1〉键选中块的开头。然后，使用〈Alt+G〉键或 → 按钮，从当前位置起偏移 12 520 880 字节，如图 4-18 所示。然后前移 1 字节，按〈Alt+2〉键选中块尾。

图 4-17　定位光标到文件起始位置　　　　图 4-18　光标定位到文件结束位置

注意：单位是"Bytes"，进制是"decimal"，相对位置是"current position"。

最后，使用〈Ctrl+Shift+N〉，将选项复制到文件，文件名命名为"DiskGenius_Mono64"，扩展名为"exe"，即完成了文件"DiskGenius_Mono64.exe"的手工提取。

📖 子文件夹下的文件的提取方法也是如此，不再赘述。

任务 4.3　修复被病毒破坏的文件

任务分析

某公司一位职员在使用移动硬盘时，不知何故，加载磁盘后打开分区，系统提示无法访问，"文件或目录损坏且无法读取"，找到维修人员进行恢复。

维修人员把移动硬盘插入到正常安装有 Windows 系统的计算机上，使用 WinHex 打开该磁盘，发现磁盘分区类型为 exFAT。由于 WinHex 不能正常识别 exFAT 文件系统，所以需要分析并修改该分区被损坏的区域或手动提取文件。

4.3.1　文件或目录损坏且无法读取的恢复方法

当系统提示"文件或目录损坏且无法读取"时，一般是 FAT 损坏或根目录损坏造成的。

（1）FAT 损坏

FAT 在 exFAT 文件系统中十分重要，尤其是前面若干项，存放着系统元文件的关键信息，当它受到损坏，则系统就会出现"文件或目录损坏且无法读取"的信息。图 4-19 和图 4-20 就是两个正常的 FAT 的前若干个表项。图 4-19 中簇位图文件只需要使用 2 号簇就够了，而图 4-20 中簇位图文件需要用 2 号簇和 3 号簇两个簇来存放。

其实，只要简单查看 BPB 参数就能得知 FAT 表的情况。查看 BPB 参数，观察引导记录中 5CH~5FH 位置的总簇数和 6DH 位置的簇大小（2^n），便可得知簇位图需要的簇数。

Offset	0 1 2 3 4 5 6 7	8 9 A B C D E F	╱	ANSI ASCII	⌃
0000100000	F8 FF FF FF FF FF FF FF	FF FF FF FF FF FF FF FF		øÿÿÿÿÿÿÿÿÿÿÿÿÿÿÿ	
0000100010	FF FF FF FF 00 00 00 00	00 00 00 00 00 00 00 00		ÿÿÿÿ	

图 4-19 一个大小为 120 GB 的 EXFAT 分区用默认值格式化后的 FAT 表

Offset	0 1 2 3 4 5 6 7	8 9 A B C D E F	╱	ANSI ASCII	⌃
0000100000	F8 FF FF FF FF FF FF FF	03 00 00 00 FF FF FF FF		øÿÿÿÿÿÿÿ ÿÿÿÿ	
0000100010	FF FF FF FF FF FF FF FF	00 00 00 00 00 00 00 00		ÿÿÿÿÿÿÿÿ	

图 4-20 一个大小为 250 GB 的 EXFAT 分区用默认值格式化后的 FAT

所需 FAT 表项数=总簇数/8/512/簇大小。

当 FAT 损坏时，只要恢复相应 FAT 的前 5 项或前 6 项，正常打开分区。

（2）根目录损坏

根目录的前 3 项是固定的，分别描述卷标、簇位图和大小写转换表，若 3 个目录项受损，则系统不能正常打开。

恢复方法只需要定位到根目录区域，修复前 3 项即可。

4.3.2　任务实施

（1）FAT 损坏的情况

加载示例文件 "4-3-1"，打开分区时，系统提示如图 4-21 所示。

使用 WinHex 打开该磁盘，发现文件系统为 exFAT，且 BPB 参数正常。如图 4-22 所示。

图 4-21 打开分区后提示的错误信息

Offset	0 1 2 3 4 5 6 7	8 9 A B C D E F	╱	ANSI ASCII	⌃
0000000000	EB 76 90 45 58 46 41 54	20 20 20 00 00 00 00 00		ëv EXFAT	
0000000010	00 00 00 00 00 00 00 00	00 00 00 00 00 00 00 00			
0000000020	00 00 00 00 00 00 00 00	00 00 00 00 00 00 00 00			
0000000030	00 00 00 00 00 00 00 00	00 00 00 00 00 00 00 00			
0000000040	00 08 00 00 00 00 00 00	00 E8 3F 1F 00 00 00 00		è?	
0000000050	00 08 00 00 00 3F 00 00	48 00 00 00 A0 3F 1F 00		? H ?	
0000000060	05 00 00 00 E5 F5 7A 50	00 01 02 00 09 08 01 80		åõzP €	
0000000070	00 00 00 00 00 00 00 00	33 C9 8E D1 8E C1 8E D9		3ÉŽÑŽÁŽÙ	

图 4-22 打开分区后的 DBR 信息

根据 BPB 参数 50H～53H 位置，查看到 FAT 起始扇区为 "00080000"，数据解释器的值为 2048。

跳转到 2048 扇区，发现 FAT 扇区为空值。初步判断上述错误是由于 FAT 丢失引起的。

回到 DBR 扇区，查看 5CH～5FH 位置，得知总簇数为 "503F1F00"，即 2 047 824 个簇。查看 6DH 位置的值为 08，即簇大小为 256。

计算：2047824/8/512/256≈1.95，表明 FAT 中簇位图必须使用 2 号簇和 3 号簇。

因此，回到 2048 扇区，填入如图 4-20 所示的数值。

存盘。重新加载该示例文件，发现该分区能正常打开。至此，修复完成。

（2）根目录损坏的情况

1）加载示例文件 "4-3-2"，打开分区时，系统提示需要格式化。取消后又弹出如图 4-23 所示的提示信息。

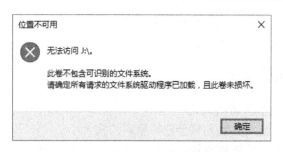

图 4-23 打开根目录被损坏后的错误信息

2）使用 WinHex 打开该磁盘，发现文件系统为 exFAT，且 BPB 参数正常，如图 4-24 所示。

```
Offset       0  1  2  3  4  5  6  7  8  9  A  B  C  D  E  F
0000000000   EB 76 90 45 58 46 41 54 20 20 20 00 00 00 00 00   ëv EXFAT
0000000010   00 00 00 00 00 00 00 00 00 00 00 00 00 00 00 00
0000000020   00 00 00 00 00 00 00 00 00 00 00 00 00 00 00 00
0000000030   00 00 00 00 00 00 00 00 00 00 00 00 00 00 00 00
0000000040   00 08 00 00 00 00 00 00 00 E8 FF 0E 00 00 00 00          èÿ
0000000050   00 08 00 00 00 00 1E 00 00 28 00 00 C0 FF 0E 00          ( Àÿ
0000000060   04 00 00 00 B3 DF 68 4E 00 01 00 00 09 08 01 80   ³ßhN      €
0000000070   00 00 00 00 00 00 00 00 33 C9 8E D1 8E C1 8E D9   3ÉŽÑŽÁŽÙ
```

图 4-24 打开分区后的 DBR 信息

① 读取 58H~5BH 的数值，得到 "00280000"，数据解释器的值为 10 240，说明数据从 10 240 扇区开始。

② 读取 60H~63H 的数值，得到 "04000000"，数据解释器的值为 4，即根目录从 4 号簇开始。

③ 读取 6DH 的数值，得到的数值为 "08"，即簇大小为 256。

因此，根目录所在位置为：10 240+（4−2）×256 = 10 752。

④ 跳转到 10 752 扇区，发现前 3 项目录项已被清空，问题就应该出在这里。

⑤ 任意复制一个 EXFAT 根目录的前 6 行数据到此处。

⑥ 回到 DBR 位置，读到 5CH~5FH 位置的值为 "C0FF0E00"，数据解释器的值为 982976，这是系统的总簇数。将该数值除以 8，得到 122872，即簇位图文件的大小。

⑦ 查看 DBR 的 60H~63H 的值，得到 4，这是根目录所在位置的值，将它减 1，即为大小写转换表所在的簇号为 3。

⑧ 重新跳转到根目录所在位置，将值 122 872 填入到根目录的 38H~3BH 位置，检查 54H 位置是否为 3。如果不是，则修改。

存盘，该分区正常打开。至此，修复完成。

任务 4.4 恢复被误格式化的分区

4.4 恢复被误格式化的分区

任务分析

某公司一位职员在练习使用 DiskGenius 时，由于操作太快，不小心把移动硬盘上一个有用的分区重新进行了格式化，所有文件都不见了，找到维修人员进行恢复。

维修人员把移动硬盘插入到正常安装有 Windows 系统的计算机上，使用 WinHex 打开该磁盘，发现磁盘分区类型为 exFAT。由于 WinHex 不能正常识别 exFAT 文件系统，所以需要分析并修改该分区被损坏的区域或手动提取文件。

4.4.1　格式化对分区的改变

（1）使用原有的簇大小重新格式化

一般重新格式化时，绝大多数人只会选择默认的簇大小。

重新格式化后，在操作系统资源管理器下，文件和子文件夹都已经消失。但实际上，发生改变的主要是以下几个地方。

1）DBR 中的卷序列号标志改变。DBR 的 64H~67H 的位置是卷序列号，也称为卷 ID 号，每次格式化，都会使卷 ID 发生变化。卷序列号由系统自动产生，不能手工修改，用于内部标识不同的分区。

2）11 号和 23 号扇区的校验值改变。11 号和 23 号扇区存放校验值，是通过对 0~10 号扇区里所有的值进行一个计算而得到的。这个值会影响到分区是否能正常打开。当卷 ID 发生变化后，校验值自然也就发生改变。

3）FAT 的第 1 个扇区被初始化。FAT 用于存放起始几个元文件的占用信息和不连续文件的簇号链接关系。由于在 exFAT 中不连续存放文件的概率比较小，因此重新格式化后，FAT 的第 1 个扇区会被初始化。

4）簇位图标记改变。由于存放文件的簇会被标记为 1，未被使用的簇对应的位会被标记为 0，因此只要磁盘内存有用户文件，就会出现大量的 FF 标志。重新格式化后，只有最前面的几个簇被标记为被使用了。所以簇位图里的内容就显得很少。

5）根目录被清空（写入 3 个目录项）。重新格式化后，根目录所在的整个簇都会被清空，除非根目录很大，占用到其他簇（这种情况很少见）。这是重新格式化后影响最大的地方，根目录下所有文件均无法直接恢复，只能按照文件类型恢复。格式化后，系统会重新按照标准值重构前 3 个元文件的目录项。

（2）改变簇大小重新格式化

这种情况，数据被恢复的可能性要好于上面的情况，可能部分数据区域会被覆盖，但一般根目录被覆盖的可能性很小，因此数据恢复的可能性较大。但这种情况较少发生，所以下文不再讨论它的恢复问题。

（3）改变文件系统类型重新格式化

这种情况，数据被恢复的可能性要好于第一种情况，可能部分数据区域会被覆盖，但一般根目录正好被覆盖的可能性很小，因此数据恢复的可能性较大。这里对这一种误格式化不再讨论。

4.4.2　恢复被格式化的文件

（1）恢复原根目录中的文件

由于根目录被彻底破坏，因此原根目录下的文件无法被直接恢复或通过文件名恢复。只能通过文件类型逐个恢复，建议使用 R-Studio 之类的软件进行扫描后，依据文件类型恢复，重新命名，搜索有用的信息，达到恢复的目的。

（2）恢复原来某个子目录中的文件

一级子目录：除根目录中相应子目录的目录项被破坏外，其子目录下的所有文件及子文件夹都不会被删除，所以相对来说能较完整地恢复。

单个文件通过文件的恢复方法，与前面所讲的被删除文件的恢复十分类似，这里不再赘述。

（3）恢复一级子目录及下级目录下的文件（文件夹）

1）搜索目录项。由于一级子目录不会被重新格式化所破坏，因此它原有的信息一般都会完整地存在。每个目录项都会呈现出"85……C0……C1……"字样的代码。

如图 4-25 所示，新建一个 65 字节的空白页面，除了第 1 行第 1 位填 85H，第 3 行第 1 位填 C0H，第 5 行第 1 位填 C1H，其余全部填充 3F。将这段十六进制代码使用〈Ctrl+Shift+C〉键进行复制，然后粘贴到搜索框中。

```
85 3F 3F 3F 3F 3F 3F 3F   3F 3F 3F 3F 3F 3F 3F 3F
3F 3F 3F 3F 3F 3F 3F 3F   3F 3F 3F 3F 3F 3F 3F 3F
C0 3F 3F 3F 3F 3F 3F 3F   3F 3F 3F 3F 3F 3F 3F 3F
3F 3F 3F 3F 3F 3F 3F 3F   3F 3F 3F 3F 3F 3F 3F 3F
C1
```

图 4-25　新建的搜索代码段

从头向下搜索这样的代码，填入十六进制搜索框，注意相关参数。勾选通配符 3F；搜索方向向下；偏移 512 = 0，如图 4-26 所示。

在搜索中需要注意区分并跳过不需要的目录项，详见小提示。计算所在扇区对应的簇号。

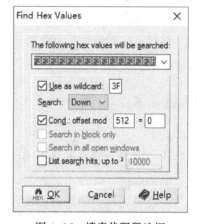

图 4-26　搜索代码段选框

📖 在 Windows10 系统中，会自动产生 System VolumeInformation 和 $RECYCLE. BIN 两个文件夹，会对原有的文件造成新的破坏，需要十分注意。

2）构建新目录项。在一个 exFAT 文件系统中新建若干目录项 1，2，…，使用 WinHex 打开，复制目录项 1 的根目录代码到当前根目录下，修改其起始簇号，保存。

其他的目录如法炮制。

3）重新加载磁盘。重新加载移动硬盘后，即可在操作系统下显示原有的文件夹内容。

4.4.3　任务实施

加载示例文件"4-4"，这是原来存有文件，后来被重新格式化的一个磁盘分区。使用 WinHex 打开。

（1）搜索子目录的目录项

1）构造如图 4-25 所示的代码段，加入到十六进制搜索框中，如图 4-26 所示从头向下搜索。

2）第 1 次停留在 13312 扇区，里面只有一个文件名"desktop. ini"，这不是要找的，按〈F3〉键继续向下搜索。

第 2 次停留在 13824 扇区，里面只有一个文件名"WPSettings. dat"，这也不是要找的，按〈F3〉键继续。

第 3 次停留在 58880 扇区，里面有一批文件名信息，与一般的文件夹目录表极为相似。

（2）计算目录项所在的簇号

查看 DBR 的 58H~5BH 位置，看到 "00300000"，即 12288 号扇区是数据区起始号。

查看 DBR 的 6DH 位置的值为 8，即每个簇大小是 256 扇区。

（当前扇区号 - 起始扇区号）/128+2，即（58880-12288）/256+2＝184 是该文件夹所在的簇号。

（3）打开任意一个 exFAT 文件系统

在根目录建立一个子文件夹，命名为 1。找出文件夹 "1" 的目录项，如图 4-27 所示。

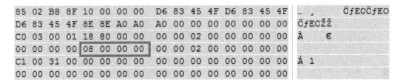

图 4-27　文件夹名为 1 的目录项

将图中 6 行数据复制到待恢复的分区根目录下，将图中框选区域的值改成 184，这时就构造了一个名为 "1" 的子文件夹，指向 184 号簇，即 58880 号扇区。

这时，在操作系统下出现一个名为 "1" 的文件夹，里面是需要恢复的文件夹内容。

其余文件夹以此类推，逐一完成所有文件夹。

任务 4.5　实训

4.5.1　恢复 exFAT 文件系统之删除恢复

实训知识

1. exFAT 文件系统中删除文件后系统的变化如下。

1）文件对应的簇，在簇位图中的使用情况发生改变，原先表示占用的 "1"，现在变为 0，表示空间释放。

2）目录中的文件目录项的标志位发生改变（原来的值-0x80）。

3）文件夹删除也会将文件夹下的文件目录项进行删除标志。

4）在文件删除后绝对不能新增任何文件，否则有可能会第一时间覆盖目录项及数据区。

5）exFAT 文件系统不容易产生文件碎片，当一个簇放不下文件时，会将整个文件内容后移到一个能连续存放新文件的簇。

2. 文件删除的恢复方法

1）直接提取文件，方法请查阅任务 4.2 中的任务实施。

2）使用 R-Studio 恢复文件。

实训目的

1）理解 exFAT 文件系统文件删除前后的结构变化。

2）掌握 exFAT 文件删除后的恢复方法。

实训任务

顾客拿来一个硬盘，某个 exFAT 文件系统，因使用者误操作，删除了 "18. jpg" 文件，无法正常访问此文件，现需要恢复此文件。

实训步骤

使用 R-Studio 进行，步骤如下。

1）硬盘挂载至装有 Windows 系统的正常计算机上，使用磁盘管理查看，结果如图 4-28 所示。

图 4-28　磁盘挂载

2）打开 R-Studio，如图 4-29 所示。

图 4-29　R-Studio

3）双击打开图 4-29 中左侧标签为"新加卷"的 exFAT 文件系统，单击"001"目录，其内容如图 4-30 所示。

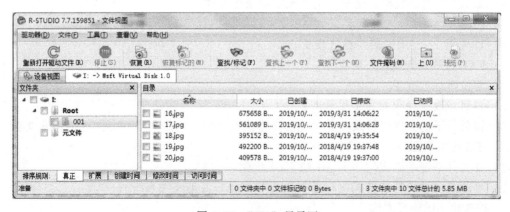

图 4-30　"001"目录区

4）右侧的"18. jpg"名称前的红色叉为删除标志，文件大小正常，双击"18. jpg"，可正常访问文件，如图4-31所示。

选中"18. jpg"，右击打开右键菜单，选择"恢复"选项。在"恢复"对话框中，选择"输出文件夹"的位置，单击"确认"按钮，导出"18. jpg"，如图4-32所示步骤。导出的文件正常打开。

至此，删除的文件恢复成功。

图4-31　"18. jpg"文件内容

图4-32　恢复文件至目录

4.5.2　恢复 exFAT 文件系统之格式化恢复

实训知识

1. exFAT 文件系统格式化后，文件系统中发生变化

1）DBR 的卷 ID 标志改变。

2）11 号和 23 号扇区的校验值改变。

3）FAT 的第一个扇区会被清空。

4）簇位图标记改变。

5）根目录改变（仅有 3 个目录项）。

6）根目录下的文件因目录项丢失无法正常恢复，但子目录项中的文件可以正常恢复。

2. 格式化的类型

1）同文件系统的格式化（原 exFAT 格式化成 exFAT）。

2）不同文件系统间的格式化（原 exFAT 格式化成其他文件系统）。

3. 格式化后的恢复方法

1）同类型格式化后，可重构根目录区的目录项，使用 R-Studio 打开文件系统并提取文件。

2）不重构 DBR，直接搜索并提取文件。

实训目的

1）理解格式化后的文件系统中的位图、根目录区及 FAT 表的变化。

2）掌握 DBR 的重构方法。

3）掌握格式化后文件的提取方法。

实训任务

某 exFAT 文件系统根目录下存在 4 个子目录，因误操作被误格式化，导致无法正常访问原根目录，从而无法访问到相应的文件，现需要恢复文件系统中"29.doc"所在的子目录。

实训步骤

本实训为同类型格式化，恢复方法有以下两种。

1）直接提取"29.doc"文件所在的子目录区所有文件至自建同一目录中。

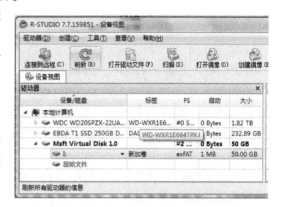

图 4-33　R-Studio 中的分区信息

2）使用重构根目录区及使用 R-Studio 进行恢复。

本实例使用第 2 种方法，步骤如下。

（1）加载磁盘

1）使用 R-Studio 打开该磁盘。分区信息如图 4-33 所示。分区类型为"exFAT"，正常识别该分区类型。

2）双击所选的新加卷（I:），根目录中未见文件，如图 4-34 所示。

图 4-34　exFAT 文件系统中的根目录区

（2）重构根目录区

1）使用 WinHex 打开该磁盘，分区信息如图 4-35 所示。

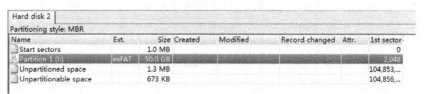

图 4-35　exFAT 分区信息

2）双击所选的 Partition 1，进入该分区。该分区 DBR 如图 4-36 所示。

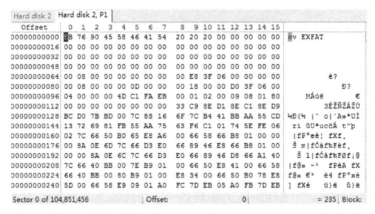

图 4-36　exFAT 分区 DBR

3）向下搜索"8100"，偏移"512 = 32"，寻找根目录区，搜索设置如图 4-37 所示。在 6656 扇区处搜索到根目录区，内容如图 4-38 所示。此目录中仅存在 3 个目录项，83 为卷标目录项，81 为簇位图目录项，82 为大小写转换表目录项。

4）向下搜索"8502"，偏移"512 = 0"，寻找子目录区，搜索设置如图 4-39 所示。

5）在 9728 扇区搜索到存在 doc 类型的文件子目录区，如图 4-40 所示。

图 4-37　搜索"8100"对话框

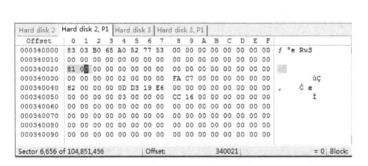

图 4-38　根目录区

图 4-39　搜索子目录区

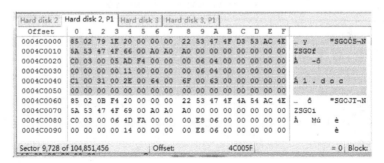

图 4-40　子目录区

6）复制图 4-40 所选部分至 6656 扇区处的根目录区，如图 4-41 所示。

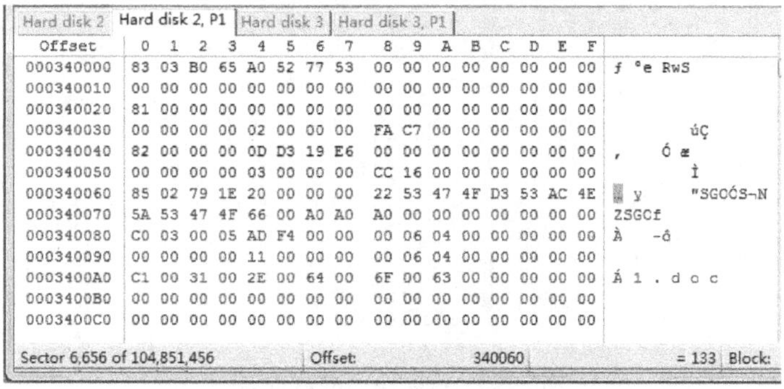

图 4-41　复制子目录信息至根目录区

7）修改相应的信息，修改后的内容如图 4-42 所示。①处表示文件类型，如果是 10H，表示是目录，20H 为文档，此处为子目录，因为修改成 10H。②处为文件或目录所在的簇号，子目录中的文件开始于 11H，目录在文件前，因此此处修改成 10H。③处描述目录项的名称，可以自定义，只要符合文件命名即可，注意此处为 Unicode 编码，本例修改目录项名称为 1。

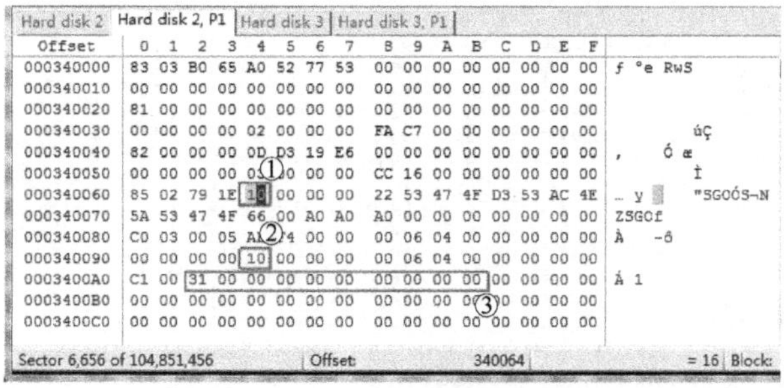

图 4-42　修改过后的根目录区

8）在 9728 扇区处的子目录区，按〈F3〉键继续向下搜索"8502"，在 21 248 扇区处搜索到第 2 个文件子目录区，如图 4-43 所示。

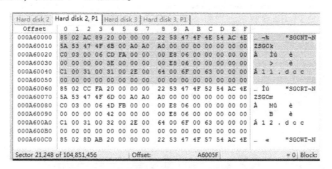

图 4-43　搜索到的第 2 个文件子目录区

9）复制图 4-43 所选的目录项至 6656 扇区处的根目录区，修改参数以构建此子目录的目录区，修改结果如图 4-44 所示。

10）在 21 248 扇区按〈F3〉键继续向下搜索子目录区，在 30 976 扇区处找到第 3 个子目录区，使用相同的方法在 6656 扇区处的根目录区中构建此目录的目录项，根目录区最终结果如图 4-45 所示。

```
Hard disk 2 │ Hard disk 2, P1 │ Hard disk 3 │ Hard disk 3, P1
 Offset    0  1  2  3  4  5  6  7   8  9  A  B  C  D  E  F
000340010  00 00 00 00 00 00 00 00  00 00 00 00 00 00 00 00
000340020  81 00 00 00 00 00 00 00  00 00 00 00 00 00 00 00
000340030  00 00 00 00 02 00 00 00  FA C7 00 00 00 00 00 00    úÇ
000340040  82 00 00 00 0D D3 19 E6  00 00 00 00 00 00 00 00  , Ó æ
000340050  00 00 00 00 03 00 00 00  CC 16 00 00 00 00 00 00    Ì
000340060  85 02 79 1E 10 00 00 00  22 53 47 4F D3 53 AC 4E  _ y    "SGOÓS¬N
000340070  5A 53 47 4F 66 00 A0 A0  A0 00 00 00 00 00 00 00  ZSGOf
000340080  C0 03 00 05 AD F4 00 00  00 06 04 00 00 00 00 00  À  -ô
000340090  00 00 00 00 10 00 00 00  00 06 04 00 00 00 00 00
0003400A0  C1 00 31 00 00 00 00 00  00 00 00 00 00 00 00 00  Á 1
0003400B0  00 00 00 00 00 00 00 00  00 00 00 00 00 00 00 00             ①
0003400C0  85 02 AC 89 10 00 00 00  22 53 47 4F 4E 54 AC 4E  _ ¬‰    "SGONT¬N
0003400D0  5A 53 47 4F 6B 00 A0 A0  A0 00 00 00 00 00 00 00  ZSGOk
0003400E0  C0 03 00 06 CD FA 00 00  00 E8 06 00 00 00 00 00  À  Íú   è
0003400F0  00 00 00 00 3D 00 00 00  00 E8 06 00 00 00 00 00  =  ②  è
000340100  C1 00 32 00 00 00 00 00  00 00 00 00 3D 00 00 00  Á 2  ③
000340110  00 00 00 00 00 00 00 00  00 00 00 00 00 00 00 00
Sector 6,656 of 104,851,456     Offset:        3400C4        = 16 Block:
```

图 4-44　修改过后的根目录区

```
Hard disk 2 │ Hard disk 2, P1 │ Hard disk 3 │ Hard disk 3, P1
 Offset    0  1  2  3  4  5  6  7   8  9  A  B  C  D  E  F
000340000  83 03 B0 65 A0 52 77 53  00 00 00 00 00 00 00 00  ƒ °e RwS
000340010  00 00 00 00 00 00 00 00  00 00 00 00 00 00 00 00
000340020  81 00 00 00 00 00 00 00  00 00 00 00 00 00 00 00
000340030  00 00 00 00 02 00 00 00  FA C7 00 00 00 00 00 00    úÇ
000340040  82 00 00 00 0D D3 19 E6  00 00 00 00 00 00 00 00  , Ó æ
000340050  00 00 00 00 03 00 00 00  CC 16 00 00 00 00 00 00    Ì
000340060  85 02 79 1E 10 00 00 00  22 53 47 4F D3 53 AC 4E  _ y    "SGOÓS¬N
000340070  5A 53 47 4F 66 00 A0 A0  A0 00 00 00 00 00 00 00  ZSGOf
000340080  C0 03 00 05 AD F4 00 00  00 06 04 00 00 00 00 00  À  -ô
000340090  00 00 00 00 10 00 00 00  00 06 04 00 00 00 00 00
0003400A0  C1 00 31 00 00 00 00 00  00 00 00 00 00 00 00 00  Á 1
0003400B0  00 00 00 00 00 00 00 00  00 00 00 00 00 00 00 00
0003400C0  85 02 AC 89 10 00 00 00  22 53 47 4F 4E 54 AC 4E  _ ¬‰    "SGONT¬N
0003400D0  5A 53 47 4F 6B 00 A0 A0  A0 00 00 00 00 00 00 00  ZSGOk
0003400E0  C0 03 00 06 CD FA 00 00  00 E8 06 00 00 00 00 00  À  Íú   è
0003400F0  00 00 00 00 3D 00 00 00  00 E8 06 00 00 00 00 00  =  è
000340100  C1 00 32 00 00 00 00 00  00 00 00 00 00 00 00 00  Á 2
000340110  00 00 00 00 00 00 00 00  00 00 00 00 00 00 00 00
000340120  85 02 10 AD 10 00 00 00  22 53 47 4F D7 B1 62 49  _  -    "SGO×±bI
000340130  5B 53 47 4F 84 00 A0 A0  A0 00 00 00 00 00 00 00  [SGO„
000340140  C0 03 00 06 ED FA 00 00  4A 46 00 00 00 00 00 00  À  íú   JF
000340150  00 00 00 00 63 00 00 00  4A 46 00 00 00 00 00 00     c    JF
000340160  C1 00 33 00 00 00 00 00  00 00 00 00 00 00 00 00  Á 3
000340170  00 00 00 00 00 00 00 00  00 00 00 00 00 00 00 00
Sector 6,656 of 104,851,456     Offset:        340130        = 91 Block:
```

图 4-45　修改过后的根目录区

11）保存磁盘，如图 4-46 所示。

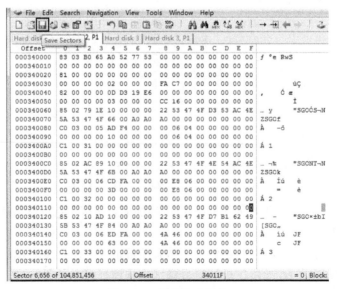

图 4-46　保存修改结果

（3）读取目录

1）打开 R-Studio，分区信息如图 4-47 所示。

2）双击该磁盘中的分区（新加卷），分区内容如图 4-48 所示。

图 4-47　分区信息

图 4-48　分区内容

3）目标文件"29.doc"在子目录"3"中的内容如图 4-49 所示。

图 4-49　子目录"3"中的内容

4）选中左边的子目录"3"，右击，从弹出的快捷菜单中选择"恢复"命令，在"恢复"对话框中选择"输出文件夹"的路径，单击"确认"按钮，完成目录恢复。

图 4-50　恢复"3"目录至桌面

至此，本实训要求恢复"29.doc"文件所在的目录任务完成。

项目 5 恢复 MBR 磁盘分区与 GPT 磁盘分区

MBR 磁盘分区是一种使用最为广泛的分区结构，也被称为 DOS 分区，但它并不是一个仅仅应用于微软操作系统平台中的分区结构。Linux 系统、x86 架构的 UNIX 系统都能够支持 MBR 磁盘分区。

GPT 磁盘分区模式使用 GUID 分区表，是一种源自 EFI 标准的新的磁盘分区表结构标准，是普遍使用的主引导记录结构。与普遍使用的主引导记录（MBR）分区相比，GPT 提供了更加灵活的磁盘分区机制，它具有如下优点：

1）支持 2 TB 以上的大硬盘。
2）每个磁盘的分区个数几乎没有限制。
3）分区大小几乎没有限制。
4）分区表自带备份。
5）每个分区可以有一个名称（不同于卷标）。

要恢复 MBR 磁盘分区与 GPT 磁盘分区，需要熟悉它们之间的分区结构原理、参数含义等，同时也需要对两种磁盘分区结构的不同点有充分的了解。

职业能力目标

◇ 理解 MBR 磁盘分区的整体结构、主引导记录的参数含义
◇ 理解 MBR 磁盘分区中扩展分区的结构及参数含义
◇ 理解 GPT 磁盘分区的整体结构
◇ 理解 GPT 磁盘分区中保护 MBR、GPT 头、分区表、GPT 头备份、分区表备份的作用
◇ 掌握 MBR 磁盘分区中 MBR、EBR 被破坏的分区恢复方法
◇ 掌握 MBR 磁盘分区中误分区的恢复方法
◇ 掌握 GPT 磁盘分区中 GPT 头、分区表被破坏的分区恢复方法
◇ 掌握 GPT 磁盘分区中分区丢失的恢复方法

任务 5.1 恢复 MBR 磁盘分区

任务分析

某公司一位职员在使用移动硬盘时，发现无法识别硬盘，将移动硬盘正常断开再重新连接至计算机，提示用户未初始化，移动硬盘无法正常访问。因移动硬盘中存有重要数据，不敢继续操作，找到维修人员进行维修。

维修人员把移动硬盘连接到正常安装有 Windows 系统的电脑上，同样提示硬盘未初始化，且不显示分区。使用 WinHex 打开移动硬盘，发现分区的 0 号扇区已经全部变成乱码，分析后续扇区数据，基本判断该硬盘分区为 MBR 磁盘分区，需要修复主引导记录 MBR。被破坏的 MBR 扇区如图 5-1 所示。

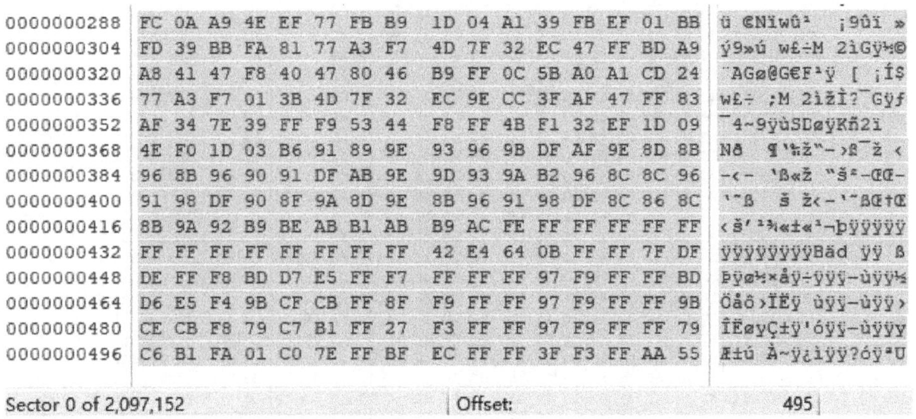

```
0000000288  FC 0A A9 4E EF 77 FB B9   1D 04 A1 39 FB EF 01 BB    ü €Nïwû¹  ¡9ûï »
0000000304  FD 39 BB FA 81 77 A3 F7   4D 7F 32 EC 47 FF BD A9    ý9»ú w£÷M 2ìžÿ½©
0000000320  A8 41 47 F8 40 47 80 46   B9 FF 0C 5B A0 A1 CD 24    ¨AGø@G€F¹ÿ [ ¡Í$
0000000336  77 A3 F7 01 3B 4D 7F 32   EC 9E CC 3F AF 47 FF 83    w£÷ ;M 2ìžÌ?¯Gÿƒ
0000000352  AF 34 7E 39 FF F9 53 44   F8 FF 4B F1 32 EF 1D 09    ¯4~9ÿùSDøÿKñ2ï
0000000368  4E F0 1D 03 B6 91 89 9E   93 96 9B DF AF 9E 8D 8B    Nð  ¶'‰ž""›ß¯ž
0000000384  96 8B 96 90 91 DF AB 9E   9D 93 9A B2 96 8C 8C 96    –‹––'ß«ž""š²–ŒŒ–
0000000400  91 98 DF 90 93 9A 8D 9E   8B 96 91 98 DF 8C 86 8C    '˜ß""š.ž‹––˜ßŒ†Œ
0000000416  8B 9A 92 B9 BE AB B1 AB   B9 AC FE FF FF FF FF FF    ‹š'¹¾«±«¹¬þÿÿÿÿÿ
0000000432  FF FF FF FF FF FF FF FF   42 E4 64 0B FF FF 7F DF    ÿÿÿÿÿÿÿÿBäd ÿÿ ß
0000000448  DE FF F8 BD D7 E5 FF F7   FF FF FF 97 F9 FF FF BD    Þÿø½×åÿ÷ÿÿÿ—ùÿÿ½
0000000464  D6 E5 F4 9B CF CB FF 8F   F9 FF FF 97 F9 FF FF 9B    Öåô›ÏËÿ ùÿÿ—ùÿÿ›
0000000480  CE CB F8 79 C7 B1 FF 27   F3 FF FF 97 F9 FF FF 79    ÎËøyDZÿ'óÿÿ—ùÿÿy
0000000496  C6 B1 FA 01 C0 7E FF BF   EC FF FF 3F F3 FF AA 55    �Ʊú À~ÿ¿ìÿÿ?óÿªU
```

Sector 0 of 2,097,152　　　　　　│Offset:　　　　　　　　495│

图 5-1　故障 MBR

此时需要先找到硬盘中的分区信息，再手工修复 MBR 中的分区表、结束标识等重要参数。

📖 修复的过程会用到文件系统中的 DBR 扇区的参数和结构。

5.1.1　MBR 磁盘分区的数据结构

1. MBR 的结构

MBR 磁盘分区都有一个引导扇区，称为主引导记录
（Master Boot Record，MBR），位于磁盘的第一个扇区（即 0 号扇区），主要有 4 部分组成。

1）引导程序：地址偏移位置 0~1B7H，引导程序占 440 字节。

2）Windows 磁盘签名：地址偏移位置 1B8H~1BBH，占引导程序后 4 字节，是 Windows
系统对硬盘初始化时写入的磁盘标签，Windows 依靠磁盘签名来识别基本 MBR 磁盘。

3）分区表（Disk Partition Table，DPT）：地址偏移位置 1BEH~1FDH，占 64 字节，是 MBR
中最重要的组成部分，用来管理磁盘分区。

4）结束标识：地址偏移 1FEH~1FFH，"55AA" 是 MBR 扇区的结束标识。

某 MBR 磁盘的 MBR 结构，如图 5-2 所示。

2. MBR 的作用

（1）引导程序的作用

计算机在 BIOS 自检通过后，将启动磁盘的 MBR 加载到内存中，并将执行权交给内存中
MBR 扇区的引导程序，引导程序会在分区表中搜索活动分区，若有活动分区，则通过活动分
区的起始地址将分区的引导扇区读入内存并判断其合法性，如果是合法的引导扇区，则将控制
权交给引导扇区，由它去引导操作系统，MBR 引导程序的任务完成。

（2）磁盘签名的作用

Windows 系统在初始化磁盘时写入的磁盘签名，是 MBR 扇区不可或缺的组成部分。每个
MBR 磁盘都有唯一的磁盘签名，Windows 依靠磁盘签名来识别基本 MBR 磁盘。在 Vista 及之
后的 Windows 系统中，MBR 扇区中都有描述磁盘签名，如果磁盘签名丢失或修改，将会导致
系统无法启动。

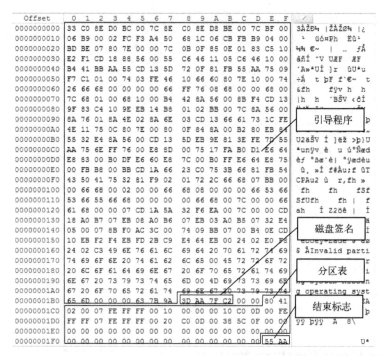

图 5-2　MBR 的结构

（3）分区表的作用

分区表用来管理磁盘分区，可以通过分区表信息定位各个分区、访问用户数据。分区表中包含 4 个分区表项，每个分区表项占 16 字节，关键参数包括启动标志、起始扇区、分区大小及分区类型等。如果磁盘的分区表被清除或破坏，则磁盘分区无法正常访问。

现将 MBR 中的分区表清除，其他数据不变，如图 5-3 所示。

图 5-3　分区表清除

在磁盘管理中重新加载该磁盘，发现磁盘显示未分配，如图 5-4 所示。

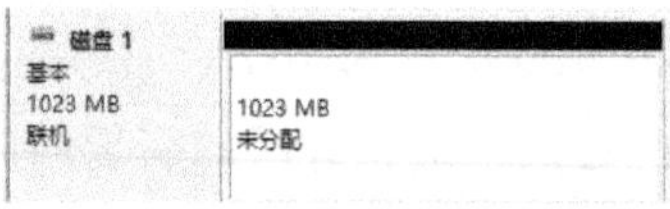

（4）结束标识的作用

在执行 MBR 的引导程序时，会验证 MBR 扇区最后两字节是否为"55 AA"，如果是"55 AA"，则继续执行后续程序，如果非"55 AA"，则程序认为这是一个非法的 MBR 而停止执行，同时报错。

图 5-4　分区丢失

5.1.2　主磁盘分区结构分析

MBR 磁盘的分区形式一般有 3 种，即主分区、扩展分区和非 DOS 分区。主分区又称为主 DOS 分区（Primary DOS Partition），也称为主磁盘分区；扩展分区又称为扩展 DOS 分区（Extended DOS Partition）；非 DOS 分区（Non-DOS Partition）是一种特殊的分区形式，它将硬盘一块区域单独划分出来供操作系统使用，如 Linux 和 UNIX 等。

　　为了便于对磁盘的管理，操作系统引入磁盘分区的概念，即将一块磁盘逻辑划分为几个区域。在一块硬盘里最多有 4 个主磁盘分区，被激活的主分区称为活动分区，磁盘分区多于 4 个分区时，会出现扩展分区，如图 5-5 所示，有 3 个主磁盘分区和 1 个扩展分区。

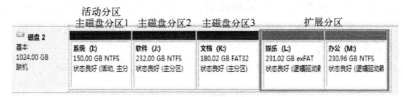

图 5-5　3 个主磁盘分区和 1 个扩展分区

使用 WinHex 打开该磁盘，其分区表信息如图 5-6 所示。

```
000001B0  00 00 00 00 00 00 00 00  33 F4 81 13 00 00 80 20  ── 第一个主磁盘分区分区表项
000001C0  21 00 07 42 28 1A 00 08  00 00 00 68 06 00 00 42  ── 第二个主磁盘分区分区表项
000001D0  29 1A 0B 64 30 34 00 70  06 00 00 68 06 00  00 64  ) d04 p    h  d
000001E0  31 34 07 86 38 4E 00 D8  0C 00 00 68 06 00 00 86  14 †8N Ø    h    †
000001F0  39 4E 05 FE 3F 81 00 40  13 00 00 C0 0C 00 55 AA  9N þ?  @ . À  Uª
```

图 5-6　分区表信息

每个分区表项的结构都相同，具体含义见表 5-1。

表 5-1　分区表项

字节偏移	长度/字节	含　　义
00H~00H	1	引导标志，指明该分区是否是活动分区，00H：不可引导；80H：可引导（一般是系统盘）
01H~03H	3	分区的起始 CHS 地址（即起始磁道、扇区、柱面，由于 CHS 只能寻址到 8G，早已淘汰不用，可空）
04H~04H	1	分区类型描述，描述分区的文件系统类型。见表 5-2 所示
05H~07H	3	结束 CHS 地址（可空）
08H~0BH	4	分区的起始扇区号，本分区相对于磁盘的偏移量（扇区）
0CH~0FH	4	分区的总扇区数，指该分区所包含的扇区总数

表 5-2　分区类型

描　述　值	分　区　类　型
04H	FAT16 文件系统（分区容量小于 32 MB）
06H	FAT16 文件系统（分区容量大于 32 MB）
0BH/0CH	FAT32 文件系统
07H	NTFS 或 EXFAT 文件系统
0FH	主扩展分区表，一个磁盘中只存在一个主扩展分区
05H	逻辑分区，存在于 EBR（扩展分区表）中，主扩展分区划分为逻辑分区存储数据
EEH	GPT 磁盘
AFH	HFS+文件系统
83H	Linux 文件系统（EXT3/EXT4 文件系统）

分区表项中关键参数包括：引导标志、分区类型、分区的起始位置、分区的总扇区数等参数。

① 引导标志：分区表项的第 1 字节为分区的引导标志，只能是 00H 和 80H。其中，80H 表示可引导的活动分区，00H 为不可引导的非活动分区。

② 分区类型：操作系统管理分区、组织分区的方式，用于描述分区使用的文件系统。

③ 分区的起始位置：描述分区的起始位置，占 4 字节。在主分区表的分区表项中，分区起始位置，是相对于磁盘 0 号扇区的偏移位置；如果是扩展分区表的分区表项，则起始位置描述又不一样，详见 5.1.3 节。

使用 WinHex 打开某个磁盘，查看 MBR 中的分区表，如图 5-7 所示。

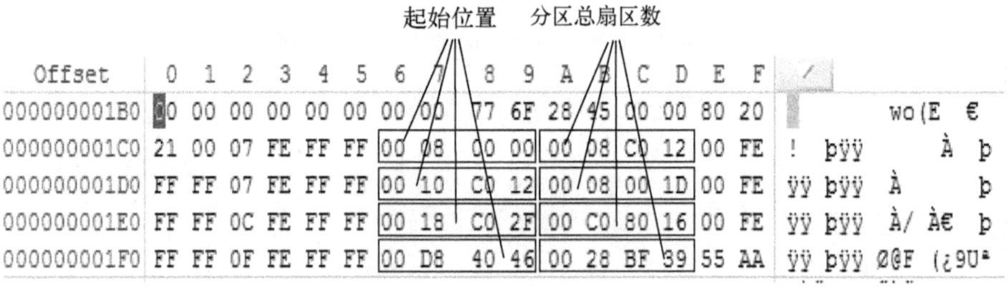

图 5-7　MBR 中的分区表

使用 MBR 模板查看分区表项参数，如图 5-8 所示。

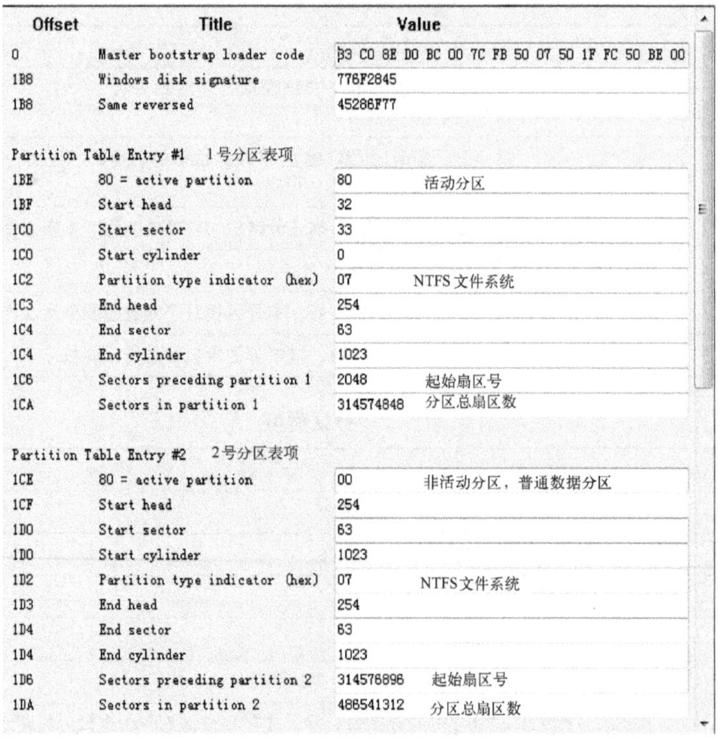

图 5-8　MBR 模板

通过实例可知，第一个分区的起始扇区号为 2048，分区总扇区数为 314 574 848，两参数相加得到 314 576 896，即为第二个分区的起始扇区号。

📖 在主磁盘分区中，每个分区的开始扇区号，是相对于磁盘 0 号扇区的相对偏移扇区号。

5.1.3 扩展分区表的数据结构

5.1.3 扩展分区表的数据结构

MBR 中主分区表只有 64 字节存储空间，每个分区表项占 16 字节，故 MBR 中可以存储 4 个分区表项的数据。MBR 磁盘分区中，主分区表最多只能存储 4 个分区的信息，实际应用中大容量磁盘的分区可能超过 4 个。为创建更多分区为操作系统使用，系统引入了扩展分区的概念。

扩展分区不能直接存储数据，在扩展分区中需要创建逻辑分区来存储数据。在扩展分区中，每个逻辑分区的描述信息均存在于扩展引导记录（Extended Boot Record，EBR）中。EBR 结构类似于 MBR，扩展引导记录包括分区表和结束标志 "55 AA"，没有引导代码部分，其整体结构如图 5-9 所示。

EBR 分区表结构与 MBR 中的分区表结构相同，MBR 分区表中的表项直接描述分区的起始位置。EBR 分区表中的表项通常有两个：第 1 个表项指向本分区，分区起始位置是相对于本 EBR 扇区的偏移量；第 2 个表项指向下一个子扩展分区的 EBR，而且分区起始扇区都是相对于第 1 个 EBR 的偏移量。如果不存在下一个子扩展分区，则不需要第 2 个表项。

使用 WinHex 打开某个磁盘的 EBR 扇区，查看分区表信息，如图 5-10 所示。

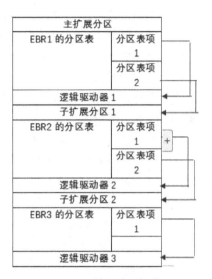

图 5-9 扩展分区结构

EBR分区表

```
268001B0  00 00 00 00 00 00 00 00 | 00 00 00 00 00 00 00 20                              "
268001C0  21 00 07 22 08 1A 00 08   00 00 00 60 06 00 00 22   !  "           `      "
268001D0  09 1A 05 03 0F 34 00 68   06 00 00 58 06 00 00 00           4  h    X
268001E0  00 00 00 00 00 00 00 00   00 00 00 00 00 00 00 00
268001F0  00 00 00 00 00 00 00 00   00 00 00 00 00 00 00 55 AA ──结束标志          Uª
```

图 5-10 EBR 分区表

为帮助理解 EBR 结构，加载虚拟磁盘，查看其分区情况，如图 5-11 所示。

| 磁盘 1 基本 1.00 GB 联机 | 系统 (F:) 205 MB NTFS 状态良好 (活动, | 软件 (G:) 205 MB FAT32 状态良好 (主分 | 文档 (H:) 205 MB exFAT 状态良好 (主分 | 娱乐 (I:) 204 MB NTFS 状态良好 (逻辑 | 办公 (J:) 202 MB NTFS 状态良好 (逻辑 |

图 5-11 磁盘分区结构

从图中可知该磁盘分为 5 个分区，其中 3 个主分区和 2 个逻辑分区。使用 WinHex 查看 MBR 扇区，如图 5-12 所示。

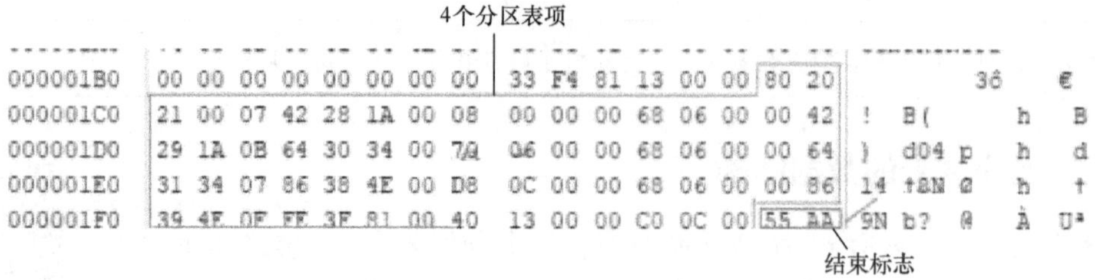

4个分区表项

```
000001B0  00 00 00 00 00 00 00 00  33 F4 81 13 00 00 80 20            3ô      €
000001C0  21 00 07 42 28 1A 00 08  00 00 00 68 06 00 00 42   !  B(      h   B
000001D0  29 1A 0B 64 30 34 00 7A  06 00 00 68 06 00 00 64   )  d04 z   h   d
000001E0  31 34 07 86 38 4E 00 D8  0C 00 00 68 06 00 00 86   14 †8N Ø   h   †
000001F0  39 4F 0F FF 3F 81 00 40  13 00 00 C0 0C 00 55 AA   9N ÿ? @  À  Uª
```

结束标志

图 5-12 MBR 扇区

分区表中存有 4 个分区表项,使用"数据解析器"功能查看扩展分区的总扇区数,如图 5-13 所示。

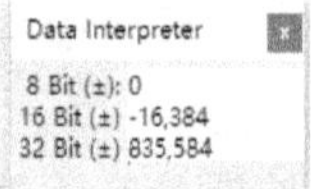

Data Interpreter

8 Bit (±): 0
16 Bit (±) -16,384
32 Bit (±) 835,584

第 1 个分区表项:主分区,NTFS 文件系统,分区起始于 2048 号扇区,分区总扇区数为 419840,即 205 MB。

图 5-13 数据解析器

第 2 个分区表项:主分区,FAT32 文件系统,分区起始于 421888 号扇区,分区总扇区数为 419840,即 205 MB。

第 3 个分区表项:主分区,EXFAT 文件系统,分区起始于 841728 号扇区,分区总扇区数为 419840,即 205 MB。

第 4 个分区表项:主扩展分区,分区起始于 1261568 号扇区,分区总扇区数为 835584。该扩展分区是一块存储空间的描述,在其内部需进一步划分逻辑分区方能存储数据。

跳转至主扩展分区的 1261568 号起始扇区,即 EBR1,查看其内容,如图 5-14 所示。

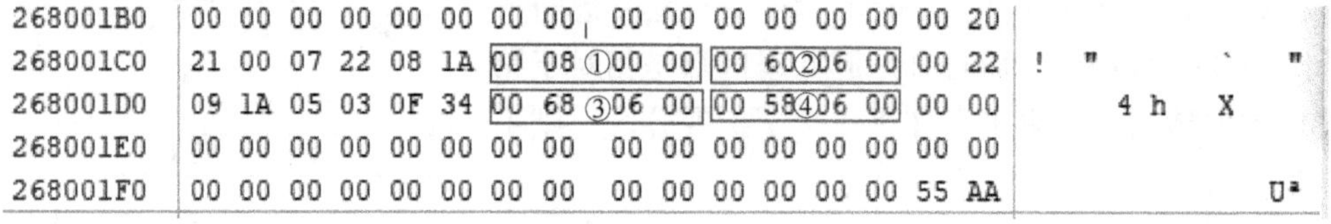

```
268001B0  00 00 00 00 00 00 00 00  00 00 00 00 00 00 00 20
268001C0  21 00 07 22 08 1A 00 08 ① 00 00 00 60 ② 06 00 00 22   !  "        `   "
268001D0  09 1A 05 03 0F 34 00 68 ③ 06 00 00 58 ④ 06 00 00 00        4 h   X
268001E0  00 00 00 00 00 00 00 00  00 00 00 00 00 00 00 00
268001F0  00 00 00 00 00 00 00 00  00 00 00 00 00 00 55 AA                  Uª
```

图 5-14 EBR1 扇区参数

第 1 个分区表项:逻辑分区,NTFS 文件系统,分区起始于相对 EBR 偏移 2048(图 5-14 中①参数)扇区处,分区总扇区数为 417792(图 5-14 中②参数)。

📖 逻辑分区起始于 2048 号扇区,这是一个相对偏移量,是相对于 EBR1 起始扇区号向下偏移 2048 扇区进行定位逻辑分区起始扇区。

第 2 个分区表项:扩展分区,指向下一个 EBR 所在,起始扇区是指 EBR2 相对于 EBR1 偏移量(参数③),通过这个参数可以得出 EBR2 所在的扇区号,分区总扇区数描述的是子扩展分区的大小。故可以使用 EBR1 当前扇区号加上表项中起始扇区号,即可得到 EBR2 的起始扇区号为 1681408,如图 5-15 所示。

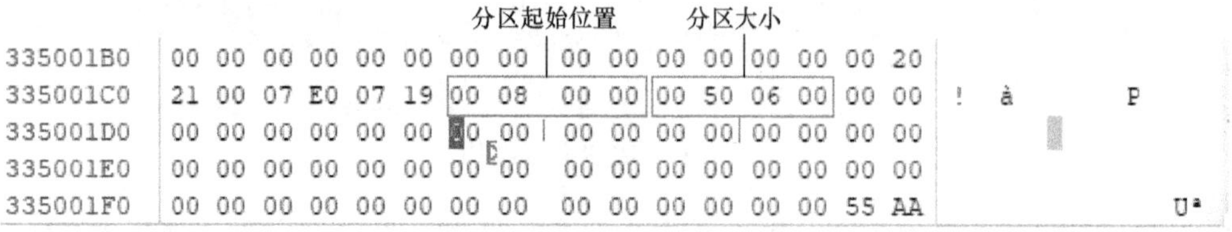

分区起始位置   分区大小

```
335001B0  00 00 00 00 00 00 00 00  00 00 00 00 00 00 00 20
335001C0  21 00 07 E0 07 19 00 08  00 00 00 50 06 00 00 00   !  à      P
335001D0  00 00 00 00 00 00 00 00  00 00 00 00 00 00 00 00
335001E0  00 00 00 00 00 00 00 00  00 00 00 00 00 00 00 00
335001F0  00 00 00 00 00 00 00 00  00 00 00 00 00 00 55 AA                  Uª
```

图 5-15 EBR2 扇区

EBR2 扇区的分区表项分析如下。

第 1 个分区表项：分区类型 07H，说明是 NTFS 文件系统，分区起始扇区号 2048，是指相对于 EBR2 的开始扇区 1681408，向下偏移 2048 个扇区来定位分区起始扇区。

第 2 个分区表项没有数据，说明此 EBR 是主扩展分区中的最后一个 EBR 扇区。如果是最后一个 EBR 扇区，其后无扩展分区，则第二个分区表项不使用，故无数据。

整个硬盘分区结构如图 5-16 所示。

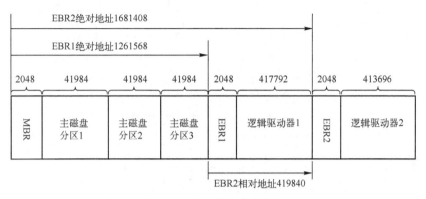

图 5-16　整个磁盘分区结构

分区结构中所指的绝对地址，不是磁盘的物理地址，是相对磁盘开始扇区的地址。相对地址是指相对 EBR 的偏移地址。

5.1.4　任务实施

某磁盘因使用频率太高，产生很多坏扇区，导致计算机无法识别硬盘。在磁盘管理中查看磁盘加载情况，如图 5-17 所示。

图 5-17　"磁盘 2"加载情况

从磁盘管理中磁盘加载情况来看，磁盘 2 显示"没有初始化"，可以判断硬盘的 MBR 结构故障。使用 WinHex 打开磁盘，发现 MBR 扇区被破坏，如图 5-18 所示。

因 MBR 扇区显示乱码，导致磁盘无法正常访问分区数据，如果想恢复分区访问，就需要修复 MBR 扇区。

在实际硬盘修复中，通常会对被破坏的磁盘进行镜像操作，以防止出现故障磁盘二次破坏。

MBR 包含引导程序、磁盘签名、分区表、结束标志 4 部分，要修复 MBR，需要修复这 4 部分内容，恢复思路及方法如下。

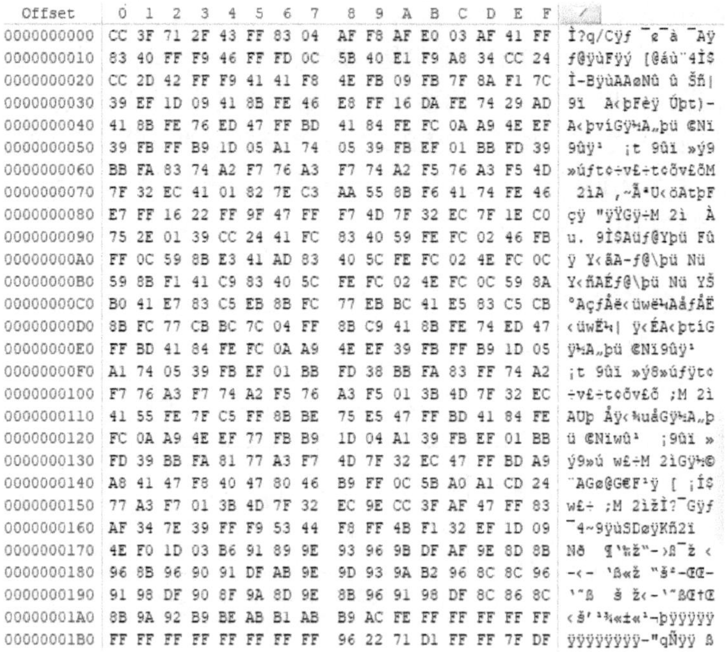

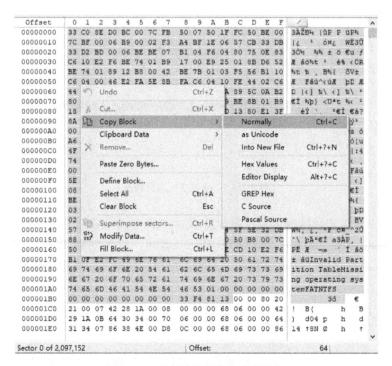

图 5-18　"磁盘 2" MBR 扇区被破坏

（1）修复 MBR 引导程序及结束标志

1）复制正常磁盘的 MBR 引导程序至故障磁盘的 MBR 扇区。复制正常磁盘的引导程序，如图 5-19 所示。

图 5-19　复制引导程序和磁盘签名

2）将复制的引导程序数据粘贴至故障磁盘的 MBR 扇区中，如图 5-20 所示。

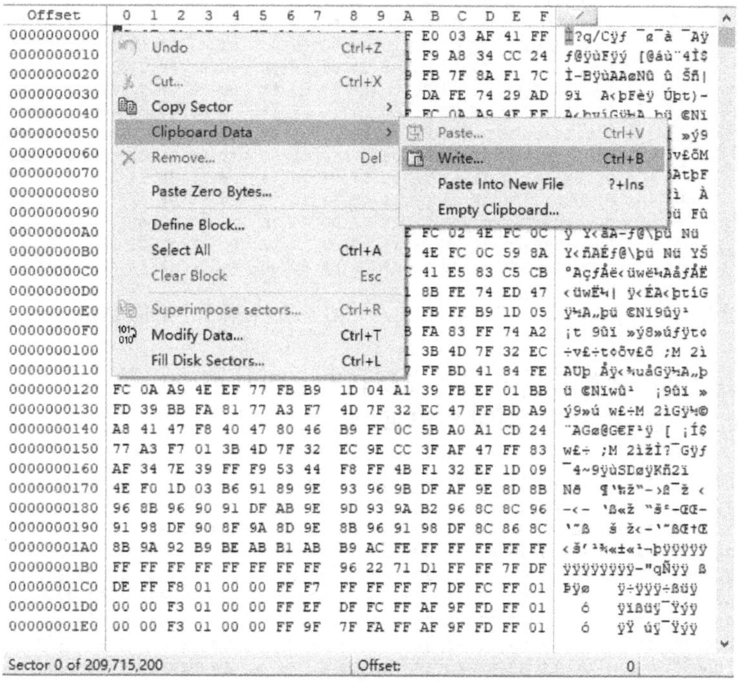

图 5-20 粘贴引导程序数据至故障磁盘的 MBR 扇区

此时为避免两块磁盘的签名相同，可以把磁盘签名稍作修改。

3）写入结束标志，将 MBR 的结束标志改写成"55 AA"，如图 5-21 所示。

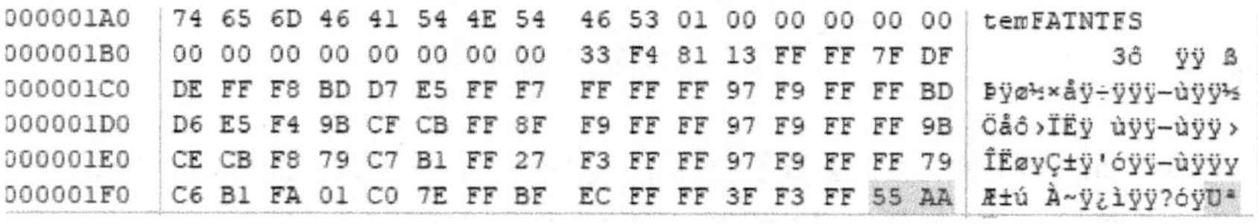

图 5-21 写入结束标志

4）清空分区表。为便于重建分区表，将主分区表（64 字节）全部清零，如图 5-22 所示。

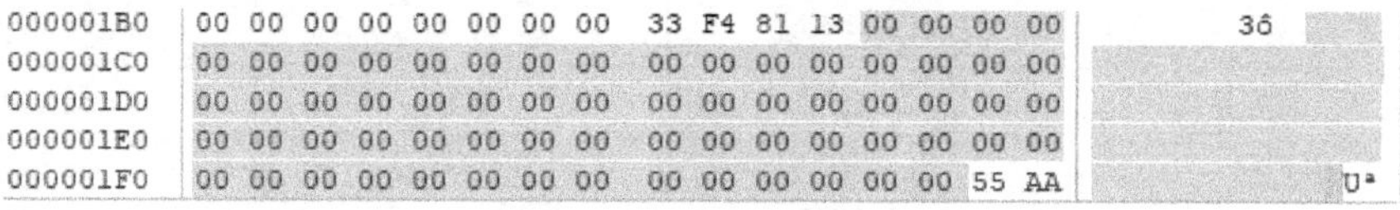

图 5-22 清空分区表

（2）修复分区表

1）修复第 1 个分区，通过搜索功能寻找分区中 DBR 扇区，如图 5-23 所示。

很快搜索到第 1 个分区 DBR，位于 2048 号扇区，其内容如图 5-24 所示。

第 1 个分区是一个 NTFS 格式的分区，读取分区起始位置为 2048，分区总扇区数为 52 430 847，在填写分区表项时，分区总扇区数为 52 430 848，需要加上备份 DBR 扇区（因其不在 DBR 分区总扇区数中）。

图 5-23　搜索设置

```
Offset      0  1  2  3  4  5  6  7  8  9 10 11 12 13 14 15   ╱
00001048576 EB 52 90 4E 54 46 53 20 20 20 20 00 02 08 00 00  ëR NTFS
00001048592 00 00 00 00 00 F8 00 00 3F 00 FF 00 00 08 00 00       ø  ?  ÿ
00001048608 00 00 00 00 80 00 80 00 FF 07 20 03 00 00 00 00     €  €  ÿ
00001048624 00 00 0C 00 00 00 00 00 02 00 00 00 00 00 00 00
00001048640 F6 00 00 00 01 00 00 00 8C 4C 89 0D F0 CE D3 C1  ö        ŒL‰ ðÎÓÁ
00001048656 00 00 00 00 FA 33 C0 8E D0 BC 00 7C FB 68 C0 07         ú3À ŽÐ¼ |ûhÀ
00001048672 1F 1E 68 66 00 CB 88 16 0E 00 66 81 3E 03 00 4E   hf Ë^    f > N
00001048688 54 46 53 75 15 B4 41 BB AA 55 CD 13 72 0C 81 FB  TFSu ´A»ªUÍ r  û
00001048704 55 AA 75 06 F7 C1 01 00 75 03 E9 DD 00 1E 83 EC  Uªu ÷Á  u éÝ  ƒì
00001048720 18 68 1A 00 B4 48 8A 16 0E 00 8B F4 16 1F CD 13   h   ´HŠ   ‹ô  Í
00001048736 9F 83 C4 18 9E 58 1F 72 E1 3B 06 0B 00 75 DB A3  Ÿ ƒÄ žX rá;    uÛ£
00001048752 0F 00 C1 2E 0F 00 04 1E 5A 33 DB B9 00 20 2B C8    Á.    Z3Û¹   +È
00001048768 66 FF 06 11 00 03 16 0F 00 8E C2 FF 06 16 00 E8  fÿ        ŽÂÿ    è
00001048784 4B 00 2B C8 77 EF B8 00 BB CD 1A 66 23 C0 75 2D  K +Èwï ¸ »Í f#Àu-
```

图 5-24　第 1 个分区 DBR

2）依据第 1 个分区起始位置和分区总扇区数，可计算得出第 2 个分区的起始扇区号，2048+52 430 848，即 52 432 896，如图 5-25 所示。

```
0640200000 EB 58 90 4D 53 44 4F 53 35 2E 30 00 02 20 26 00  ëX MSDOS5.0    &
0640200010 02 00 00 00 00 F8 00 00 3F 00 FF 00 00 10 20 03       ø  ?  ÿ
0640200020 00 50 60 02 01 26 00 00 00 00 00 00 02 00 00 00   P`   &
0640200030 01 00 06 00 00 00 00 00 00 00 00 00 00 00 00 00
0640200040 80 00 29 DE 9F 1D A5 20 20 20 20 20 20 20 20 20  €  )ÞŸ  ¥
0640200050 20 20 46 41 54 33 32 20 20 20 33 C9 8E D1 BC F4    FAT32    3É ŽÑ¼ô
0640200060 7B 8E C1 8E D9 BD 00 7C 88 4E 02 8A 56 40 B4 08  { ŽÁ ŽÙ½ | ^N ŠV@
0640200070 CD 13 73 05 B9 FF FF 8A F1 66 0F B6 C6 40 66 0F  Í s ¹ÿÿŠñf ¶Æ@f
0640200080 B6 D1 80 E2 3F F7 E2 86 CD C0 ED 06 41 66 0F B7  ¶Ñ €â?÷â†ÍÀí Af ·
0640200090 C9 66 F7 E1 66 89 46 F8 83 7E 16 00 75 38 83 7E  Éf÷áf‰Føƒ~  u8ƒ~
06402000A0 2A 00 77 32 66 8B 46 1C 66 83 C0 0C BB 00 80 B9  * w2f‹F fƒÀ » €¹
06402000B0 01 00 E8 2B 00 E9 48 03 A0 FA 7D B4 7D 8B F0 AC    è+ éH  ú}´}‹ð¬
06402000C0 84 C0 74 17 3C FF 74 09 B4 0E BB 07 00 CD 10 EB  „Àt <ÿt ´ » Í ë
06402000D0 EE A0 FB 7D EB E5 A0 F9 7D EB E0 98 CD 16 CD 19  î û}ëå ù}ëà˜Í Í
06402000E0 66 60 66 3B 46 F8 0F 82 4A 00 66 6A 00 66 50 06  f`f;Fø ‚J fj fP
06402000F0 53 66 68 10 00 01 00 80 7E 02 00 0F 85 20 00 B4  Sfh    €~   …   ´
0640200100 41 BB AA 55 8A 56 40 CD 13 0F 82 1C 00 81 FB 55  A»ªUŠV@Í  ‚   ûU
```

图 5-25　52432896 扇区内容

从 DBR 可知，此分区为 FAT32 文件系统，读取该分区的起始位置、分区总扇区数，定位第 3 个分区。重复第 1 步和第 2 步操作，得到磁盘中所有主磁盘分区的信息，如表 5-3 所示。

表 5-3　主分区信息

分 区 类 型	分区文件系统	起 始 扇 区	分 区 大 小
第 1 个主分区（装有系统）	NTFS	2048	52 430 848
第 2 个主分区	FAT32	52 432 896	39 866 368
第 3 个主分区	FAT32	92 299 264	39 866 368

第 1 个分区通常装有操作系统，表项中的启动标识可填写"80H"，完成第 1 个分区表项相应参数的填写。

3）填写扩展分区表项。

第 3 个主分区后的 132 165 632 扇区，显示为 EBR 扇区，如图 5-26 所示。

从图中可知，此 EBR 所在扇区号为 132 165 632，及 EBR2 的相对偏移扇区数为 39 849 984。以 EBR1 扇区为起始扇区，向下偏移 39 849 984 跳转至 EBR2 扇区，如图 5-27 所示。

```
0FC16001B0  00 00 00 00 00 00 00 00  00 00 00 00 00 00 00 20
0FC16001C0  21 00 07 FE FF FF 00 08  00 00 00 08 60 02 00 FE   ! þÿÿ        ` þ
0FC16001D0  FF FF 05 FE FF FF 00 10  60 02 00 40 3F 02 00 00   ÿÿ þÿÿ   ` @?
0FC16001E0  00 00 00 00 00 00 00 00  00 00 00 00 00 00 00 00
0FC16001F0  00 00 00 00 00 00 00 00  00 00 00 00 00 00 55 AA            Uª
0FC1600200  00 00 00 00 00 00 00 00  00 00 00 00 00 00 00 00
0FC1600210  00 00 00 00 00 00 00 00  00 00 00 00 00 00 00 00
```
EBR2相对扇区号 (in the 0FC16001D0 row, bytes `00 10 60 02`)

EBR所在扇区

Sector **132,165,632** of 209,715,200   Offset: FC16001D6

图 5-26 EBR1 扇区

图 5-27 跳转到 EBR2 扇区

在目标位置显示为 EBR2 扇区，如图 5-28 所示。

```
38071995808  00 00 00 00 00 00 00 00  00 00 00 00 00 00 00 00
38071995824  00 00 00 00 00 00 00 00  00 00 00 00 00 00 00 20
38071995840  21 00 07 FE FF FF 00 08  00 00 00 38 3F 02 00 00   ! þÿÿ      8?
38071995856  00 00 00 00 00 00 00 00 ①00 00 00 00 00 00 00 00 ②
38071995872  00 00 00 00 00 00 00 00  00 00 00 00 00 00 00 00
38071995888  00 00 00 00 00 00 00 00  00 00 00 00 00 00 55 AA            Uª
```

图 5-28 EBR2 扇区

分析 EBR2 扇区，可知这是最后一个 EBR 扇区，扩展分区的总扇区数为第 1 个子扩展分区总扇区数与第 2 个子扩展分区总扇区数之和。磁盘所有分区信息见表 5-4。

表 5-4 分区信息

分 区 类 型	分区文件系统	起始扇区号	分区总扇区数
第 1 个主分区（装有系统）	NTFS（07）	2048	52 430 848
第 2 个主分区	FAT32（0C）	52 432 896	39 866 368
第 3 个主分区	FAT32（0C）	92 299 264	39 866 368
扩展分区（含两个逻辑分区）	0F	132 165 632	77 549 568
第 4 个分区	NTFS	2048	39 847 936
第 5 个分区	NTFS	2048	37 697 536

根据表 5-4，填写 MBR 主分区表项，结果如图 5-29 所示。

```
00000001A0  74 65 6D 46 41 54 4E 54  46 53 01 00 00 00 00 00   temFATNTFS
00000001B0  00 00 00 00 00 00 00 00  33 F4 81 13 00 00 80 20          3ô   €
00000001C0  21 00 07 FE FF FF 00 08  00 00 00 08 20 03 00 FE   ! þÿÿ        þ
00000001D0  FF FF 0C FE FF FF 00 20  03 00 00 50 60 02 00 FE   ÿÿ þÿÿ    P` þ
00000001E0  FF FF 0C FE FF FF 00 60  80 05 00 50 60 02 00 FE   ÿÿ þÿÿ `€  P` þ
00000001F0  FF FF 0F FE FF FF 00 B0  E0 07 00 50 9F 04 55 AA   ÿÿ þÿÿ °à  P Ÿ Uª
```

图 5-29 MBR 中分区表项

到此为止分区表修复完毕，将所做的修改存盘，重新加载磁盘，可以看到硬盘分区全部可正常访问，如图 5-30 所示。

图 5-30　磁盘分区恢复成功

任务 5.2　恢复 GPT 磁盘分区

5.2　恢复 GPT
磁盘分区

5.2.1　GPT 磁盘分区的数据结构

1. GPT 分区的特点

GPT 是 GUID Partition Table 的缩写，其含义为"全局唯一标识磁盘分区表"，GUID 是"全局唯一标识符（Globally Unique Identifier）"的缩写。

GPT 分区有如下特点。

1）目前能够支持 GPT 磁盘分区的操作系统有 Windows Server 2008 64 位及以后的版本、MacOS X、Linux、Windows 7 64 位及以后的版本。

2）理论上，GPT 磁盘在长度上最大可达 2^{64} 个逻辑块，每个逻辑块容量一般为 512 字节，最大分区（磁盘）容量受操作系统版本的影响。Windows XP 和 Windows Server 2003 的原始版本中，每个物理磁盘的最大容量为 2 TB。对于 Windows Server 2003 SP1、Windows XP x64 版本及以后的版本，支持的最大原始分区为 18 EB。

3）EFI 规范对分区数量几乎没有限制，但是 Windows 实现限制的分区数量为 128 个。GPT 中分区表的存储空间大小会限制分区数量。

4）Windows Server 2008 等操作系统只能在 GPT 磁盘分区上进行数据操作，只有基于 Itanium 的 Windows 系统才能从 GPT 分区上启动。

5）GPT 和 MBR 结构可以在支持 GPT 的系统上混合使用，但支持 EFI 的系统要求启动分区必须位于 GPT 磁盘上，另一个硬盘可以是 MBR，也可以是 GPT。

6）在系统支持的情况下可以将 MBR 磁盘转换为 GPT 磁盘，但是只有在磁盘为空的情况下，才可以将 GPT 磁盘转换为 MBR 磁盘，否则会清空所有数据。

7）GPT 磁盘尾部存有分区表备份。在磁盘的首尾部存有相同的分区表，当其中一份被破坏后，可以通过另一份进行修复。

2. GPT 磁盘分区的结构原理

GPT 磁盘的整体结构，如图 5-31 所示。

保护MBR	GPT头	分区表	分区区域	分区表备份	GPT头备份

图 5-31　GPT 磁盘整体结构

（1）保护 MBR

保护 MBR 位于 GPT 磁盘的第 1 个扇区，即 0 号扇区，由磁盘签名、MBR 磁盘分区表和结束标志组成，如图 5-32 所示。

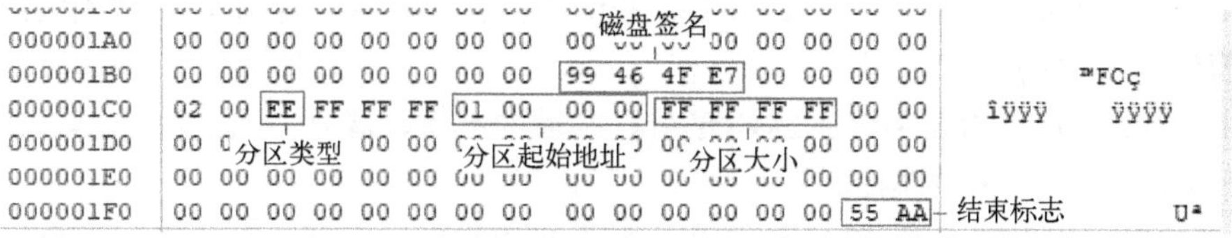

图 5-32　保护 MBR 扇区

（2）GPT 头

GPT 头位于 GPT 磁盘的第 2 个扇区，即 1 号扇区，该磁盘是创建 GPT 磁盘时生成的，GPT 头会定义分区表的起始位置、分区表的结束位置、每个分区表项的大小、分区表项的个数及分区表的校验和等信息，如图 5-33 所示。

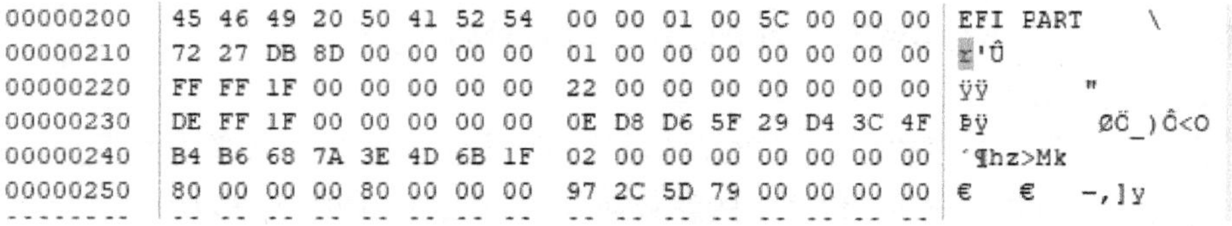

图 5-33　GPT 头扇区

GPT 头中各参数含义如表 5-5 所示。

表 5-5　GPT 头中各参数含义

字节偏移	长度/字节	字段名和定义	字节偏移	长度/字节	字段名和定义
00H	8	签名。固定为 ASCII 码 "EFI PART"	30H	8	GPT 分区区域结束扇区号
08H	4	版本号	38H	16	磁盘 GUID
0CH	4	GPT 头字节总数	48H	8	GPT 分区表起始扇区号
10H	4	GPT 头 CRC 校验和	50H	4	分区表项数
14H	4	保留	54H	4	每个分区表项的字节数
18H	8	GPT 头所在扇区号	58H	4	分区表 CRC 校验和
20H	8	GPT 头备份所在扇区号	5CH	4	保留
28H	8	GPT 分区区域起始扇区号	—	—	—

参照表 5-5，对图 5-33 中的 GPT 头参数进行分析。

① 00H~07H。长度为 8 字节，是 GPT 头的签名，固定为 ASCII 码 "EFI PART"。

② 08H~0BH。长度为 4 字节，表示版本号。

③ 0CH~0FH。长度为 4 字节，是 GPT 头的总字节数，当前值为 92，说明 GPT 头占用 92 字节。

④ 10H~13H。长度为 4 字节，是 GPT 头的 CRC 校验和。

⑤ 14H~17H。长度为 4 字节，保留不用。

⑥ 18H~1FH。长度为 8 字节，表示 GPT 头所在扇区号，通常为 1 号，也就是 GPT 磁盘的

第 2 个扇区。

⑦ 20H~27H。长度为 8 字节，是 GPT 头备份的所在扇区号，也就是 GPT 磁盘的最后一个扇区，当前值为 2 097 151。

⑧ 28H~2FH。长度为 8 字节，是 GPT 分区区域的起始扇区号，当前值为 34，G 分区区域通常起始于 GPT 磁盘的 34 号扇区。

⑨ 30H~37H。长度为 8 字节，是 GPT 分区区域的结束扇区号，当前值为 2 097 118。

⑩ 38H~47H。长度为 16 字节，是 GPT 磁盘的 GUID。

⑪ 48H~4FH。长度为 8 字节，表示 GPT 分区表的起始扇区号，当前值为 2，GPT 分区表通常起始于盘的 2 号扇区。

⑫ 50H~53H。长度为 4 字节，表示分区表项的个数。Windows 系统限定 GPT 分区个数为 128，每个分区占用一个分区表项，所以该值为 128。

⑬ 54H~57H。长度为 4 字节，表示每个分区表项占用的字节数，该值固定为 128。

⑭ 58H~5BH。长度为 4 字节，是分区表的 CRC 校验和。

（3）GPT 头备份

GPT 头有一个备份，存放在 GPT 磁盘的最后一个扇区，但 GPT 头备份并不是 GPT 头的简单复制，它们的结构虽然一样，但其中的参数却有一些区别，如图 5-34 所示。

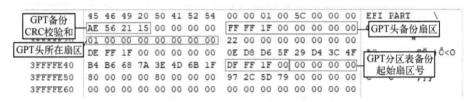

图 5-34　GPT 备份扇区参数

经过对比发现，GPT 头备份中共有 4 个参数与 GPT 头不同，分别是 GPT 头备份 CRC 校验和、GPT 头备份扇区、GPT 头所在扇区、GPT 分区表备份起始扇区号，在使用 GPT 头备份修复 GPT 头时需要做相应的参数修改。

（4）分区表

分区表位于 GPT 磁盘的 2~33 号扇区，一共占用 32 个扇区，能够容纳 128 个分区表项，每个分区表项大小为 128 字节。因为每个分区表项管理一个分区，所以 Windows 系统允许 GPT 磁盘创建 128 个分区。分区表如图 5-35 所示。

每个分区表项记录分区的起始和结束地址、分区类型的 GUID、分区名称、分区属性和分区 GUID，分区表项参数如图 5-36 所示。

分区表项各参数的含义如表 5-6 所示。

表 5-6　分区表项参数含义

字节偏移	长度/字节	字段含义	字节偏移	长度/字节	字段含义
00H	16	分区类型 GUID	28H	8	分区结束地址
10H	16	分区 GUID	30H	8	分区属性
20H	8	分区起始地址	38H	72	分区名（Unicode 码）

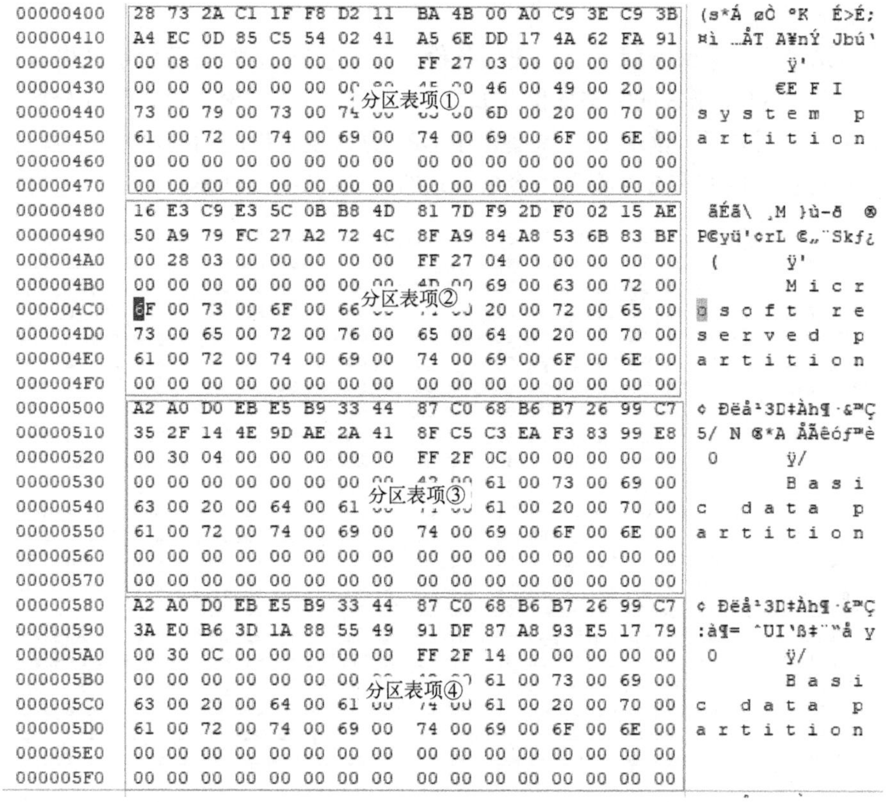

```
00000400  28 73 2A C1 1F F8 D2 11   BA 4B 00 A0 C9 3E C9 3B   (s*Á øÒ ºK  É>É;
00000410  A4 EC 0D 85 C5 54 02 41   A5 6E DD 17 4A 62 FA 91   ¤ì …ÅT A¥nÝ Jbú`
00000420  00 08 00 00 00 00 00 00   FF 27 03 00 00 00 00 00      ÿ'
00000430  00 00 00 00 00 00 00 00   45 00 46 00 49 00 20 00          €E F I
00000440  73 00 79 00 73 00 74 00[分区表项①]6D 00 20 00 70 00   s y s t      m   p
00000450  61 00 72 00 74 00 69 00   74 00 69 00 6F 00 6E 00   a r t i t i o n
00000460  00 00 00 00 00 00 00 00   00 00 00 00 00 00 00 00
00000470  00 00 00 00 00 00 00 00   00 00 00 00 00 00 00 00

00000480  16 E3 C9 E3 5C 0B B8 4D   81 7D F9 2D F0 02 15 AE    ãÉã\ ¸M }ù-ð  ®
00000490  50 A9 79 FC 27 A2 72 4C   8F A9 84 A8 53 6B 83 BF   P©yü'¢rL ©„¨Skƒ¿
000004A0  00 28 03 00 00 00 00 00   FF 27 04 00 00 00 00 00    (    ÿ'
000004B0  00 00 00 00 00 00 00 00   4D 00 69 00 63 00 72 00            M i c r
000004C0  6F 00 73 00 6F 00 66[分区表项②]00 20 00 72 00 65 00   o s o f       r e
000004D0  73 00 65 00 72 00 76 00   65 00 64 00 20 00 70 00   s e r v e d   p
000004E0  61 00 72 00 74 00 69 00   74 00 69 00 6F 00 6E 00   a r t i t i o n
000004F0  00 00 00 00 00 00 00 00   00 00 00 00 00 00 00 00

00000500  A2 A0 D0 EB E5 B9 33 44   87 C0 68 B6 B7 26 99 C7   ¢ Ðëå¹3D ‡Àh¶·&™Ç
00000510  35 2F 14 4E 9D AE 2A 41   8F C5 C3 EA F3 83 99 E8   5/ N ®*A ÅÃêóƒ™è
00000520  00 30 04 00 00 00 00 00   FF 2F 0C 00 00 00 00 00    0   ÿ/
00000530  00 00 00 00 00 00 00 00   42 00 61 00 73 00 69 00          B a s i
00000540  63 00 20 00 64 00 61 00[分区表项③]61 00 20 00 70 00   c   d a      a   p
00000550  61 00 72 00 74 00 69 00   74 00 69 00 6F 00 6E 00   a r t i t i o n
00000560  00 00 00 00 00 00 00 00   00 00 00 00 00 00 00 00
00000570  00 00 00 00 00 00 00 00   00 00 00 00 00 00 00 00

00000580  A2 A0 D0 EB E5 B9 33 44   87 C0 68 B6 B7 26 99 C7   ¢ Ðëå¹3D ‡Àh¶·&™Ç
00000590  3A E0 B6 3D 1A 88 55 49   91 DF 87 A8 93 E5 17 79   :à¶= ˆUI ‘ß‡¨“å y
000005A0  00 30 0C 00 00 00 00 00   FF 2F 14 00 00 00 00 00    0   ÿ/
000005B0  00 00 00 00 00 00 00 00   42 00 61 00 73 00 69 00          B a s i
000005C0  63 00 20 00 64 00 61 00[分区表项④]74 00 61 00 20 00 70 00   c   d a t a   p
000005D0  61 00 72 00 74 00 69 00   74 00 69 00 6F 00 6E 00   a r t i t i o n
000005E0  00 00 00 00 00 00 00 00   00 00 00 00 00 00 00 00
000005F0  00 00 00 00 00 00 00 00   00 00 00 00 00 00 00 00
```

图 5-35　4 个分区表项

```
              00000400  28 73 2A C1 1F F8 D2 11   BA 4B 00 A0 C9 3E C9 3B   (s*Á øÒ ºK  É>É;
              00000410  A4 EC 0D 85 C5 54 02 41   A5 6E DD 17 4A 62 FA 91   ¤ì …ÅT A¥nÝ Jbú`
分区起始位置—00000420  00 08 00 00 00 00 00 00   FF 27 03 00 00 00 00 00      ÿ'       —分区结束位置
              00000430  00 00 00 00 00 00 00 80   45 00 46 00 49 00 20 00          €E F I
              00000440  73 00 79 00 73 00 74 00   65 00 6D 00 20 00 70 00   s y s t e m   p
              00000450  61 00 72 00 74 00 69 00   74 00 69 00 6F 00 6E 00   a r t i t i o n
              00000460  00 00 00 00 00 00 00 00   00 00 00 00 00 00 00 00
              00000470  00 00 00 00 00 00 00 00   00 00 00 00 00 00 00 00
```

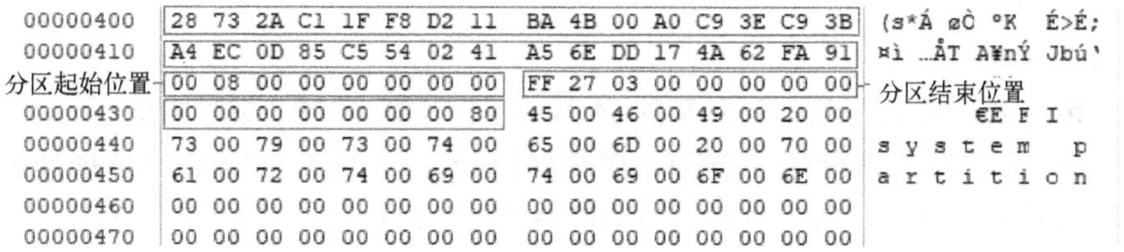

图 5-36　分区表项参数

对这些参数分析如下。

① 00H~0FH：分区类型，长度为 16 字节，其类型可以是前面提到过的 EFI 系统分区（ESP）、微软保留分区（MSR）、LDM 元数据分区、LDM 数据分区、OEM 分区、主分区。

② 10H~1FH：分区的 GUID，长度为 16 字节，这个 GUID 对于分区来讲是唯一的。

③ 20H~27H：分区的起始地址，长度为 8 字节，用 LBA 地址表示，在分区表项①中该值为 34，说明第 1 个分区开始于 GPT 磁盘的 34 号扇区。

④ 28H~2FH：分区的结束地址，长度为 8 字节，用 LBA 地址表示，在分区表项①中该值为 206 847，说明第 1 个分区结束于 GPT 磁盘的 206847 号扇区。

⑤ 30H~37H：分区的属性，长度为 8 字节。

⑥ 38H~7FH：分区名称，长度为 72 字节，用 Unicode 编码表示。例如，分区名为 "Microsoft reserved partition"，说明是微软保留分区；分区名为 "Basic data partition"，说明是基本数据分区，也就是主分区。

（5）分区表备份

分区区域结束后，紧跟着就是分区表的备份，其地址在 GPT 头备份扇区中有描述。分区表备份是对分区表 32 个扇区的完整备份，如果分区表损坏，系统会自动读取分区表备份，从而可以保证正常识别分区。读取 GPT 头备份中 GPT 分区表备份起始扇区号 2 097 119，跳转至 2 097 119 号扇区，其内容和 2 号扇区内容是一致的，如图 5-37 所示。

```
3FFFBE00  98 73 2A C1 1F F8 D2 11  BA 4B 00 A0 C9 3E C9 3B   ˜s*Á øÒ °K  É>É;
3FFFBE10  A4 EC 0D 85 C5 54 02 41  A5 6E DD 17 4A 62 FA 91   ¤ì …ÅT A¥nÝ Jbú'
3FFFBE20  00 08 00 00 00 00 00 00  FF 27 03 00 00 00 00 00        ÿ'
3FFFBE30  00 00 00 00 00 00 00 80  45 00 46 00 49 00 20 00        €E F I
3FFFBE40  73 00 79 00 73 00 74 00  65 00 6D 00 20 00 70 00   s y s t e m   p
3FFFBE50  61 00 72 00 74 00 69 00  74 00 69 00 6F 00 6E 00   a r t i t i o n
3FFFBE60  00 00 00 00 00 00 00 00  00 00 00 00 00 00 00 00
3FFFBE70  00 00 00 00 00 00 00 00  00 00 00 00 00 00 00 00
3FFFBE80  16 E3 C9 E3 5C 0B B8 4D  81 7D F9 2D F0 02 15 AE   ãÉã\ ‚M }ù-ð  ®
3FFFBE90  50 A9 79 FC 27 A2 72 4C  8F A9 84 A8 53 6B 83 BF   P©yü'¢rL ©„¨Skƒ¿
3FFFBEA0  00 28 03 00 00 00 00 00  FF 27 04 00 00 00 00 00   (       ÿ'
3FFFBEB0  00 00 00 00 00 00 00 00  4D 00 69 00 63 00 72 00        M i c r
3FFFBEC0  6F 00 73 00 6F 00 66 00  74 00 20 00 72 00 65 00   o s o f t   r e
3FFFBED0  73 00 65 00 72 00 76 00  65 00 64 00 20 00 70 00   s e r v e d   p
3FFFBEE0  61 00 72 00 74 00 69 00  74 00 69 00 6F 00 6E 00   a r t i t i o n
3FFFBEF0  00 00 00 00 00 00 00 00  00 00 00 00 00 00 00 00
3FFFBF00  A2 A0 D0 EB E5 B9 33 44  87 C0 68 B6 B7 26 99 C7   ¢ Ðëå¹3D‡Àh¶·&™Ç
3FFFBF10  35 2F 14 4E 9D AE 2A 41  8F C5 C3 EA F3 83 99 E8   5/ N ®*A ÅÃêóƒ™è
3FFFBF20  00 30 04 00 00 00 00 00  FF 2F 0C 00 00 00 00 00   0       ÿ/
3FFFBF30  00 00 00 00 00 00 00 00  42 00 61 00 73 00 69 00        B a s i
3FFFBF40  63 00 20 00 64 00 61 00  74 00 61 00 20 00 70 00   c   d a t a   p
3FFFBF50  61 00 72 00 74 00 69 00  74 00 69 00 6F 00 6E 00   a r t i t i o n
```
Sector 2,097,119 of 2,097,152 | Offset: | 3FFFBE00

图 5-37　分区表备份

（6）分区区域

GPT 分区区域通常起始于 GPT 磁盘的 34 号扇区，是整个 GPT 磁盘中最大的区域，由多个具体分区组成，如 EFI 系统分区（ESP）、微软保留分区（MSR）、LDM 元数据分区、LDM 数据分区、OEM 分区、主分区等。分区区域的起始地址和结束地址由 GPT 头定义。

5.2.2　初始化 GPT 磁盘

对 GPT 磁盘进行初始化操作，同时使用 WinHex 打开磁盘，查看磁盘初始化前后发生的变化。

（1）附加虚拟磁盘

将虚拟磁盘附加在磁盘管理上，如图 5-38 所示。

图 5-38　附加虚拟磁盘

（2）初始化磁盘

右击初始化磁盘，勾选"GPT（GUID 分区表）"单选按钮，设置如图 5-39 所示。初始化后，磁盘管理下磁盘的情况如图 5-40 所示。

图 5-39 初始化 GPT 分区

图 5-40 "磁盘 1"初始化后的 GPT 分区

（3）查看磁盘分区内容

1）保护 MBR 扇区情况，如图 5-41 所示。

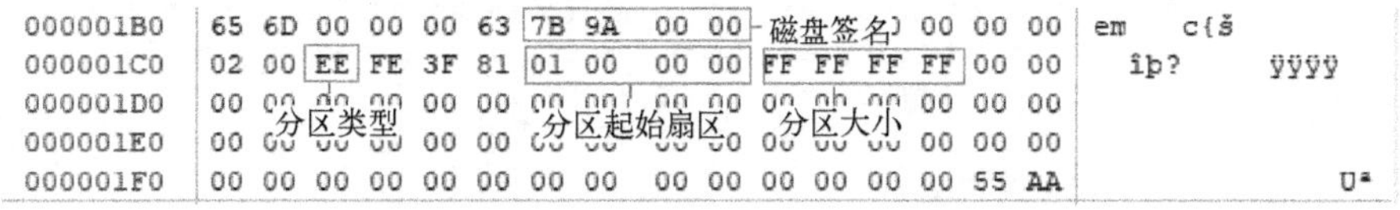

```
000001B0  65 6D 00 00 00 63 7B 9A  00 00 磁盘签名 00 00 00  em  c{š
000001C0  02 00 EE FE 3F 81 01 00  00 00 FF FF FF FF 00 00  îþ?     ÿÿÿÿ
000001D0  00 00 00 00 00 00 00 00  00 00 00 00 00 00 00 00
          分区类型          分区起始扇区    分区大小
000001E0  00 00 00 00 00 00 00 00  00 00 00 00 00 00 00 00
000001F0  00 00 00 00 00 00 00 00  00 00 00 00 00 00 55 AA        Uª
```

图 5-41 初始化后保护 MBR 扇区

通过查看发现，磁盘初始化为 GPT 磁盘后，会在磁盘的 0 扇区创建保护 MBR，写入磁盘签名、MBR 磁盘分区表、结束标识等信息。

2）GPT 头扇区如图 5-42 所示。

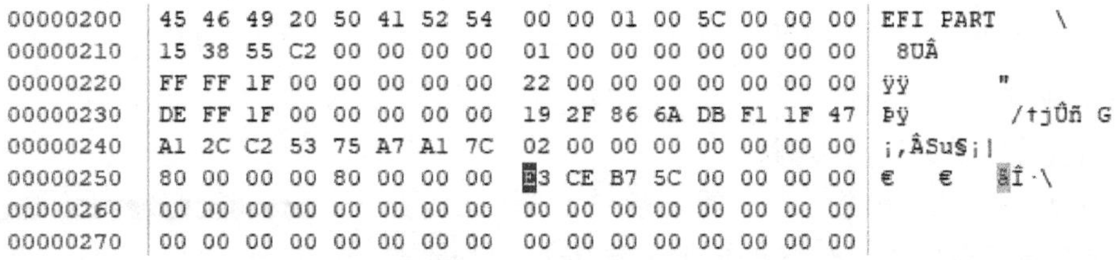

```
00000200  45 46 49 20 50 41 52 54  00 00 01 00 5C 00 00 00  EFI PART    \
00000210  15 38 55 C2 00 00 00 00  01 00 00 00 00 00 00 00   8UÂ
00000220  FF FF 1F 00 00 00 00 00  22 00 00 00 00 00 00 00  ÿÿ       "
00000230  DE FF 1F 00 00 00 00 00  19 2F 86 6A DB F1 1F 47  Þÿ       /tjÛñ G
00000240  A1 2C C2 53 75 A7 A1 7C  02 00 00 00 00 00 00 00  ¡,ÂSu§¡|
00000250  80 00 00 00 80 00 00 00  A3 CE B7 5C 00 00 00 00  €   €   £Î·\
00000260  00 00 00 00 00 00 00 00  00 00 00 00 00 00 00 00
00000270  00 00 00 00 00 00 00 00  00 00 00 00 00 00 00 00
```

图 5-42 GPT 头扇区

GPT 头位于 GPT 磁盘的第 2 个扇区，也就是 1 号扇区，该扇区在创建 GPT 磁盘时生成，此时 GPT 头会定义分区表的起始位置、分区表的结束位置、每个分区表项的大小、分区表项的个数及分区表的校验和等信息。

3）分区表扇区情况，如图 5-43 所示。

在初始化为 GPT 分区之后，分区表扇区会创建一个微软保留分区的分区表，其余的分区表被清零。

```
00000400    16 E3 C9 E3 5C 0B B8 4D    81 7D F9 2D F0 02 15 AE    ãÉã\ „M }ù-ð ®
00000410    70 0D 4B 77 D5 CA 47 42    94 88 66 EA 4E 69 D3 EE    p KwÕÊGB"ˆfêNiÓî
00000420    22 00 00 00 00 00 00 00    FF 7F 00 00 00 00 00 00    "         ÿ
00000430    00 00 00 00 00 00 00 00    4D 00 69 00 63 00 72 00              M i c r
00000440    6F 00 73 00 6F 00 66 00    74 00 20 00 72 00 65 00    o s o f t   r e
00000450    73 00 65 00 72 00 76 00    65 00 64 00 20 00 70 00    s e r v e d   p
00000460    61 00 72 00 74 00 69 00    74 00 69 00 6F 00 6E 00    a r t i t i o n
00000470    00 00 00 00 00 00 00 00    00 00 00 00 00 00 00 00
00000480    00 00 00 00 00 00 00 00    00 00 00 00 00 00 00 00
```

图 5-43　分区表扇区

4）GPT 头备份扇区如图 5-44 所示。

```
3FFFFE00    45 46 49 20 50 41 52 54    00 00 01 00 5C 00 00 00    EFI PART    \
3FFFFE10    C9 49 AF 5A 00 00 00 00    FF FF 1F 00 00 00 00 00    ÉI¯Z     ÿÿ
3FFFFE20    01 00 00 00 00 00 00 00    22 00 00 00 00 00 00 00            "
3FFFFE30    DE FF 1F 00 00 00 00 00    19 2F 86 6A DB F1 1F 47    Þÿ       /†jÛñ G
3FFFFE40    A1 2C C2 53 75 A7 A1 7C    DF FF 1F 00 00 00 00 00    ¡,ÂSu§¡|ßÿ
3FFFFE50    80 00 00 00 80 00 00 00    E3 CE B7 5C 00 00 00 00    €   €   ãÎ·\
3FFFFE60    00 00 00 00 00 00 00 00    00 00 00 00 00 00 00 00
```

图 5-44　GPT 头备份扇区

5）分区表备份如图 5-45 所示。

```
3FFFBE00    16 E3 C9 E3 5C 0B B8 4D    81 7D F9 2D F0 02 15 AE    ãÉã\ „M }ù-ð ®
3FFFBE10    70 0D 4B 77 D5 CA 47 42    94 88 66 EA 4E 69 D3 EE    p KwÕÊGB"ˆfêNiÓî
3FFFBE20    22 00 00 00 00 00 00 00    FF 7F 00 00 00 00 00 00    "         ÿ
3FFFBE30    00 00 00 00 00 00 00 00    4D 00 69 00 63 00 72 00              M i c r
3FFFBE40    6F 00 73 00 6F 00 66 00    74 00 20 00 72 00 65 00    o s o f t   r e
3FFFBE50    73 00 65 00 72 00 76 00    65 00 64 00 20 00 70 00    s e r v e d   p
3FFFBE60    61 00 72 00 74 00 69 00    74 00 69 00 6F 00 6E 00    a r t i t i o n
3FFFBE70    00 00 00 00 00 00 00 00    00 00 00 00 00 00 00 00
```

图 5-45　分区表备份

　　经过对比发现，磁盘经过 GPT 初始化，会在磁盘相应的位置生成新的保护 MBR、GPT 头、分区表，在分区表扇区内会生成微软保留分区的分区表并清除之前的分区表，故之前的分区表项信息会丢失，同时磁盘的 GPT 头备份、分区表备份也会随着磁盘的初始化而改变。

5.2.3　任务实施

1. 磁盘情况

GPT 磁盘分区丢失恢复实例。

一块硬盘因为突然断电，用户重新启动计算机后发现硬盘的盘符消失，分区的数据无法访问。把硬盘连接至装有 Windows 系统的计算机，打开磁盘管理界面，发现磁盘状态为"没有初始化"，如图 5-46 所示。

图 5-46　磁盘 1 "没有初始化"

2. 故障原因分析

磁盘的状态为"没有初始化"，无法访问硬盘中的分区，初步判断是磁盘的 MBR 扇区被破坏，也就是 GPT 磁盘的保护 MBR 扇区被破坏。保护 MBR 扇区内容如图 5-47 所示。

图 5-47　保护 MBR 扇区

查看后续扇区，发现 GPT 头扇区、分区表扇区也被破坏了。

3. 恢复思路

分区的故障原因是保护 MBR、GPT 头、分区表扇区被破坏，需修复这 3 块内容。因为 GPT 磁盘内部依靠保护 MBR、GPT 头、分区表 3 部分进行管理，其中 GPT 头和分区表是至关重要的，所以在 GPT 磁盘的末尾对这两部分内容都做了备份。这些备份轻易不会遭受破坏，所以可以借助备份修复分区。

1）用 WinHex 查看磁盘的最后一个扇区，即 2 097 151 号扇区，读取 GPT 头备份，如图 5-48 所示。

图 5-48　GPT 头备份

2）将 GPT 头备份复制粘贴到 1 号扇区（原 GPT 头所在扇区），但是此时不能直接使用，还需要修改几个参数。图 5-48 中参数②是 GPT 头所在扇区号，此时应填写十进制 1。图 5-48 中参数③是 GPT 头备份的扇区号，此时应改为十进制 2 097 151。图 5-48 中参数④是分区表起始扇区号，此时应填写十进制数 2。修改参数后的 GPT 头扇区，如图 5-49 所示。

```
00000200   45 46 49 20 50 41 52 54   00 00 01 00 5C 00 00 00   EFI PART    \
00000210   00 00 00 00 00 00 00 00   01 00 00 00 00 00 00 00
00000220   FF FF 1F 00 00 00 00 00   22 00 00 00 00 00 00 00   ÿÿ        "
00000230   DE FF 1F 00 00 00 00 00   60 31 F1 7C 26 22 7C 41   Þÿ        `1ñ|&"|A
00000240   88 36 70 5F EE A9 C3 B5   02 00 00 00 00 00 00 00   ^6p_î©Ãµ
00000250   80 00 00 00 80 00 00 00   61 6A FE 30 00 00 00 00   €   €   ajþ0
00000260   00 00 00 00 00 00 00 00   00 00 00 00 00 00 00 00
00000270   00 00 00 00 00 00 00 00   00 00 00 00 00 00 00 00
```

图 5-49　GPT 头参数

3）此时在 GPT 头扇区中，还缺少 GPT 头的 CRC 校验和参数，这个参数不能直接使用 GPT 头备份中的数值，可以通过 CRC 校验算法具体计算该值，具体操作步骤如下。

① 选中整个 GPT 头（92 字节）。

② 按〈Ctrl+F2〉键调出计算哈希值功能，在"Compute hash"对话框中选择"CRC32（32 bit）"，如图 5-50 所示。

计算结果为 3B 17 92 61，如图 5-51 所示。此时应注意文件系统存放方式（littleEndian 字节序）。GPT 头扇区修复后的结果，如图 5-52 所示。

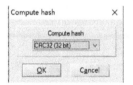

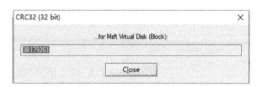

图 5-50　计算 CRC 值　　　　　图 5-51　CRC 值

```
00000200   45 46 49 20 50 41 52 54   00 00 01 00 5C 00 00 00   EFI PART    \
00000210   61 92 17 3B 00 00 00 00   01 00 00 00 00 00 00 00   a' ;
00000220   FF FF 1F 00 00 00 00 00   22 00 00 00 00 00 00 00   ÿÿ        "
00000230   DE FF 1F 00 00 00 00 00   60 31 F1 7C 26 22 7C 41   Þÿ        `1ñ|&"|A
00000240   88 36 70 5F EE A9 C3 B5   02 00 00 00 00 00 00 00   ^6p_î©Ãµ
00000250   80 00 00 00 80 00 00 00   61 6A FE 30 00 00 00 00   €   €   ajþ0
00000260   00 00 00 00 00 00 00 00   00 00 00 00 00 00 00 00
```

图 5-52　修复后的 GPT 头扇区

📖 Little-Endian（小字节序、低字节序），即低位字节排放在内存的低地址端，高位字节排放在内存的高地址端。

4）**修复分区表**。分区表备份起始扇区为 GPT 磁盘的倒数第 33 个扇区，末扇区为倒数第 2 个扇区，占 32 个扇区，跳转到分区表备份起始位置，复制分区表备份数据并粘贴到 2 号扇区即可，不用修改任何参数。

5）**创建保护 MBR**。在第一个扇区内填写磁盘签名、类型为"EE"的保护分区、起始扇区号为 1、分区大小为"FF FF FF FF"及结束标志"55 AA"，如图 5-53 所示。

在保护 MBR 中，磁盘签名可以填写任意 4 字节。

6）**修复完成**，在磁盘管理下查看修复好的磁盘分区，如图 5-54 所示。

```
0000000416   00 00 00 00 00 00 00 00   00 00 00 00 00 00 00 00
0000000432   00 00 00 00 00 00 00 00   BA 7A EC 7C 00 00 00 00
0000000448   02 00 EE FF FF FF 01 00   00 00 FF FF FF FF 00 00
0000000464   00 00 00 00 00 00 00 00   00 00 00 00 00 00 00 00
0000000480   00 00 00 00 00 00 00 00   00 00 00 00 00 00 00 00
0000000496   00 00 00 00 00 00 00 00   00 00 00 00 00 00 55 AA
```

图 5-53   保护 MBR 扇区参数填写

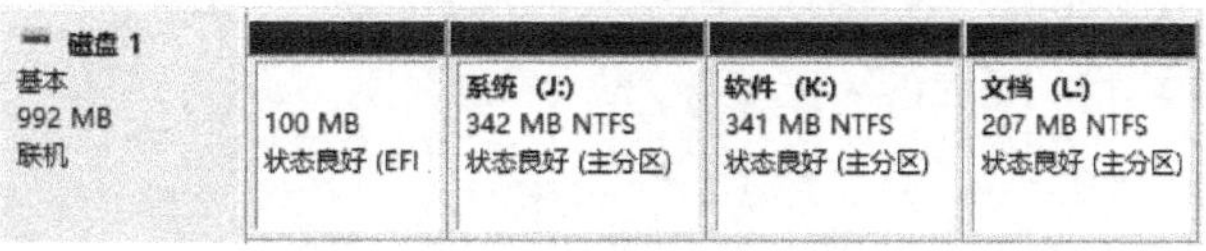

图 5-54   修复后的分区

任务 5.3   恢复被误分区的磁盘

5.3.1   重装系统只剩一个 C 盘

1. 基本情况描述

用户原本的计算机硬盘有 4 个分区,第 1 个分区中安装有操作系统,其余分区为用户数据分区。在使用 Ghost 软件重装系统时,误操作导致硬盘只剩一个系统分区,其余 3 个分区丢失。如图 5-55 所示。

图 5-55   只剩 1 个分区

2. 误 Ghost 是如何产生的

该案例是一个"误 Ghost"的典型案例。用户在使用 Ghost 软件恢复系统时因为操作错误,导致整个硬盘只剩 1 个系统分区,有 3 个分区丢失,且系统分区容量为整个硬盘容量。

在使用 Ghost 软件恢复系统时,正确的操作是:选择"Local"→"Partition"→"From Image"命令,如图 5-56 所示。

而操作错误时常常会选择"Local"→"Disk"→"From Image"命令,如图 5-57 所示。

这样在 Ghost 操作完成后,用户的硬盘就会变成一个分区,其余的分区全部丢失。而实际上第 1 分区后的其余数据分区依然存在,只是因为分区表的改变使得分区无法显示。如果能找到丢失分区的信息,修复分区表中相应的分区表项,便能把丢失的分区恢复出来。

3. 误 Ghost 分区恢复方法

由于系统安装在第 1 个分区,导致原先的第 1 个分区数据被覆盖,故第 1 分区的数据恢复的可能性较小。此处只介绍第 2 个分区及之后的分区恢复。

(1)搜索原分区 DBR 信息

1)使用 WinHex 打开误 Ghost 的硬盘,如图 5-58 所示,只剩下一个分区的信息。

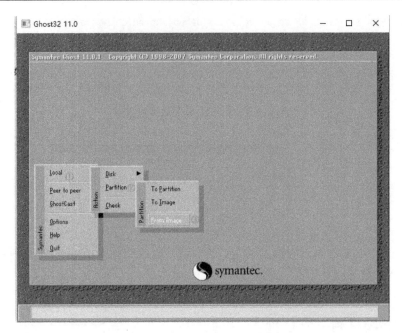

图 5-56　Ghost 恢复系统正确操作步骤

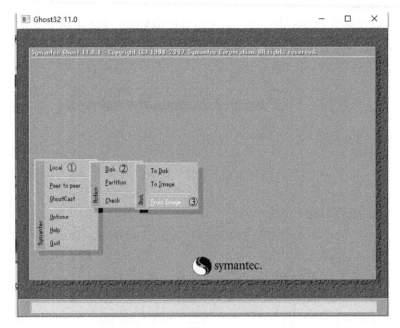

图 5-57　Ghost 恢复系统错误操作步骤

2）向下搜索分区 DBR 信息，并记录下来，如图 5-59 所示。

Name	Ext.	Size	Created	Modified	Record changed	Attr.	1st sector
Start sectors		1.0 MB					0
Partition 1 (F:)	NTFS	100.0 GB					2,048

图 5-58　分区信息

3）搜索结束后，所有匹配的信息都会列举出来，总共搜索到 5 项，如图 5-60 所示。

图 5-59　搜索 DBR 信息

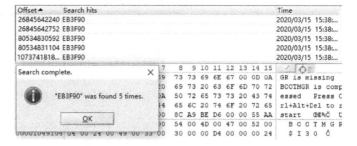

图 5-60　搜索结果

（2）查看搜索结果

查看搜索结果，并记录分区的起始位置、分区大小等关键数据，如图 5-61 所示。

```
26845642240  EB 52 90 4E 54 46 53 20  20 20 20 00 02 08 00 00  ëR NTFS
26845642256  00 00 00 00 00 F8 00 00  3F 00 FF 00 00 08 00 00  分区起始位置
26845642272  00 00 00 00 80 00 80 00  FF 07 20 03 分区大小    00  €€ŷ
26845642288  00 00 0C 00 00 00 00 00  02 00 00 00 00 00 00 00
26845642304  F6 00 00 00 01 00 00 00  A5 11 D8 AF 41 E4 94 B7  ö       ¥ ؟Aä¯
26845642320  00 00 00 00 FA 33 C0 8E  D0 BC 00 7C FB 68 C0 07  ú3ÀŽÐ¼ |ûhÀ
26845642336  1F 1E 68 66 00 CB 88 16  0E 00 66 81 3E 03 00 4E  hf Ë^  f > N
26845642352  54 46 53 75 15 B4 41 BB  AA 55 CD 13 72 0C 81 FB  TFSu 'Aª ªUÍ r û
26845642368  55 AA 75 06 F7 C1 01 00  75 03 E9 DD 00 1E 83 EC  Uªu ÷Á u éÝ fì
26845642384  18 68 1A 00 B4 48 8A 16  0E 00 8B F4 16 1F CD 13  h 'HŠ ‹ô Í
26845642400  9F 83 C4 18 9E 58 1F 72  E1 3B 06 0B 00 75 DB A3  ŸfÄ žX rá; uÛ£
26845642416  0F 00 C1 2F 0F 00 04 1F  5A 33 DB B9 00 20 2B C8  á  Z3Û¹ +È
```

图 5-61　第一个搜索结果扇区

查看第 1 个搜索结果，可发现此结果是第 1 个分区的 DBR 备份，读取分区起始位置为 2048，分区大小为 52 430 847。依次读取搜索结果并列出各个分区的参数，结果见表 5-7。

表 5-7　分区信息

分　　区	分区类型	分区起始位置	分区大小
主分区 1	NTFS	2048	52 430 848
主分区 2	NTFS	52 432 896	52 430 848
主分区 3	NTFS	104 863 744	52 430 848
主分区 4	NTFS	157 294 592	52 420 608

在查看各个搜索结果时发现，主分区 3 的 DBR 扇区已经被覆盖破坏，需要通过将 DBR 备份复制到 DBR 的位置进行修复。

（3）修复分区表

将表 5-7 中的参数填入 MBR 扇区中的分区表，如图 5-62 所示。

```
00000001B0  00 00 00 00 00 00 00 00  8D 92 EB A9 00 00 80 20     'ë© €
00000001C0  21 00 07 FE FF FF 00 08  00 00 00 08 20 03 00 FE  ! þÿÿ    þ
00000001D0  FF FF 07 FE FF FF 00 10  20 03 00 08 20 03 00 FE  ÿÿ þÿÿ    þ
00000001E0  FF FF 07 FE FF FF 00 18  40 06 00 08 20 03 00 FE  ÿÿ þÿÿ @   þ
00000001F0  FF FF 07 FE FF FF 00 20  60 09 00 E0 1F 03 55 AA  ÿÿ þÿÿ ` à U ª
```

图 5-62　修复后的分区表

（4）查看各分区情况

1）查看磁盘管理中的分区情况，如图 5-63 所示。

图 5-63　修复后的磁盘情况

2）依次打开分区，发现主分区 1 无法打开，如图 5-64
所示。

误 Ghost 会对原来分区 1 的内容进行覆盖，导致分区部
分元文件损坏，从而导致分区 1 无法读取。故误 Ghost 的分
区恢复，主要恢复的是第 2 个分区及其后分区的内容。

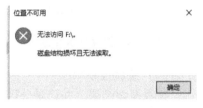

图 5-64　主分区 1 情况

5.3.2　硬盘被误分区

1. 基本情况描述

用户在使用 DiskGenius 为新磁盘分区时，误操作将其他磁盘重新分区，原来的 3 分区变成
4 分区，原分区丢失，误分区前的分区情况如图 5-65 所示。

图 5-65　误分区前的 3 个分区情况

误分区后的分区情况如图 5-66 所示。

图 5-66　误分区后的 4 个分区情况

2. 误分区的操作

该案例是误分区的典型情况，在使用 DiskGenius 分区时，选错了待分区的盘符，如
图 5-67 所示。

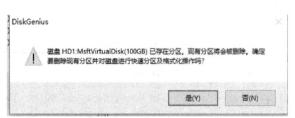

图 5-67　误分区操作

误分区时，MBR 中原有的分区表被新分区表覆盖，导致原分区丢失。

3. 误分区的恢复

误分区的恢复思路：恢复丢失的分区信息，修复分区表。恢复的方法与误 Ghost 类似，不再赘述。

5.3.3　任务实施

误 Ghost 与误分区的分区恢复方法有共同之处，最重要的步骤都是找到丢失的分区信息，下面介绍几种具体方法。

方法一：利用 WinHex 的搜索十六进制值功能（Find Hex Values）搜索分区 DBR 模糊匹配项，如图 5-68 所示。

经过这样设置后，会减少很多干扰信息，但因为 WinHex 在搜索时依然需要顺序读取扇区，所以搜索速度不会很快。搜索结束后，搜索结果将以列表形式罗列出来。

接下来就是按照搜索结果修复分区表，具体方法请参照 5.3.1 节。

方法二：使用 DiskGenius 中的搜索已丢失分区功能，具体操作如图 5-69 所示。

图 5-68　搜索丢失的 DBR 信息

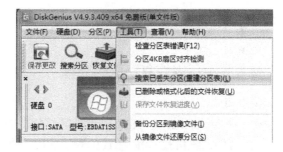

图 5-69　DiskGenius 搜索丢失分区

1）选中"按柱面搜索"复选框，按此方式搜索丢失分区，可加快搜索速度，操作如图 5-70 所示。

2）在搜索过程中搜索到分区时需判断是否和现有分区一致，如果不一致，则单击"保留"按钮，否则单击"忽略"按钮，如果扫描结束，可单击"停止搜索"按钮，如图 5-71 所示。

图 5-70　按照柱面搜索方式搜索

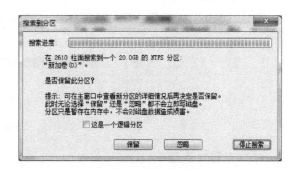

图 5-71　搜索到分区

3）搜索结束后，出现搜索结果对话框，如图 5-72 所示。

4）单击"确定"按钮，完成分区修复。

具体的操作步骤，可参照 1.4.3 节。

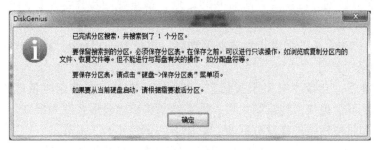

图 5-72　搜索结束

任务 5.4　实训

5.4.1　修复主分区表恢复误删的分区

1. 实训知识

1）MBR 磁盘分区结构。MBR 磁盘分区结构请查看 5.1.1 节部分内容。

2）各种文件系统格式 DBR 参数读取。DBR 参数部分的内容需查看前面已学习知识。

3）MBR 磁盘分区分区表填写。

2. 实训目的

1）理解 MBR 磁盘分区的结构。

2）理解 MBR 磁盘分区中分区表的作用。

3）掌握主分区表的恢复方法。

3. 实训任务

某用户在使用磁盘过程中突然断电，导致再次启动时，磁盘无法正常打开，且文件无法访问。现请恢复该磁盘分区。

4. 实训步骤

步骤如下。

（1）加载故障磁盘

在装有 Windows 操作系统的计算机上，通过磁盘管理附加虚拟故障磁盘。结果如图 5-73 所示。

图 5-73　故障磁盘情况

（2）查看故障盘

1）使用 WinHex 打开故障磁盘，如图 5-74 所示。

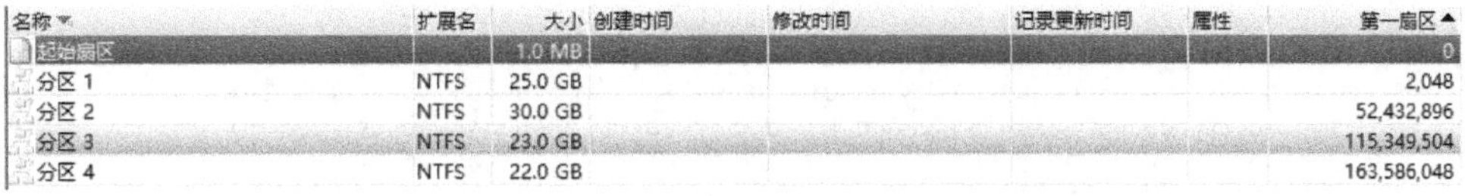

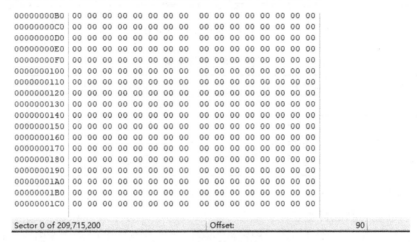

图 5-74 WinHex 查看故障盘情况

2）打开故障磁盘后发现，分区都在且可正常打开，但分区上都有"?"号，怀疑是主分区表被破坏导致的故障，查看磁盘的 MBR 扇区，如图 5-75 所示。

图 5-75 MBR 扇区情况

3）通过查看 MBR 分区，发现 MBR 扇区被清零，那么此时就需要修复 MBR 扇区，才能恢复故障盘。

（3）记录故障盘分区信息

1）单击 Partition1(F:)标识跳转到分区 1 的 DBR 扇区，发现是 NTFS 文件系统的 DBR，如图 5-76 所示。

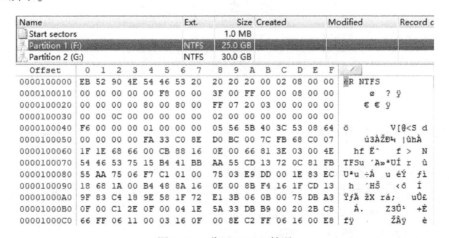

图 5-76 分区 1 DBR 情况

2）读取 DBR 参数，如图 5-77 所示。

3）通过 DBR 参数读取，可以得到该分区的当前扇区号、分区大小、分区格式类型等重要参数，重复步骤（3），将磁盘中的分区信息都记录下来，分区信息见表 5-8。

```
Offset      0  1  2  3  4  5  6  7  8  9  A  B  C  D  E  F
0000100000  EB 52 90 4E 54 46 53 20  20 20 20 00 02 08 00 00   ëR NTFS
0000100010  00 00 00 00 00 F8 00 00  3F 00 FF 00 00 08 00 00   当前扇区 ? ÿ
0000100020  00 00 00 00 80 00 80 00  FF 07 20 03 00 00 00 00   分区大小 ÿ
0000100030  00 00 0C 00 00 00 00 00  02 00 00 00 00 00 00 00
0000100040  F6 00 00 00 01 00 00 00  05 56 5B 40 3C 53 08 64   ö       V[@<S d
0000100050  00 00 00 00 FA 33 C0 8E  D0 BC 00 7C FB 68 C0 07   ú3ÀŽÐ¼ |ûhÀ
0000100060  1F 1E 68 66 00 CB 88 16  0E 00 66 81 3E 03 00 4E   hf Ë^  f > N
0000100070  54 46 53 75 15 B4 41 BB  AA 55 CD 13 72 0C 81 FB   TFSu ´A»ªUÍ r û
0000100080  55 AA 75 06 F7 C1 01 00  75 03 E9 DD 00 1E 83 EC   Uªu ÷Á  u éÝ  ƒì
0000100090  18 68 1A 00 B4 48 8A 16  0E 00 8B F4 16 1F CD 13   h ´HŠ  <ô  Í
00001000A0  9F 83 C4 18 9E 58 1F 72  E1 3B 06 0B 00 75 DB A3   ŸƒÄ žX r á;  uÛ£
00001000B0  0F 00 C1 2E 0F 00 04 1E  5A 33 DB B9 00 20 2B C8   Á.    Z3Û¹  +È
```

图 5-77　分区 1 参数读取

表 5-8　分区信息

分 区 名 称	分 区 类 型	分区起始位置	分区总扇区数
主分区 1	NTFS(07)	2048	52 430 848
主分区 2	NTFS(07)	52 432 896	62 916 608
主分区 3	NTFS(07)	104 863 744	48 236 544
主分区 4	NTFS(07)	157 294 592	46 129 152

（4）修复 MBR 扇区

1）复制引导程序和磁盘签名。

因为 MBR 的引导程序具有公共引导特性，所以可以复制正常磁盘的 MBR 引导程序，并粘贴到该硬盘，具体步骤如下。

① 选择系统盘打开，选择如图 5-78 中①处打开分区。

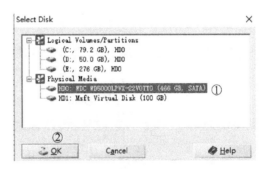

图 5-78　打开系统磁盘

② 选中引导程序和磁盘签名，选择"Edit"→"Copy Block"→"Normally"命令，如图 5-79 所示。

2）将复制的引导程序和磁盘签名粘贴至待修复 MBR 扇区。

① 选中引导程序和磁盘签名，选择"Edit"→"Clipboard Data"→"Write"命令，同时修改磁盘签名，避免磁盘签名重复，如图 5-80 所示。

② 写入结束标志，如图 5-81 所示。

③ 依据分区表信息修复主分区表，如图 5-82 所示。

（5）磁盘修复完成

重新加载该磁盘，如图 5-83 所示。

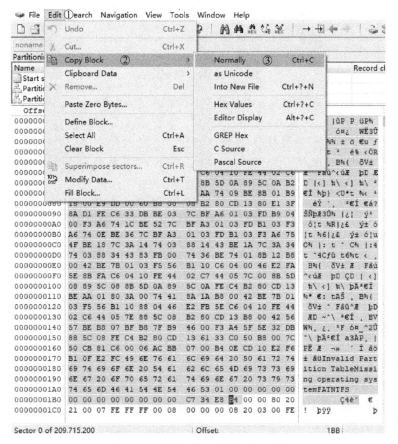

图 5-79 复制引导程序和磁盘签名

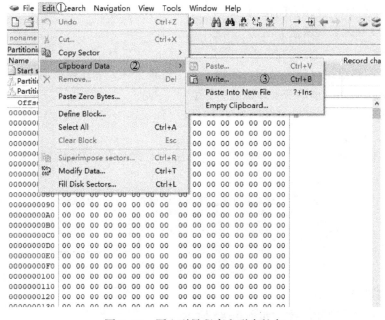

图 5-80 写入引导程序和磁盘签名

```
00000001C0  00 00 00 00 00 00 00 00  00 00 00 00 00 00 00 00
00000001D0  00 00 00 00 00 00 00 00  00 00 00 00 00 00 00 00
00000001E0  00 00 00 00 00 00 00 00  00 00 00 00 00 00 00 00
00000001F0  00 00 00 00 00 00 00 00  00 00 00 00 00 00 55 AA                    Uª
```

图 5-81   写入结束标志

```
00000001A0  74 65 6D 46 41 54 4E 54  46 53 01 00 00 00 00 00   temFATNTFS
00000001B0  00 00 00 00 00 00 00 00  C7 34 E8 B4 00 00 80 20       Ç4è´  €
00000001C0  21 00 07 FE FF FF 00 08  00 00 00 08 20 03 00 FE   ! þÿÿ        þ
00000001D0  FF FF 07 FE FF FF 00 10  20 03 00 08 20 03 00 FE   ÿÿ þÿÿ       þ
00000001E0  FF FF 07 FE FF FF 00 18  40 06 00 08 20 03 00 FE   ÿÿ þÿÿ @     þ
00000001F0  FF FF 07 FE FF FF 00 20  60 09 00 E0 1F 08 55 AA   ÿÿ þÿÿ   à  Uª
```

图 5-82   修复主分区表

图 5-83   磁盘修复完成

5.4.2   修复扩展分区表

1. 实训知识

1）扩展分区结构。扩展分区结构请查看 5.1.2 节部分内容。

2）各种文件系统格式 DBR 参数读取。DBR 参数部分的内容需查看前面已学习知识。

3）扩展分区表填写。

2. 实训目的

1）理解扩展分区的结构。

2）理解扩展分区中分区表的作用。

3）掌握扩展分区表的恢复方法。

3. 实训任务

某用户在使用磁盘过程中误操作，删除了一个逻辑分区，导致再次启动时，一个逻辑分区丢失，且文件无法访问。现请恢复该磁盘分区。

4. 实训步骤

（1）加载故障磁盘

在装有 Windows 操作系统的计算机上，通过磁盘管理附加虚拟故障磁盘。结果如图 5-84 所示。

图 5-84   故障盘情况

（2）查看磁盘情况

使用 WinHex 打开故障磁盘，如图 5-85 所示。

Unpartitioned space 区域的分区丢失，跳转至 132 128 768 号扇区，显示为 EBR 扇区，如图 5-86 所示。

```
Hard disk 1
Partitioning style: MBR
Name                      Ext.    Size Created  Modified Record change Attr.▼   1st sector▲
  Start sectors                   1.0 MB                                              0
  Partition 1 (F:)         NTFS  25.0 GB                                           2,048
  Partition 2 (G:)         NTFS  19.0 GB                                      52,432,896
  Partition 3 (H:)         NTFS  19.0 GB                                      92,280,832
  Unpartitioned space            19.0 GB              分区丢失                 132,128,768
  Partition 4 (J:)         NTFS  18.0 GB                                     171,980,800
```

图 5-85　故障盘分区情况

```
0FC0400190  00 00 00 00 00 00 00 00  00 00 00 00 00 00 00 00
0FC04001A0  00 00 00 00 00 00 00 00  00 00 00 00 00 00 00 00
0FC04001B0  00 00 00 00 00 00 00 00  00 00 00 00 00 00 00 FE           þ
0FC04001C0  FF FF 07 FE FF FF 00 18  60 02 00 C8 3F 02 00 00  ÿÿ þÿÿ  `  È?
0FC04001D0  00 00 00 00 00 00 00 00  00 00 00 00 00 00 00 00
0FC04001E0  00 00 00 00 00 00 00 00  00 00 00 00 00 00 00 00
0FC04001F0  00 00 00 00 00 00 00 00  00 00 00 00 00 00 55 AA           Uª
```

图 5-86　EBR 扇区情况

此时 EBR 扇区里只剩下一个分区表项，而已知磁盘中该逻辑分区后还存在其他逻辑分区，故该 EBR 扇区中应不止一个分区表项，该 EBR 扇区已经被破坏，需要手工修复。

（3）搜集 EBR 填写所需信息

参照信息如图 5-87 所示。

```
268001B0  00 00 00 00 00 00 00 00  00 00 00 00 00 00 00 20                 
268001C0  21 00 07 22 08 1A 00 08①00 00  00 60②06 00 00 22  !  "      h    X  "
268001D0  09 1A 05 03 0F 34 00 68③06 00  00 58④06 00 00 00        4  h    X
268001E0  00 00 00 00 00 00 00 00  00 00 00 00 00 00 00 00   分区类型
268001F0  00 00 00 00 00 00 00 00  00 00 00 00 00 00 55 AA                 Uª
```

图 5-87　EBR 填写所需参数

1）图 5-87 中①参数是该 EBR 下面 DBR 偏移扇区数，图 5-87 中②参数是该分区的大小。向下搜索 DBR 信息，如图 5-88 所示。

2）搜索到 DBR 信息，如图 5-89 所示。

3）从搜索到的第 1 个逻辑分区的 DBR 中，可知该分区是 NTFS 文件系统，故分区类型为 07H，该分区的偏移扇区为 2048，则图 5-87 中①参数为 2048，分区大小为 39 847 935，则图 5-87 中②参数为 39 847 936。

图 5-88　向下搜索 DBR 信息

4）搜索下一个 EBR 扇区，方法如图 5-90 所示。

```
0FC0500000  EB 52 90 4E 54 46 53 20  20 20 20 20 00 02 08 00 00  ëR NTFS
0FC0500010  00 00 00 00 00 F8 00 00  3F 00 FF 00 00 08 00 00  偏移扇区 ? ÿ
0FC0500020  00 00 00 00 80 00 80 00  FF 07 60 02 00 00 00 00  分区大小 ÿ `
0FC0500030  00 00 0C 00 00 00 00 00  00 00 00 00 00 00 00 00
0FC0500040  F6 00 00 00 01 00 00 00  85 F6 5E 41 40 2A 39 FA  ö    ...ö^A@*9ú
0FC0500050  00 00 00 00 FA 33 C0 8E  D0 BC 00 7C FB 68 C0 07  ú3ÀŽÐ¼ |ûhÀ
0FC0500060  1F 1E 68 66 00 CB 88 16  0E 00 66 81 3E 03 00 4E  hf Ë^  f > N
0FC0500070  54 46 53 75 15 B4 41 BB  AA 55 CD 13 72 0C 81 FB  TFSu ´A»ªUÍ r  û
0FC0500080  55 AA 75 06 F7 C1 01 00  75 03 E9 DD 00 1E 83 EC  Uªu ÷Á  u éÝ  fì
0FC0500090  18 68 1A 00 B4 48 8A 16  0E 00 8B F4 16 1F CD 13  h ´HŠ  <ô  Í
```

图 5-89　第一个逻辑分区 DBR 参数

5）位置跳转到刚刚搜索到的 DBR 扇区，使用 WinHex 的 Go To Offset 功能，选择以当前位置为基准位置，跳转至分区的结尾扇区，向下一个扇区则为 EBR2，如图 5-91 所示。

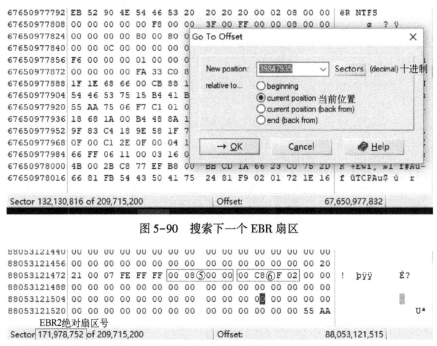

图 5-90　搜索下一个 EBR 扇区

```
88053121440 00 00 00 00 00 00 00 00   00 00 00 00 00 00 00 00
88053121456 00 00 00 00 00 00 00 00   00 00 00 00 00 00 00 20
88053121472 21 00 07 FE FF FF 00 08⑤00 00   00 C8⑥F 02 00 00   !  þÿÿ      È?
88053121488 00 00 00 00 00 00 00 00   00 00 00 00 00 00 00 00
88053121504 00 00 00 00 00 00 00 00   00 00 00 00 00 00 00 00
88053121520 00 00 00 00 00 00 00 00   00 00 00 00 00 00 55 AA                U ª
     EBR2绝对扇区号
Sector 171,978,752 of 209,715,200        Offset:        88,053,121,515
```

图 5-91　EBR2 扇区

EBR2 扇区中可得到 3 个重要参数：EBR2 所在扇区号 171 978 752、描述的第 2 个逻辑分区的 DBR 偏移扇区⑤（如图 5-91 所示）为 2048、第 2 个逻辑分区的总扇区数⑥（如图 5-91 所示）37 734 400。至此，EBR1 所需要的参数都已得到，如表 5-9 所示。

表 5-9　EBR1 参数

分区表项	分区类型	分区起始位置	分区大小
分区表项 1	NTFS（07）	2048	39 847 936
分区表项 2	NTFS（05）	39 849 984	37 736 448

其中分区表项 2 的分区起始位置为 EBR2 与 EBR1 所在扇区的差额，即 171 978 752 - 132 128 768，结果为 39 849 984，总扇区数为第 2 个逻辑分区的分区总扇区数与 2048 的和，即 2048+37 734 400，结果为 37 736 448。

（4）依据参数修复 EBR1 分区表项，如图 5-92 所示。

```
67649929632 00 00 00 00 00 00 00 00   00 00 00 00 00 00 00 00
67649929648 00 00 00 00 00 00 00 00   00 00 00 00 00 00 00 FE              þ
67649929664 FF FF 07 FE FF FF 00 08   00 00 00 08 60 02 00 00  ÿÿ þÿÿ       `
67649929680 00 00 05 00 00 00 00 10   60 02 00 D0 3F 02 00 00           `  Ð?
67649929696 00 00 00 00 00 00 00 00   00 00 00 00 00 00 00 00
67649929712 00 00 00 00 00 00 00 00   00 00 00 00 00 00 55 AA                U ª
```

图 5-92　修复 EBR1

（5）磁盘修复完成，重新加载该磁盘，如图 5-93 所示。

图 5-93　磁盘修复完成

项目 6　恢复 HFS+数据

HFS+是苹果公司开发用于 Mac OS 上的文件系统，HFS+是由 HFS 发展而来的，HFS 的全称是分层文件系统（Hierarchical File System，HFS），HFS+在很多方面对 HFS 进行了改进，HFS+采用 32bit 记录分配块数量，改善了 HFS 对磁盘空间的地址定位效率低下的问题。苹果公司在 Mac OS 8.1 的操作系统中推出了 HFS Plus，也写作 HFS+，其后苹果公司多次对 HFS+进行了改进。

职业能力目标

◇ 理解 HFS+的结构
◇ 理解 HFS+的文件管理方式
◇ 理解 HFS+卷头的结构和重要参数
◇ 理解头节点、位图节点、索引节点、叶节点的结构
◇ 理解编录文件的结构与作用
◇ 掌握卷头的修复方法
◇ 掌握 HFS+提取文件的方法
◇ 掌握 HFS+中的文件恢复方法

任务 6.1　恢复 HFS+的卷头

任务分析

一块用于苹果计算机的移动硬盘，在接到 Windows 系统的计算机上时，误操作初始化了硬盘。计算机重新开机后无法挂载，不能访问数据。

维修人员将移动硬盘拆开后，把磁盘加载到安装有 Windows 系统的计算机上，使用 WinHex 打开该磁盘，发现移动硬盘的 APM 分区表丢失，但 HFS+的卷头正常，可通过 HFS+的相关参数来恢复 APM 分区表。

一块用于苹果计算机的移动硬盘，在使用时计算机突然断电，计算机重新开机后无法挂载，不能访问数据，如图 6-1 所示。

维修人员将移动硬盘拆开后，把磁盘加载到安装有 Windows 系统的计算机上，使用 WinHex 打开该磁盘，发现 HFS+的 APM 分区表正常，但 HFS+的卷头数据损坏，需要恢复卷头。

HFS+的最后一个扇区是卷头的备份，可通过备份卷头来恢复卷头。

6.1.1　APM 分区结构分析

APM 分区是苹果计算机独有的分区结构，采用 **Big-Endian** 的字节序存储数据，接下来详细介绍一下 APM 分区的内容。

6.1.1　APM 分区结构分析

图 6-1　故障超级块

APM 分区信息通过分区映射表来描述，分区映射表开始于磁盘的第 2 个扇区，每个分区映射表占用一个扇区，一个扇区 512 字节。

APM 分区共有 4 种类型：第 1 种是分区映射表分区，用来管理映射表自身；第 2 种是设备的驱动程序分区，用来管理物理设备；第 3 种是文件系统分区，用来管理操作系统及用户的文件；第 4 种是空闲空间分区，用来管理未分配的空间。

APM 分区结构示意图如图 6-2 所示。

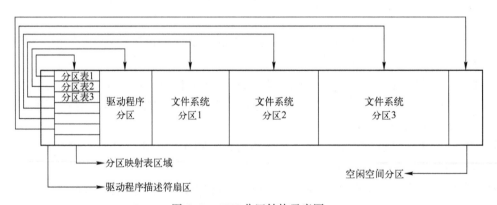

图 6-2　APM 分区结构示意图

1）0 号扇区——驱动程序描述符表。

苹果计算机使用给每个驱动器创建分区的方式来管理这些驱动器设备，所以在苹果系统的主磁盘中有很多为驱动器创建的分区。详情如图 6-3 所示。

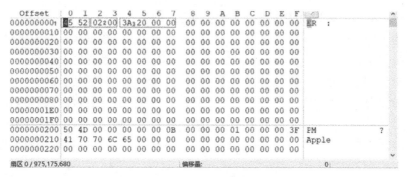

图 6-3 0 号扇区详情

标号 1：签名值 ER

标号 2：每扇区字节数

标号 3：扇区总数（即设备的总块数）

2）1 号扇区——APM 映射表表项（系统内容），如图 6-4 所示。

标号 1：签名值 PM   标号 7：数据区起始扇区号

标号 2：分区个数   标号 8：数据区总扇区

标号 3：分区起始扇区   标号 9：分区的状态

标号 4：分区总扇区   标号 10：引导代码起始扇区

标号 5：分区总称   标号 11：引导代码扇区数

标号 6：分区类型   标号 12：引导代码装载地址

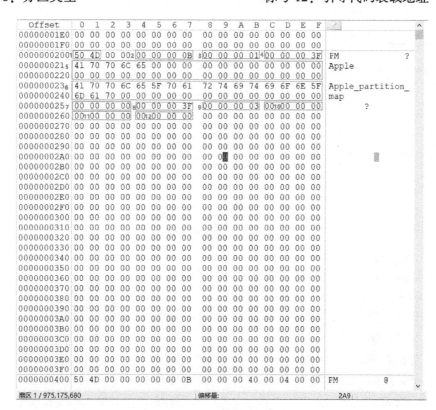

图 6-4 1 号扇区详情

3）2号扇区——APM映射表表项（系统内容），如图6-5所示。

标号1：签名值PM   标号7：数据区起始扇区号
标号2：分区个数   标号8：数据区总扇区
标号3：分区起始扇区   标号9：分区的状态
标号4：分区总扇区   标号10：引导代码起始扇区
标号5：分区总称   标号11：引导代码扇区数
标号6：分区类型   标号12：引导代码装载地址

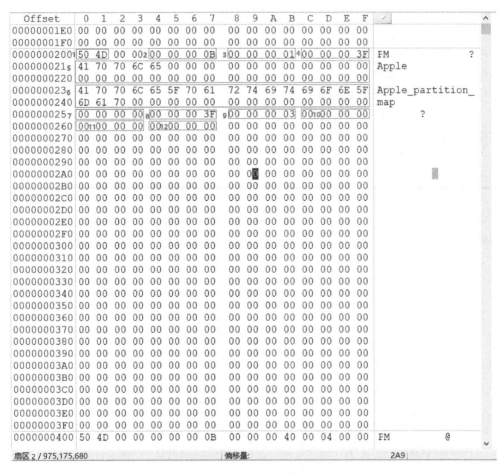

图6-5　2号扇区详情

4）3号扇区——文件系统分区映射表项，如图6-6所示。

标号1：签名值PM   标号7：数据区起始扇区号
标号2：分区个数   标号8：数据区总扇区
标号3：分区起始扇区   标号9：分区的状态
标号4：分区总扇区   标号10：引导代码起始扇区
标号5：分区总称   标号11：引导代码扇区数
标号6：分区类型   标号12：引导代码装载地址

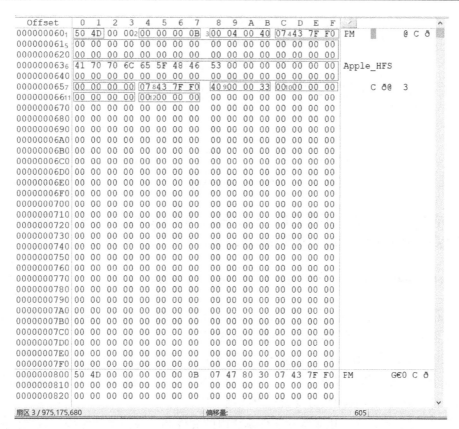

图 6-6　3 号扇区详情

6.1.2　HFS+结构分析

6.1.2　HFS+
结构分析

　　HFS+起源于 UNIX，但与 UNIX 又不相同，增加了很多
新的特性功能，同时也有很多地方不同于 Windows、Linux 等
系统。HFS+将磁盘的空间划分为若干个逻辑块，每个逻辑块
是 512 字节，逻辑块的概念相当于 Windows 系统的扇区。HFS+用来管理文件单位是分配块，
每个分配块由连续的 2^N 扇区组成。一个 HFS+卷宗最多可以管理 2^{32} 个块（HFS 文件系统只能
管理 2^{16}）。HFS+中的所有字段均以 Big-Endian 编码顺序存储。为了描述的统一性，以下统一
将逻辑块称为扇区，分配块简称为块。

📖 Little-Endian（小字节序、低字节序），即低位字节排放在内存的低地址端，高位字节排放在内存的高地址
　　端。与之对应的是 Big-Endian（大字节序、高字节序），在 HFS+中采用 Big-Endian 编码。

---

1. HFS+整体结构

　　HFS+的前两个扇区保留不用，无任何数据，一般都是全零。文件系统的最后一个扇区也
无任何数据，倒数第二个扇区是卷头的备份，如图 6-7 所示。

　　HFS+中有 5 种特殊文件称之为"元文件"，分别是分配文件（Allocation File）、盘区溢出
文件（Extents Overflow File）、编录文件（Catalog File）、属性文件（Attributes File）和启动文
件（Startup File）。用来保存文件系统结构的数据性数据和属性。

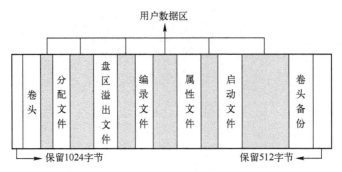

图 6-7　HFS+结构

元文件存放是不连续的，不同于 FAT 文件系统，HFS+元文件的位置是不固定的，它们的地址信息在卷头中有具体描述。不连续存放的好处是，便于文件的扩展。

📖 虽然 HFS+的卷头在第 3 个扇区，但是文件系统的块号信息都是相对于 0 扇区的。

1）分配文件：相当于 NTFS 里面的$Bitmap，记录这分区中的块（块相当于簇）是否被使用，分配文件使用一个 bit 来表示一个块是否被使用。

2）盘区溢出文件：HFS+的盘区溢出文件用于存放编录文件中存放不完的文件指针信息。分支中前 8 个盘区的信息在编录文件中存储，当分区大于 8 个盘区时，多出的文件信息存放在盘区溢出文件，系统只要检测到分支就可以找到文件。

3）编录文件：编录文件用来描述文件系统内的文件和目录的层次结构，该文件内存储着文件系统中所有文件和目录的重要信息。

编录文件使用 B-树的形式组织目录结构，B-树能够快速而有效地在很多层次的大目录中查找目标文件。

4）属性文件：属性文件的结构与编录文件一样，使用 B-树来组织数据。属性文件用来描述没有保存在编录文件中的文件或文件夹的额外信息。

5）启动文件：启动文件用于从 HFS+宗卷上启动非 Mac OS 系统设置的元文件。

2. HFS+卷头实例讲解

使用 WinHex 打开某个 HFS+，查看其卷头信息，其关键参数分析如图 6-8 所示。

HFS+卷头位于宗卷的 2 号扇区，占用一个扇区，类似于 Windows 系统下的 FAT 文件系统和 NTFS 的 DBR。HFS+卷头中重要参数的具体含义见表 6-1。

表 6-1　HFS+的卷头结构

字 节 偏 移	长度/字节	字 段 名
00H~01H	2	签名值
02H~03H	2	版本
04H~07H	4	属性
08H~0BH	4	最后加载版本
0CH~0FH	4	日志信息块
10H~13H	4	创建时间（非 GMT 时间，而是本地时间）
14H~17H	4	修改时间（非 GMT 时间，而是本地时间）

（续）

字 节 偏 移	长度/字节	字 段 名
18H~1BH	4	备份时间（非 GMT 时间，而是本地时间）
1CH~1FH	4	最后检查时间（非 GMT 时间，而是本地时间）
20H~23H	4	文件数目
24H~27H	4	目录数目
28H~2BH	4	每块字节数
2CH~2FH	4	总块数
30H~33H	4	空闲块数
34H~37H	4	下一个分配块号
38H~3BH	4	资源分支的块大小
3CH~3FH	4	数据分支的块大小
40H~43H	4	下一目录的 ID
44H~47H	4	写记数
48H~4FH	32	文档编码位
50H~6FH	32	系统引导信息（FinderInfo）
70H~BFH	80	分配文件的信息
C0H~10FH	80	盘区溢出文件的信息
110H~15FH	80	编录文件的信息
160H~1AFH	80	属性文件的信息
1B0H~1FFH	80	启动文件的信息

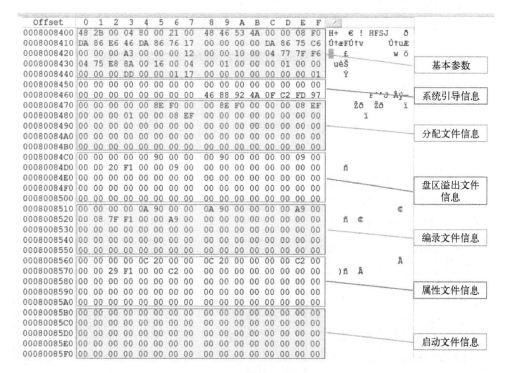

图 6-8　卷头信息

分配文件、盘区溢出文件、编录文件、属性文件的描述信息都占用 80 字节，数据结构基本一样，信息使用 HFS+的分支数据结构（HFS Plus Fork Data），其具体结构见表 6-2。

表 6-2　分支数据结构

字 节 偏 移	长度/字节	字　段　名
00H~07H	8	分支的总字节数
08H~0BH	4	分支的块组大小
0CH~0FH	4	分支的总块数
10H~4FH	64	8 个盘区描述符（具体见表 6-3）

在 HFS+的分支数据结构中描述了 8 个盘区描述符（ExtentDescriptor），每个盘区描述符占 8 字节，其结构见表 6-3。

表 6-3　盘区数据结构

字 节 偏 移	长度/字节	字　段　名
00H~03H	4	起始块号
04H~07H	4	块数

6.1.3　任务实施

HFS+的超级块内存在着大量的文件系统结构参数。Mac 系统在挂载文件系统时会读取卷头，如果卷头损坏，系统将会拒绝挂载该文件系统，提示磁盘无法读取，导致不能正常访问文件系统内的数据。如果卷头损坏，可以通过查找其备份卷头并复制到卷头位置的方法来恢复磁盘。具体恢复步骤如下。

1）加载故障硬盘。将故障硬盘加载，使用"磁盘管理"工具打开，如图 6-9 所示。

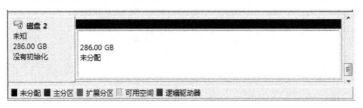

图 6-9　磁盘管理中的故障盘

2）使用 WinHex 打开故障硬盘，发现卷头所在扇区没有任何数据，均为 0。

3）查找卷头的备份，需搜索"482B"超级块的签名值。选择"Search"→"Find Hex Values"命令，如图 6-10 所示。

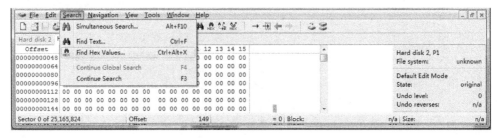

图 6-10　"Find Hex Values"选项

弹出如图 6-11 所示的 "Find Hex Values" 对话框。标识①处输入 "482B"，标识②处的 "Search"（搜索方向）选择 "Down"，标识③处勾选 "Cond：offset mod"（偏移模式），标识④处的方框中输入 "512＝0"，单击 "OK" 按钮。

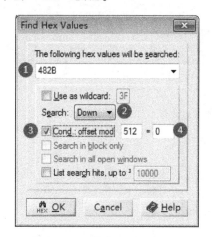

图 6-11　搜索 "0x0482B"

4）在 599 785 454 扇区处搜索到了卷头的备份扇区，如图 6-12 所示。将卷头的备份扇区复制到卷头所在扇区，并保存。

Offset	0	1	2	3	4	5	6	7	8	9	A	B	C	D	E	F	
477FFFDC00	48	2B	00	04	80	00	21	00	31	30	2E	30	00	00	08	F0	H+　€　!　10.0　　ð
477FFFDC10	DA	86	E6	46	DA	86	75	C6	00	00	00	00	DA	86	75	C6	ÚtæFÚtuÆ　　ÚtuÆ
477FFFDC20	00	00	00	02	00	00	00	00	00	00	10	00	04	77	7F	F6	w ö
477FFFDC30	04	75	EB	04	00	11	C2	F1	00	01	00	00	00	01	00	00	uë　Âñ
477FFFDC40	00	00	00	12	00	00	00	00	00	00	00	00	00	00	00	01	
477FFFDC50	00	00	00	00	00	00	00	00	00	00	00	00	00	00	00	00	
477FFFDC60	00	00	00	00	00	00	00	00	46	88	92	4A	0F	C2	FD	97	F^'J Âý–
477FFFDC70	00	00	00	00	00	8E	F0	00	00	8E	F0	00	00	00	08	EF	Žð　Žð　　ï
477FFFDC80	00	00	00	01	00	00	08	EF	00	00	00	00	00	00	00	00	ï
477FFFDC90	00	00	00	00	00	00	00	00	00	00	00	00	00	00	00	00	
477FFFDCA0	00	00	00	00	00	00	00	00	00	00	00	00	00	00	00	00	
477FFFDCB0	00	00	00	00	00	00	00	00	00	00	00	00	00	00	00	00	
477FFFDCC0	00	00	00	00	00	90	00	00	00	90	00	00	00	00	09	00	
477FFFDCD0	00	00	20	F1	00	00	09	00	00	00	00	00	00	00	00	00	ñ
477FFFDCE0	00	00	00	00	00	00	00	00	00	00	00	00	00	00	00	00	
477FFFDCF0	00	00	00	00	00	00	00	00	00	00	00	00	00	00	00	00	
477FFFDD00	00	00	00	00	00	00	00	00	00	00	00	00	00	00	00	00	
477FFFDD10	00	00	00	00	0A	90	00	00	0A	90	00	00	00	A9	00	00	©
477FFFDD20	00	08	7F	F1	00	00	A9	00	00	00	00	00	00	00	00	00	ñ　©
477FFFDD30	00	00	00	00	00	00	00	00	00	00	00	00	00	00	00	00	
477FFFDD40	00	00	00	00	00	00	00	00	00	00	00	00	00	00	00	00	
477FFFDD50	00	00	00	00	00	00	00	00	00	00	00	00	00	00	00	00	
477FFFDD60	00	00	00	00	0C	20	00	00	0C	20	00	00	00	C2	00	00	Â
477FFFDD70	00	00	29	F1	00	00	C2	00	00	00	00	00	00	00	00	00	)ñ　Â
477FFFDD80	00	00	00	00	00	00	00	00	00	00	00	00	00	00	00	00	

Sector 599,785,454 of 599,785,472　　　　　Offset:　　　　477FFFDC99

图 6-12　备份卷头

5）恢复完成后，将磁盘重新安装到移动硬盘盒中，然后将移动硬盘接到苹果计算机上，此时磁盘可以正常打开，文件也可以正常读取，如图 6-13 所示。

至此，该苹果计算机专用的移动硬盘就恢复完成了。

图 6-13　恢复好的 HFS+卷

任务 6.2　恢复 HFS+中丢失的文件

任务分析

　　一台苹果计算机中一个重要的文件被放入了系统的废纸篓，且被清空。现在需要恢复该文件，根据客户描述该文件存放在一个文件夹中，该文件夹中有 100 个文件，需要恢复的文件名为 28.doc。

6.2.1　HFS+节点分析

6.2.1　HFS+
节点分析

　　HFS+中结构比较复杂的元文件均使用 B-树的数据结构来管理数据，包括元数据和用户数据，比如：编录文件和盘区溢出文件。在文件系统的卷头中描述了每个 B-树的数据分支大小和盘区地址。

　　每个 B-树包含若干个"节点（Node）"，每个节点中又包含一定的"记录（Records）"，而记录则由"关键字（Key）"和数据内容组成。

　　B-树的作用就是有效地组织数据，而它组织数据的方式是通过关键字对相应的数据形成映射，这样，通过关键字就能找到需要的数据。为提高访问效率，关键字的排列方式是很重要的。

　　HFS+的节点分为 4 种，分别是头节点、位图节点、索引节点、叶节点。

　　1）头节点（Header Nodes）。头节点是 B-树的第 1 个节点，包含有头记录和位图记录。每个 B-树只能包含一个头节点。

2）位图节点（Map Nodes）。位图节点只包含一个位图记录。当头节点中的位图记录不足以管理该 B-树中的节点分配情况时，就需要位图节点进一步管理。

3）索引节点（Index Nodes）。索引节点用来存放定义 B-树结构的指针记录。

4）叶节点（Leaf Nodes）。叶节点包含与某个关键字相关联的数据记录，每个数据记录的关键字都是唯一的。

📖 关键字就像学校中的班级名称一样，关键字对应的数据内容就是班级的地点、班主任、学生等信息。

1. HFS+节点基本结构

每个节点都有一个节点号，其节点号可以通过该节点在 B-树文件中的偏移量计算出来，计算方法为：节点在 B-树文件中的偏移量除以每节点字节数。节点具有相同的结构，包括 3 个组成部分：节点描述符、节点记录列表、节点记录起始偏移量列表。

一般一个节点的结构如图 6-14 所示。

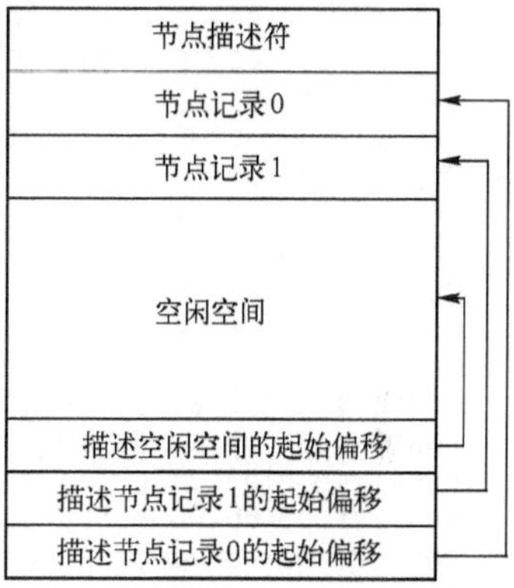

每个节点占用若干个扇区，在一个 B-树中，所有节点的大小均相同，每个节点的大小在 B-树的开头位置-头结点中有描述。

（1）节点描述符

一般节点描述符的大小固定为 14 字节，其结构见表 6-4 所示。

图 6-14　节点结构

表 6-4　节点描述符的结构

字节偏移（相对偏移）	长度/字节	字段名和定义
0x00~0x03	4	下一个节点的节点号，如果已经是最后一个，则置 0
0x04~0x07	4	上一个节点的节点号，如果当前就是第一个，则置 0
0x08~0x08	1	节点类型
0x09~0x09	1	本节点在 B-树中的高度，各种类型节点的高度为：头节点高度为 0；叶节点高度为 1；索引节点的高度比它指向的子节点的高度高一层
0x0A~0x0B	2	该节点中的记录数
0x0C~0x0D	2	保留

节点类型占用 1 字节，每个类型的节点对应的数值如下。

头节点：0x01

位图节点：0x02

索引节点：0x00

叶节点：0xFF，即-1

一个节点的描述符如图 6-15 中深色的部分，节点描述符实际数值及解释见表 6-5。

表 6-5　图 6-15 中的节点描述符实际数值及解释

字节偏移（相对偏移）	长度/字节	实际值	解释
0x00~0x03	4	0	为 0 说明这是最后一个节点
0x04~0x07	4	0	为 0 说明这是第一个节点

（续）

字节偏移（相对偏移）	长度/字节	实 际 值	解 释
0x08 ~ 0x08	1	0	为 0 说明是索引节点
0x09 ~ 0x09	1	3	本节点在 B-树中的高度为 2
0x0A ~ 0x0B	2	6	该节点中有 9 个节点记录
0x0C ~ 0x0D	2	0	保留

```
Offset     0  1  2  3  4  5  6  7   8  9  A  B  C  D  E  F
008FFFF000 00 00 00 00 00 00 00 00  00 02 00 09 00 00 00 12
008FFFF010 00 00 00 01 00 06 00 6E  00 6F 00 4E 00 61 00 6D          n o N a m
008FFFF020 00 65 00 00 00 08 00 14  00 00 00 02 00 07 00 31   e           1
008FFFF030 00 32 00 35 00 2E 00 64  00 6F 00 63 00 00 00 09   2 5 . d o c
008FFFF040 00 14 00 00 00 02 00 07  00 31 00 35 00 35 00 2E           1 5 5 .
008FFFF050 00 64 00 6F 00 63 00 00  00 0A 00 14 00 00 00 02   d o c
008FFFF060 00 07 00 31 00 37 00 39  00 2E 00 64 00 6F 00 63     1 7 9 . d o c
008FFFF070 00 00 00 07 00 2E 00 00  00 19 00 14 00 30 00 64           0 . d
008FFFF080 00 64 00 69 00 72 00 65  00 63 00 74 00 6F 00 72   d i r e c t o r
008FFFF090 00 79 00 53 00 74 00 6F  00 72 00 65 00 46 00 69   y S t o r e F i
008FFFF0A0 00 6C 00 65 00 00 00 04  00 20 00 00 00 19 00 0D   l e
008FFFF0B0 00 6A 00 6F 00 75 00 72  00 6E 00 61 00 6C 00 41   j o u r n a l A
008FFFF0C0 00 74 00 74 00 72 00 2E  00 31 00 00 00 02 00 36   t t r . 1     6
008FFFF0D0 00 00 00 19 00 18 00 6C  00 69 00 76 00 65 00 2E         l i v e .
008FFFF0E0 00 30 00 2E 00 73 00 68  00 61 00 64 00 6F 00 77   0 . s h a d o w
008FFFF0F0 00 49 00 6E 00 64 00 65  00 78 00 47 00 72 00 6F   I n d e x G r o
```

扇区 4,718,584 / 599,785,472　　　偏移量：　　　　8FFFF00D　　　= 0 | 选块

图 6-15　节点描述符

（2）节点记录列表

一般节点描述符的大小为 14 字节，所以节点记录列表起始于该节点的 0x0E 偏移处。节点记录列表中由若干个节点记录组成，由于节点记录的类型和所描述的信息不一样，导致每个节点记录的大小也可能不一样。

图 6-15 所示的节点中，节点记录开始于 0EH 偏移处，也就是十进制的 14，结束于 1FE1H 偏移处，其中包含 6 个节点记录和一大段空闲空间。

（3）节点记录起始偏移量列表

节点记录起始偏移量列表由若干个表项构成，每个表项占用 2 字节，用于描述一个节点记录的起始偏移地址，节点就是通过这个节点记录起始偏移量列表中的表项来定位和访问每个节点记录。

节点记录起始偏移量列表在描述节点记录起始位置时，每个表项都采取倒序的方式排列，即第 1 个节点记录的偏移地址由节点记录起始偏移量列表的最后一个表项描述；第 2 个节点记录的偏移地址由节点记录起始偏移量列表的倒数第 2 个表项描述，以此类推。

　　因为第 1 个节点记录总是开始于该节点的 14 偏移处，所以每个节点最后两个字节的值总是 0EH。

如图 6-16 所示，节点记录起始偏移量列表中每项占用两个字节，第 1 个节点记录的偏移地址总是 0EH，第 2 个节点记录的偏移地址总是 26H，26H-0EH = 18H，也就是第 1 个节点记录占用 24 字节。

```
Offset     0  1  2  3  4  5  6  7   8  9  A  B  C  D  E  F
0090000F70 00 00 00 00 00 00 00 00  00 00 00 00 00 00 00 00
0090000F80 00 00 00 00 00 00 00 00  00 00 00 00 00 00 00 00
0090000F90 00 00 00 00 00 00 00 00  00 00 00 00 00 00 00 00
0090000FA0 00 00 00 00 00 00 00 00  00 00 00 00 00 00 00 00
0090000FB0 00 00 00 00 00 00 00 00  00 00 00 00 00 00 00 00
0090000FC0 00 00 00 00 00 00 00 00  00 00 00 00 00 00 00 00
0090000FD0 00 00 00 00 00 00 00 00  00 00 00 00 00 00 00 00
0090000FE0 00 00 00 00 00 00 00 00  00 00 00 00 01 30 01 24
0090000FF0 01 0A 00 CE 00 A8 00 74  00 5A 00 40 00 26 00 0E
```

图 6-16 节点记录偏移量列表

2. HFS+头结点分析

B-树的第 1 个节点都是头节点,即头节点都是 0
号节点,其中包含着整个 B-树的基本信息。

在头节点的节点描述符后面跟着 3 个节点记
录,第 1 个称为头记录,大小为 106 字节;第 2 个
是保留记录,大小为 128 字节;第 3 个是位图记
录,它占用保留记录后至节点记录结束位置到偏移
量列表之间的所有空间。头结点的结构如图 6-17
所示。头记录中记录了整个 B-树的一些重要参数,
比如节点的大小、根目录的节点号等信息。它的作
用类似于一个文件系统的 DBR,头记录的详细结构
见表 6-6。

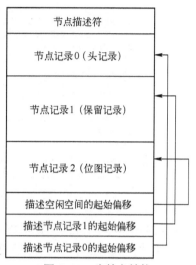

图 6-17 头结点结构

表 6-6 头记录的结构

字节偏移（相对偏移）	长度/字节	字段名和含义
00H~01H	2	B-树深度,该值总是等于根节点的节点高度
02H~05H	4	根节点的节点号
06H~09H	4	叶节点包含的记录总数
0AH~0DH	4	第 1 个叶节点的节点号,如果没有叶节点则为 0
0EH~11H	4	最后 1 个叶节点的节点号,如果没有叶节点则为 0
12H~13H	2	每节点字节数,该值为 2^n,其大小为 512~32 768
14H~15H	2	节点中关键字的最大长度
16H~19H	4	节点总数
1AH~1DH	4	未使用节点数
1EH~1FH	2	保留
20H~23H	4	块组大小,HFS+忽略此参数,因为在卷头的分支数据结构中已描述
24H~24H	1	B-树的类型,HFS+的 B-树类型为 0
25H~25H	1	保留
26H~29H	4	属性
2AH~69H	64	保留

使用 WinHex 打开某个 HFS+文件系统，通过卷头查找到一个 B-树的头节点，其中头记录的关键参数分析如图 6-18 所示。

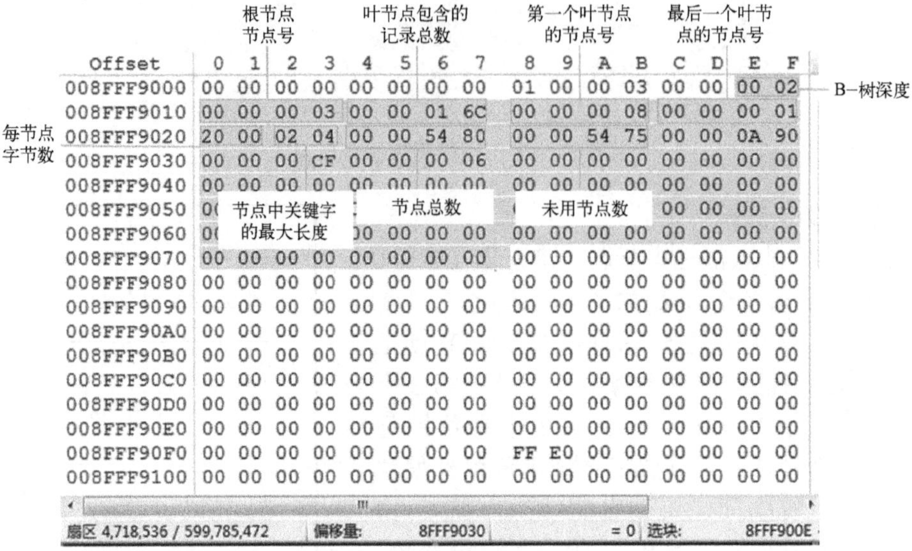

图 6-18 头记录结构分析图

头节点的第 2 个记录是保留记录占用字节，没有使用；第 3 记录是位图节点，如图 6-19 所示，表示整个 B-树中节点的使用情况。

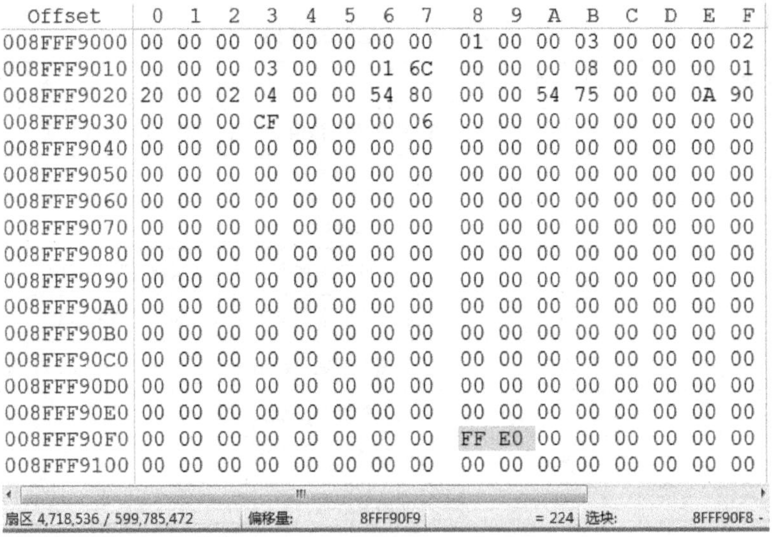

图 6-19 头节点中的位图记录

3. HFS+索引节点分析

HFS+的索引节点用来存放指针记录，它存放具体的文件信息，通过索引节点可以快速找到目标文件。一个索引节点由 3 部分构成，分别是节点描述符、指针记录和节点记录起始偏移量列表。

对于节点描述符和节点记录起始偏移量列表的结构前面已经详细分析过，不再赘述了，本节主要分析指针记录的结构。

HFS+的索引节点中指针记录的结构被称为"关键字"结构，虽然每个指针记录占用空间不一定相同，但结构都是一样的，都属于"关键字"结构，该结构的具体含义见表 6-7 所示。

表 6-7　索引节点的指针记录结构

字 节 偏 移	长度/字节	此例中的字段值
00H~01H	2	关键字的长度（N）
02H~（N+1）H	N	关键字
14H~17H	4	该索引节点的孩子节点号

关键字的长度（N），该参数占用 2 字节，这里的 N 就是 00H~01H 字节偏移处的数值。如果 B-树的头记录中"属性"参数"1 位"进行了设置，则该参数占用 2 字节；否则占用 1 字节。在 HFS+中，该参数都占用 2 字节。

关键字。索引节点的关键字长度取决于 B-树的头记录中"属性"参数"2 位"是否被设置，如果此位被设置，关键字的字节数由"关键字长度"参数定义；如果此位被清除，索引节点的关键字等于"节点中关键字的最大长度"定义的值。

该索引节点的孩子节点号。一个索引节点可能会有两个或更多的孩子节点。孩子节点的多少取决于索引节点的大小和 key 的大小。

下面分析一个索引节点中关键字的实例：分析该节点的第 3 个关键字记录。首先从索引节点的地址偏移列表中找到需要分析的关键字如图 6-20 中深色颜色的部分，各部分的含义及数值如下。

① 关键字长度，这里的数值是 14H，即 20 字节，这里的长度是从字节 02H 处开始计算的。

② 和③是关键字，包含了父目录 ID 和节点名两个部分。

④ 是这个索引节点的孩子节点号，它的孩子节点是 7 号节点。

Offset	0	1	2	3	4	5	6	7	8	9	A	B	C	D	E	F	
008FFFF010	00	00	00	01	00	06	00	6E	00	6F	00	4E	00	61	00	6D	noNam
008FFFF020	00	65	00	00	00	08	00	14	00	00	00	02	00	07	00	31	e 1
008FFFF030	00	32	00	35	00	2E	00	64	00	6F	00	63	00	00	00	09	25.doc
008FFFF040	00	14	00	00	00	02	00	07	00	31	00	35	00	35	00	2E	155.
008FFFF050	00	64	00	6F	00	63	00	00	00	0A	00	14	00	00	00	02	doc
008FFFF060	00	07	00	31	00	37	00	39	00	2E	00	64	00	6F	00	63	179.doc
008FFFF070	00	00	00	07	00	2E	00	00	00	19	00	14	00	30	00	2E	. 0.
008FFFF080	00	64	00	69	00	72	00	65	00	63	00	74	00	6F	00	72	director
008FFFF090	00	79	00	53	00	74	00	6F	00	72	00	65	00	46	00	69	yStoreFi
008FFFF0A0	00	6C	00	65	00	00	00	04	00	20	00	00	00	19	00	0D	le

图 6-20　索引节点中的关键字结构

4. HFS+叶节点分析

HFS+的叶节点位于 B-树的最底层，主要用来存放数据记录，存储文件的大小、起始块号、创建时间等关键信息。与索引节点类似，一个叶节点也是由 3 部分构成，分别是节点描述符、数据记录、节点记录起始偏移量列表。

节点描述符和节点记录起始偏移量列表属于公共结构，前文已详细分析，不再赘述，本节主要分析数据记录的结构。

在图 6-21 所示的节点中，节点描述符 08H 偏移处的值为"FF"，该字节是带符号数，换算为十进制等于"-1"，说明这是叶节点。节点描述符之后是节点记录列表，有很多个数据记录。如图 6-21 中的深色部分为该节点中第一个记录。

Offset	0	1	2	3	4	5	6	7	8	9	A	B	C	D	E	F	
0090007000	00	00	00	04	00	00	00	0A	FF	01	00	27	00	00	00	14	ÿ '
0090007010	00	00	00	02	00	07	00	31	00	37	00	39	00	2E	00	64	1 7 9 . d
0090007020	00	6F	00	63	00	02	00	82	00	00	00	00	00	00	00	C1	o c , Á
0090007030	DA	81	70	E8	D4	3F	A5	34	DA	86	76	07	DA	86	75	FD	Ú pèÔ?¥4Útv Útuý
0090007040	00	00	00	00	00	00	00	63	00	00	00	63	00	00	81	FF	c c ÿ
0090007050	00	00	00	01	00	00	00	00	00	00	00	00	00	00	00	00	
0090007060	00	00	00	00	00	00	00	00	5E	60	C5	7D	00	00	00	00	^`Å}
0090007070	00	00	00	03	00	00	00	00	00	00	00	00	00	00	00	00	
0090007080	00	00	36	57	00	00	00	00	00	00	00	04	00	15	81	39	6W 9
0090007090	00	00	00	00	00	04	00	00	00	00	00	00	00	00	00	00	
00900070A0	00	00	00	00	00	00	00	00	00	00	00	00	00	00	00	00	
00900070B0	00	00	00	00	00	00	00	00	00	00	00	00	00	00	00	00	
00900070C0	00	00	00	00	00	00	00	00	00	00	00	00	00	00	00	00	
00900070D0	00	00	00	00	00	00	00	00	00	00	00	00	00	00	00	00	
00900070E0	00	00	00	00	00	00	00	00	00	00	00	00	00	00	00	00	
00900070F0	00	00	00	00	00	00	00	00	00	00	00	00	00	00	00	00	
0090007100	00	00	00	00	00	00	00	00	00	00	00	00	00	14	00	00	
0090007110	00	00	00	00	00	00	00	00	00	00	00	00	00	14	00	00	
0090007120	00	02	00	07	00	31	00	38	00	30	00	2E	00	64	00	6F	1 8 0 . d o
0090007130	00	63	00	02	00	00	00	62	00	00	00	00	00	00	C2	DA	81	c b ÂÚ
0090007140	70	E8	D4	3F	A5	34	DA	86	76	07	DA	86	75	FD	00	00	pèÔ?¥4Útv Útuý
0090007150	00	00	00	00	00	63	00	00	00	63	00	00	81	FF	00	00	c c ÿ

扇区 4,718,648 / 599,785,472　　偏移量：　　9000700E　　　= 0 选块：　　9000

图 6-21　叶节点实例

叶节点中数据记录的结构也使用 "关键字" 结构，与索引节点中的 "关键字" 结构类似，该结构的具体含义见表 6-8 所示。

表 6-8　叶节点的关键字结构

字 节 偏 移	长度/字节	字段名和含义
00H~01H	2	关键字的长度（N）
02H~（N+1）H	N	关键字
（N+2）H~	~	关键字对应的数据记录（后文详细介绍）

6.2.2　编录文件

1. 编录文件简介

编录文件是 HFS+ 中一个非常重要的元文件，该文件中包含着许多信息，HFS+ 利用这些信息维系着宗卷中的文件和目录间的层次关系。

6.2.2　编录文件

编录文件使用 B-树结构组织数据，一般包含头节点、索引节点和叶节点，如果编录文件中的节点数较多就会用到位图节点。

编录文件的起始位置由卷头中的 "编录文件信息" 描述，编录文件的开头是头节点，在头节点中描述了根节点信息，通过根节点可以找到索引节点或叶节点，最后找到目标文件。

2. 编录节点 ID

编录节点 ID，简称 CNID，即 Catalog Node ID 的缩写，用于管理 HFS+ 中的文件和文件夹。编录文件中记录的每个文件和文件夹都被分配一个编录节点 ID，即 CNID。对于文件夹来说，其 CNID 被称为 "文件夹 ID" 或 "目录 ID"；而对于文件，其 CNID 被称为 "文件 ID"。

CNID 的取值按照阿拉伯数字顺序排列，从 1 开始取值，0 不被使用，其中前 16 个 CNID 有专门的用途，其标准的分配情况见表 6-9 所示。

表 6-9　CNID 分配表

CNID 值（十进制）	定　　义	CNID 值（十进制）	定　　义
1	根目录的父 ID	7	启动文件 ID（HFS+引入）
2	根目录 ID	8	属性文件 ID（HFS+引入）
3	盘区溢出文件 ID	14	修复编录文件 ID
4	编录文件 ID	15	伪盘区文件 ID（在交换文件运行临时使用）
5	坏块文件 ID	16	用户文件第一可用 ID
6	分配文件 ID（HFS+引入）		

HFS+中的 CNID 使用 4 字节表示，在文件创建频率高的情况下，CNID 可能会耗尽，这时 CNID 可以重复利用。

3. 编录文件结构分析

编录文件中的头结点和索引节点结构已在上文进行了分析，在此着重分析叶节点中的数据记录结构。编录文件中叶节点的数据记录同样是由关键字和关键字对应的记录组成。

（1）关键字结构

编录文件中叶节点的关键字结构如表 6-10 所示。

表 6-10　关键字结构

字 节 偏 移	长度/字节	字段名和含义
00H~03H	4	父目录 ID
04H~05H	2	节点名的字符数，这里用 N 表示字符数
05H~	2N	节点名

📖 节点名使用 Unicode 字符集，Unicode 编码中每个字符占用 2 字节，所以它的长度是 2N。

图 6-22 中将一个叶节点关键字结构的 3 个部分标了出来：

① 是父目录 ID，这里是 2。

② 是节点名的字符数量，这里是一个文件名，这个文件名是 7 个字符。

③ 是节点名，这里是"181. doc"。

（2）文件记录结构

编录文件中叶节点的记录类型主要有文件记录、文件夹记录、文件链接记录和文件夹链接记录 4 种，4 种记录类型对应的类型值见表 6-11 所示。

表 6-11　记录类型

类 型 值	记 录 类 型	类 型 值	记 录 类 型
0001H	文件夹记录	0003H	文件夹链接记录
0002H	文件记录	0004H	文件链接记录

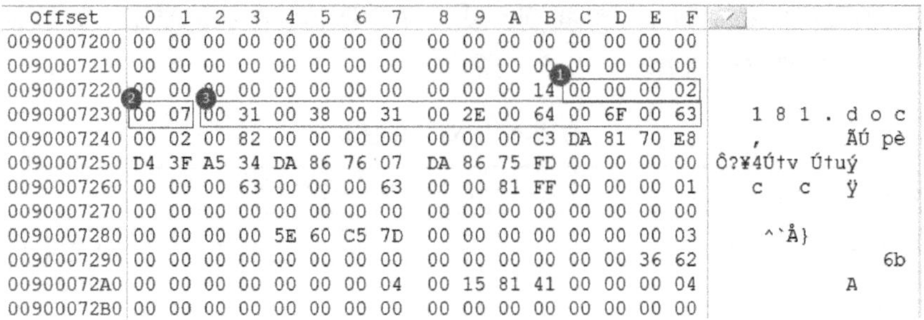

```
Offset     0  1  2  3  4  5  6  7    8  9  A  B  C  D  E  F
0090007200 00 00 00 00 00 00 00 00   00 00 00 00 00 00 00 00
0090007210 00 00 00 00 00 00 00 00   00 00 00 00 00 00 00 00
0090007220 00 00 00 00 00 00 00 00   00 00 00 14 00 00 00 02
0090007230 00 07 00 31 00 38 00 31   00 2E 00 64 00 6F 00 63     1 8 1 . d o c
0090007240 00 02 00 82 00 00 00 00   00 00 00 C3 DA 81 70 E8      ,      ÃÚ pè
0090007250 D4 3F A5 34 DA 86 76 07   DA 86 75 FD 00 00 00 00    Ô?¥4Ú†v Ú†uý
0090007260 00 00 00 63 00 00 00 63   00 00 81 FF 00 00 00 01      c   c  ÿ
0090007270 00 00 00 00 00 00 00 00   00 00 00 00 00 00 00 00
0090007280 00 00 00 00 5E 60 C5 7D   00 00 00 00 00 00 00 03       ^`Å}
0090007290 00 00 00 00 00 00 00 00   00 00 00 00 00 00 36 62              6b
00900072A0 00 00 00 00 00 00 00 04   00 15 81 41 00 00 00 04          A
00900072B0 00 00 00 00 00 00 00 00   00 00 00 00 00 00 00 00
```

图 6-22 关键字结构

在此主要分析文件记录结构，文件记录的数据部分占用 248 字节，具体结构见表 6-12 所示。

表 6-12 文件记录结构

字 节 偏 移	长度/字节	字段名和定义	字 节 偏 移	长度/字节	字段名和定义
00H~01H	2	记录类型	1CH~1FH	4	最后备份时间（GMT 时间）
02H~03H	2	文件标志	20H~2FH	16	文件夹许可权限
04H~07H	4	保留	30H~3FH	16	用户信息
08H~0BH	4	文件夹的 CNID	40H~4FH	16	系统引导信息（FinderInfo）
0CH~0FH	4	文件夹创建时间（GMT 时间）	50H~53H	4	文档命名编码
10H~13H	4	文件夹修改时间（GMT 时间）	54H~57H	4	保留
14H~17H	4	属性修改时间（GMT 时间）	58H~A7H	80	数据分支信息（具体见表 6-13）
18H~1BH	4	最后访问时间（GMT 时间）	A8H~F7H	80	资源分支信息

HFS+的文件记录结构中只使用数据分支信息，资源信息没有使用，数据分支的结构见表 6-13 所示。

表 6-13 数据分支结构

字 节 偏 移	长度/字节	字段名和定义	字 节 偏 移	长度/字节	字段名和定义
00H~07H	8	文件总字节数	2CH~2FH	4	第四个盘区的块数
08H~0BH	4	数据分支的块组大小	30H~33H	4	第五个盘区的起始块号
0CH~0FH	4	数据分支的总块数	34H~37H	4	第五个盘区的块数
10H~13H	4	第一个盘区的起始块号	38H~3BH	4	第六个盘区的起始块号
14H~17H	4	第一个盘区的块数	3CH~3FH	4	第六个盘区的块数
18H~1BH	4	第二个盘区的起始块号	40H~43H	4	第七个盘区的起始块号
1CH~1FH	4	第二个盘区的块数	33H~47H	4	第七个盘区的块数
20H~23H	4	第三个盘区的起始块号	48H~4BH	4	第八个盘区的起始块号
24H~27H	4	第三个盘区的块数	4CH~4FH	4	第八个盘区的块数
28H~2BH	4	第四个盘区的起始块号			

文件记录中几个重要的参数如图 6-23 所示。

① 是记录类型，这里是 2，即是一个文件结构。

② 是文件的总字节数，一共是 13 922 字节。

③ 是文件的第一个盘区的起始块号，是 1 409 345 号块。

④ 是第一个盘区的块数，占用了 4 个块。

```
Offset        0  1  2  3   4  5  6  7   8  9  A  B   C  D  E  F
0090007210   00 00 00 00  00 00 00 00  00 00 00 00  00 00 00 00
0090007220   00 00 00 00  00 00 00 00  00 00 00 14  00 00 00 02
0090007230   00 07 00 31  00 38 00 31  00 2E 00 64  00 6F 00 63    1 8 1 . d o c
0090007240   00 02 00 82  00 00 00 00  00 C3 DA 81  70 E8    ,      ÃÚ pè
0090007250   D4 3F A5 34  DA 86 76 07  DA 86 75 FD  00 00 00 00   Ô?¥4Útv Útuý
0090007260   00 00 00 63  00 00 00 63  00 00 81 FF  00 00 00 01    c   c  ÿ
0090007270   00 00 00 00  00 00 00 00  00 00 00 00  00 00 00 00
0090007280   00 00 00 00  5E 60 C5 7D  00 00 00 00  00 00 00 03      ^`Å}
0090007290   00 00 00 00  00 00 00 00  00 00 00 00  00 00 36 62               6b
00900072A0   00 00 00 00  00 00 00 04  00 15 81 41  00 00 00 04          A
00900072B0   00 00 00 00  00 00 00 00  00 00 00 00  00 00 00 00
00900072C0   00 00 00 00  00 00 00 00  00 00 00 00  00 00 00 00
```

图 6-23　文件记录的关键参数

6.2.3　分配文件

HFS+使用"分配文件"描述宗卷中的每个块是否已经分配给文件系统使用。分配文件相当于一个位图文件，文件中的每个位都映射到宗卷内相应的一个块：如果某位进行了设置（被置 1），说明该位所映射的块已经被文件系统所使用，就不能再分配使用了；如果某个位没有设置（为 0），说明该位所映射的块没有被使用，可以随时分配给文件使用。

1. 分配文件特点

1）分配文件的大小与宗卷中块的数量有直接关系，宗卷内的块数越多，分配文件就越大，但分配文件至少占用一个块，且总是占用整数个块。

2）对于一个宗卷来说，分配文件的字节数可以大于宗卷所需要的最小字节数。这种情况下分配文件中就会有些位没有相映射的块，那么这些位需全部设置为 0。

3）宗卷的卷头、备份卷头及宗卷开始的两个扇区和最后的一个扇区所在的块必须被标记为"已分配"。

4）在分配文件每个字节内部，最高位用来描述该字节映射的块中块号最小的块，最低位用来描述块号最大的块。

5）分配文件本身可以是不连续的，在宗卷中分配文件可以和用户文件交叉存放。

6）分配文件是可以扩展的。因为分配文件的可扩展性，所以很容易增加磁盘上块的数量，这对于减少块的大小和扩大宗卷的空间都是非常有用的。

2. 分配文件实例分析

某 HFS+文件系统分配文件的一部分如图 6-24 所示，0xFF 代表该字节的 8 个二进制位所映射的块已经全部使用了，0x00 代表该字节的 8 个二进制位所映射的块都没有使用。而 0x80 转换成二进制是 10000000，代表最高位映射的块被使用了，而其余 7 个二进制位映射块都没有使用。

Offset	0	1	2	3	4	5	6	7	8	9	A	B	C	D	E	F
000800AD20	FF	FF	FF	FF	FF	FF	FF	FF	FF	FF	FF	FF	FF	FF	FF	FF
000800AD30	FF	FF	FF	FF	FF	FF	FF	FF	FF	FF	FF	FF	FF	FF	FF	FF
000800AD40	FF	FF	FF	FF	FF	FF	FF	FF	FF	FF	FF	FF	FF	FF	FF	FF
000800AD50	FF	FF	FF	FF	FF	FF	FF	FF	FF	FF	FF	FF	FF	FF	FF	FF
000800AD60	FF	FF	FF	FF	FF	FF	FF	FF	FF	FF	FF	FF	FF	FF	FF	FF
000800AD70	FF	FF	FF	FF	FF	FF	FF	FF	FF	FF	FF	FF	FF	FF	80	00
000800AD80	00	00	00	00	00	00	00	00	00	00	00	00	00	00	00	00
000800AD90	00	00	00	00	00	00	00	00	00	00	00	00	00	00	00	00
000800ADA0	00	00	00	00	00	00	00	00	00	00	00	00	00	00	00	00

图 6-24　分配文件实例

6.2.4　任务实施

一般 HFS+中的文件被删除后都放在废纸篓中，可从废纸篓中直接恢复。如果废纸篓中的文件被彻底删除，这时就需要使用数据恢复软件。由于编录文件中的节点和文件记录都是按照文件名升序排列的，可以根据分配文件和目标文件的文件名相近的文件信息来定位目标文件。

使用 WinHex 打开故障磁盘，发现这是一个 GPT 类型的磁盘，分区表和卷头等信息都很完整，如图 6-25 所示。

名称	扩展名	大小	创建时间	修改时间	记录更新时间	属性	第一扇区▲
起始扇区		20.0 KB					0
分区 1	FAT32	200 MB					40
分区 2	HFS+/HFSX	465 GB					409,640
未分区空间		128 MB					974,913,496

Offset	0	1	2	3	4	5	6	7	8	9	A	B	C	D	E	F	
0000000400	28	73	2A	C1	1F	F8	D2	11	BA	4B	00	A0	C9	3E	C9	3B	(s*Á øÒ °K É>É;
0000000410	09	41	FB	CE	59	CE	2D	49	9C	C9	6D	01	91	C2	71	2D	AûÎYÎ-IœÉm 'Âq-
0000000420	28	00	00	00	00	00	00	00	27	40	06	00	00	00	00	00	('@
0000000430	00	00	00	00	00	00	00	00	45	00	46	00	49	00	20	00	E F I
0000000440	53	00	79	00	73	00	74	00	65	00	6D	00	20	00	50	00	S y s t e m P
0000000450	61	00	72	00	74	00	69	00	74	00	69	00	6F	00	6E	00	a r t i t i o n
0000000460	00	00	00	00	00	00	00	00	00	00	00	00	00	00	00	00	
0000000470	00	00	00	00	00	00	00	00	00	00	00	00	00	00	00	00	
0000000480	00	53	46	48	00	00	AA	11	AA	11	00	30	65	43	EC	AC	SFH ª ª 0eCì¬
0000000490	3C	02	D5	71	DE	2D	7B	4C	97	66	11	6F	A0	79	6E	40	< ÕqÞ-{L—f o yn@
00000004A0	28	40	06	00	00	00	00	00	D7	FF	1B	3A	00	00	00	00	(@ ×ÿ :
00000004B0	00	00	00	00	00	00	00	00	00	00	00	00	00	00	00	00	
00000004C0	00	00	00	00	00	00	00	00	00	00	00	00	00	00	00	00	
00000004D0	00	00	00	00	00	00	00	00	00	00	00	00	00	00	00	00	

图 6-25　分区表

1）要恢复文件“28. doc”，首先从卷头中读取编录文件的起始块号，向下找到编录文件的头节点。

使用 WinHex 单击 HFS+分区的开始位置，向下跳两个扇区找到卷头，如图 6-26 所示。从中读取编录文件的起始块号：00089588H，转换成十进制为 562 568。从卷头得出块大小为 4096，单位是字节，也就是 8 个扇区。

将编录文件的起始块号乘以块大小就可以计算出编录文件所在的扇区号，562 568×8＝4 500 544。从分区开始位置向下跳转 4 500 544 个扇区就到了编录文件的开始位置，如图 6-27 所示。

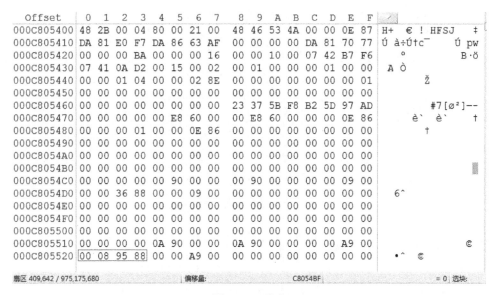

图 6-26　卷头

图 6-27　跳转到编录文件

📖 因为 HFS+文件系统的卷头在第 3 个扇区，如果要从卷头的位置向下跳转，需要减去两个扇区。

2）在编录文件中没有搜索到"28.doc"的相关信息，根据用户描述这个分区存放了 100 个文件，因为编录文件中的文件记录是按照关键字升序排列，现查找与"28.doc"相近的文件名"27.doc"。

首先从编录文件的头结点中读取根节点的节点号，根节点的节点号在头记录中的偏移位置是 02H~05H 的 3 字节，从图 6-28 中可知根节点的节点号是 3，从偏移 12H~13H 的 2 字节处出读出每个节点的大小是 8192 字节，即 16 个扇区。3 号节点的位置就是头节点向下 48 个扇区（16×3），因此从当前头节点位置向下跳 48 扇区就可以到根节点。

3）根节点的内容如图 6-29 所示，节点描述符中的节点类型是 0，即索引节点。从根节点中可以看到"27.doc"所在的节点，根据关键字的结构读出其孩子节点的节点号是 8，已知一个节点的大小是 16 个扇区，只需从头结点的位置向下跳 16×8 个扇区就可以了。

4）跳转到这个节点后，可以看到节点描述符中的节点类型是-1，即该节点是一个叶节点。从图 6-30 中看到"27.doc"和"29.doc"两个文件对应的数据记录，根据节点中关键字

Offset	0	1	2	3	4	5	6	7	8	9	A	B	C	D	E	F
0095D8D000	00	00	00	00	00	00	00	00	01	00	00	03	00	00	00	02
0095D8D010	00	00	00	03	00	00	01	A2	00	00	00	09	00	00	00	01
0095D8D020	20	00	02	04	00	00	54	80	00	00	54	74	00	00	0A	90
0095D8D030	00	00	00	CF	00	00	00	06	00	00	00	00	00	00	00	00
0095D8D040	00	00	00	00	00	00	00	00	00	00	00	00	00	00	00	00
0095D8D050	00	00	00	00	00	00	00	00	00	00	00	00	00	00	00	00
0095D8D060	00	00	00	00	00	00	00	00	00	00	00	00	00	00	00	00
0095D8D070	00	00	00	00	00	00	00	00	00	00	00	00	00	00	00	00
0095D8D080	00	00	00	00	00	00	00	00	00	00	00	00	00	00	00	00
0095D8D090	00	00	00	00	00	00	00	00	00	00	00	00	00	00	00	00
0095D8D0A0	00	00	00	00	00	00	00	00	00	00	00	00	00	00	00	00
0095D8D0B0	00	00	00	00	00	00	00	00	00	00	00	00	00	00	00	00

图 6-28　编录文件的头结点

Offset	0	1	2	3	4	5	6	7	8	9	A	B	C	D	E	F	
0095D93000	00	00	00	00	00	00	00	00	00	02	00	0A	00	00	00	10	
0095D93010	00	00	00	01	00	05	00	68	00	66	00	73	00	30	00	31	h f s 0 1
0095D93020	00	00	00	09	00	12	00	00	00	02	00	06	00	32	00	37	2 7
0095D93030	00	2E	00	64	00	6F	00	63	00	00	00	08	00	12	00	00	. d o c
0095D93040	00	02	00	06	00	35	00	34	00	2E	00	64	00	6F	00	63	5 4 . d o c
0095D93050	00	00	00	0A	00	12	00	00	00	02	00	06	00	38	00	31	8 1
0095D93060	00	2E	00	64	00	6F	00	63	00	00	00	0B	00	12	00	00	. d o c
0095D93070	00	02	00	06	00	39	00	36	00	2E	00	64	00	6F	00	63	9 6 . d o c
0095D93080	00	00	00	07	00	20	00	00	00	19	00	0D	00	30	00	2E	0 .
0095D93090	00	69	00	6E	00	64	00	65	00	78	00	41	00	72	00	72	i n d e x A r r
0095D930A0	00	61	00	79	00	73	00	00	00	04	00	26	00	00	00	19	a y s &
0095D930B0	00	10	00	6A	00	6F	00	75	00	72	00	6E	00	61	00	6C	j o u r n a l
0095D930C0	00	45	00	78	00	63	00	6C	00	75	00	73	00	69	00	6F	E x c l u s i o
0095D930D0	00	6E	00	00	00	02	00	36	00	00	00	19	00	18	00	6C	n 6 l

图 6-29　根节点

的排序规律可以推断要恢复的"28.doc"原文件记录应该就在这个节点中。但是这并不代表"28.doc"文件的块号在"27.doc"下方，还要借助分配文件来分析。

Offset	0	1	2	3	4	5	6	7	8	9	A	B	C	D	E	F	
0095D9D000	00	00	00	0A	00	00	00	09	FF	01	00	1D	00	00	00	12	ÿ
0095D9D010	00	00	00	02	00	06	00	32	00	37	00	2E	00	64	00	6F	2 7 . d o
0095D9D020	00	63	00	02	00	82	00	00	00	00	00	94	DA	81	c , "Ú
0095D9D030	70	E8	D4	3F	A5	2C	DA	81	71	74	DA	82	95	BF	00	00	pèÔ?¥,Ú qtÚ,•¿
0095D9D040	00	00	00	00	00	00	63	00	00	00	63	00	00	81	FF	00	00	c c ÿ
0095D9D050	00	01	00	00	00	00	00	00	00	00	00	00	00	00	00	00	
0095D9D060	00	00	00	00	00	00	5E	5B	C0	F3	00	00	00	00	00	00	^[Àó
0095D9D070	00	03	00	00	00	00	00	00	00	00	00	00	00	00	00	00	
0095D9D080	33	12	00	00	00	00	00	04	00	15	00	6B	00	00	00	00	3 k
0095D9D090	00	04	00	00	00	00	00	00	00	00	00	00	00	00	00	00	
0095D9D0A0	00	00	00	00	00	00	00	00	00	00	00	00	00	00	00	00	
0095D9D0B0	00	00	00	00	00	00	00	00	00	00	00	00	00	00	00	00	
0095D9D0C0	00	00	00	00	00	00	00	00	00	00	00	00	00	00	00	00	
0095D9D0D0	00	00	00	00	00	00	00	00	00	00	00	00	00	00	00	00	
0095D9D0E0	00	00	00	00	00	00	00	00	00	00	00	00	00	00	00	00	
0095D9D0F0	00	00	00	00	00	00	00	00	00	00	00	00	00	00	00	00	
0095D9D100	00	00	00	00	00	00	00	00	00	00	12	00	00	00	02	
0095D9D110	00	00	00	00	00	00	00	00	00	00	00	00	00	00	02	
0095D9D120	00	06	00	32	00	39	00	2E	00	64	00	6F	00	63	00	02	2 9 . d o c
0095D9D130	00	82	00	00	00	00	00	96	DA	81	70	E8	D4	3F	, -Ú pèÔ?
0095D9D140	A5	2E	DA	81	71	74	DA	82	95	BF	00	00	00	00	00	00	¥.Ú qtÚ,•¿
0095D9D150	00	63	00	00	00	63	00	00	81	FF	00	00	00	01	00	00	c c ÿ

扇区 4,910,312 / 975,175,680　　　偏移量：　　　95D9D0DF　　　= 0，块数

图 6-30　叶节点

5）先记录下"27.doc"和"29.doc"的第一个分配块号是：1 376 363 和 1 376 371，如图 6-31 和图 6-32 所示。这两个文件的位置很近，只隔了 8 个块。那么"28.doc"文件的位置可能在"27.doc"和"29.doc"文件的附近。

```
Offset     0  1  2  3  4  5  6  7   8  9  A  B  C  D  E  F
0095D9D000 00 00 00 0A 00 00 00 09  FF 01 00 1D 00 00 00 12            ÿ
0095D9D010 00 00 00 02 00 06 00 32  00 37 00 2E 00 64 00 6F        2 7 . d o
0095D9D020 00 63 00 02 00 82 00 00  00 00 00 00 00 94 DA 81   c    ‚      ”Ú
0095D9D030 70 E8 D4 3F A5 2C DA 81  71 74 DA 82 95 BF 00 00   pèÔ?¥,Ú qtÚ‚•¿
0095D9D040 00 00 00 00 00 63 00 00  00 63 00 00 81 FF 00 00        c    c  ÿ
0095D9D050 00 01 00 00 00 00 00 00  00 00 00 00 00 00 00 00
0095D9D060 00 00 00 00 00 00 5E 5B  C0 F3 00 00 00 00 00 00         ^[Àó
0095D9D070 00 03 00 00 00 00 00 00  00 00 00 00 00 00 00 00
0095D9D080 33 12 00 00 00 00 00 04  00 15 00 6B 00 00 00 00   3           k
0095D9D090 00 04 00 00 00 00 00 00  00 00 00 00 00 00 00 00
0095D9D0A0 00 00 00 00 00 00 00 00  00 00 00 00 00 00 00 00
```

图 6-31　"27.doc" 的起始块号

```
Offset     0  1  2  3  4  5  6  7   8  9  A  B  C  D  E  F
0095D9D0F0 00 00 00 00 00 00 00 00  00 00 00 00 00 00 00 00
0095D9D100 00 00 00 00 00 00 00 00  00 00 00 00 00 00 00 00
0095D9D110 00 00 00 00 00 00 00 00  00 00 00 12 00 00 00 02
0095D9D120 00 06 00 32 00 39 00 2E  00 64 00 6F 00 63 00 02      2 9 . d o c
0095D9D130 00 82 00 00 00 00 00 00  00 96 DA 81 70 E8 D4 3F    ‚        –Ú pèÔ?
0095D9D140 A5 2E DA 81 71 74 DA 82  95 BF 00 00 00 00 00 00   ¥.Ú qtÚ‚•¿
0095D9D150 00 63 00 00 00 63 00 00  81 FF 00 00 00 01 00 00    c    c   ÿ
0095D9D160 00 00 00 00 00 00 00 00  00 00 00 00 00 00 00 00
0095D9D170 00 00 5E 5B C0 F3 00 00  00 00 00 00 00 03 00 00     ^[Àó
0095D9D180 00 00 00 00 00 00 00 00  00 00 00 00 33 1B 00 00              3
0095D9D190 00 00 00 00 00 04 00 15  00 73 00 00 00 04 00 00             s
0095D9D1A0 00 00 00 00 00 00 00 00  00 00 00 00 00 00 00 00
0095D9D1B0 00 00 00 00 00 00 00 00  00 00 00 00 00 00 00 00
```

图 6-32　"29.doc" 的起始块号

6）从卷头读出分配文件的起始块号是 1，然后跳转到分配文件的位置，回到分区开始的位置向下跳 8 个扇区，来到分配文件的位置，分配文件内容如图 6-33 所示。

```
Offset     0  1  2  3  4  5  6  7   8  9  A  B  C  D  E  F
000C806000 FF FF FF FF FF FF FF FF  FF FF FF FF FF FF FF FF
000C806010 FF FF FF FF FF FF FF FF  FF FF FF FF FF FF FF FF
000C806020 FF FF FF FF FF FF FF FF  FF FF FF FF FF FF FF FF
000C806030 FF FF FF FF FF FF FF FF  FF FF FF FF FF FF FF FF
000C806040 FF FF FF FF FF FF FF FF  FF FF FF FF FF FF FF FF
000C806050 FF FF FF FF FF FF FF FF  FF FF FF FF FF FF FF FF
000C806060 FF FF FF FF FF FF FF FF  FF FF FF FF FF FF FF FF
000C806070 FF FF FF FF FF FF FF FF  FF FF FF FF FF FF FF FF
000C806080 FF FF FF FF FF FF FF FF  FF FF FF FF FF FF FF FF
000C806090 FF FF FF FF FF FF FF FF  FF FF FF FF FF FF FF FF
000C8060A0 FF FF FF FF FF FF FF FF  FF FF FF FF FF FF FF FF
000C8060B0 FF FF FF FF FF FF FF FF  FF FF FF FF FF FF FF FF
000C8060C0 FF FF FF FF FF FF FF FF  FF FF FF FF FF FF FF FF
000C8060D0 FF FF FF FF FF FF FF FF  FF FF FF FF FF FF FF FF
000C8060E0 FF FF FF FF FF FF FF FF  FF FF FF FF FF FF FF FF
```
扇区 409,648 / 975,175,680　　　　偏移量：　　　C806000

图 6-33　分配文件

由上图可知，分配文件的开头全是 FF，代表 HFS+前面的块已全部被使用了。下面需要在分配文件中找到 "27.doc" 所对应的位。

因为分配文件中一个 bit 表示一个块，一个字节是 8 个 bit，"27.doc" 的起始位置是 1 376 363 号块，1 376 363/8≈172 045，172 045 就是 "27.doc" 在分配文件所对应的字节。这里只需要找到 "27.doc" 大概的位置，不用精确到对应的二进制位。

📖 DIV 为整除运算。DIV 运算时，如不能整除，结果均需取整数部分加 1。

7）把光标放到分配文件的第一个字节，向下跳 172 045 字节，如图 6-34 所示。

图 6-34　跳转到"27. doc"对应的字节

从图 6-35 中可以看到这个扇区前面一小部分是 FF，其他的位置全都是 00，可以推断用户的 100 个文件所对应的分配未见位置都在这里。可以观察到在这个扇区 0x0D 和 0x0E 的位置不是 FF，由于文件被彻底删除后，分配文件中对应的 bit 也会相应地清 0，因此推断这里可能就是"28. doc"所对应的分配块的位置。

📖 B 为字节，bit 为二进制位，bits 是多个二进制位。

```
Offset    0  1  2  3  4  5  6  7    8  9  A  B  C  D  E  F
000C830000 FF FF FF FF FF FF FF FF  FF FF FF FF FF FE 1F FF
000C830010 FF FF FF FF FF FF FF FF  FF FF FF FF FF FF FF FF
000C830020 FF FF FF FF FF FF FF FF  FF FF FF FF FF FF FF FF
000C830030 FF FF E0 00 00 00 00 00  00 00 00 00 00 00 00 00
000C830040 00 00 00 00 00 00 00 00  00 00 00 00 00 00 00 00
000C830050 00 00 00 00 00 00 00 00  00 00 00 00 00 00 00 00
000C830060 00 00 00 00 00 00 00 00  00 00 00 00 00 00 00 00
000C830070 00 00 00 00 00 00 00 00  00 00 00 00 00 00 00 00
000C830080 00 00 00 00 00 00 00 00  00 00 00 00 00 00 00 00
000C830090 00 00 00 00 00 00 00 00  00 00 00 00 00 00 00 00
000C8300A0 00 00 00 00 00 00 00 00  00 00 00 00 00 00 00 00
扇区 409,984 / 975,175,680        偏移量:         C83003D
```

图 6-35　"27. doc"在分配文件中对应的位置

8）下面需要从 0x0D 和 0x0E 位置的数据开始计算文件的位置和大小。0x0D 处的数值是 FE，转换成二进制是 11111110，只有最低位是 0，0 这个位所对应的就是被删除文件的起始位置。只需要计算出这个位到分配文件的开始有多少个二进制位就可以了。

读取当前的扇区号是：409 984，分配文件的开始扇区是：409 648，则 409 984−409 648＝336。336×512＝172 032（字节），172 032×8＝1 376 256（块）。从 0DH 的最低位到这个扇区的开始隔了(13×8)+7＝111(块)。

111+1 376 256＝1 376 367，那么 1 376 367 可能就是"28. doc"的起始块号。

图 6-35 中从 0x0D 和 0x0E 数据，可以计算出有 4 个 bit 被置为 0，也就是被删除的文件可能占用了 4 个块。

9）根据起始块号，跳转到文件的位置发现是 word 的开头，根据文件的大小将文件提取出来，可正常打开，经客户确认就是要恢复的文件"28. doc"，如图 6-36 所示。

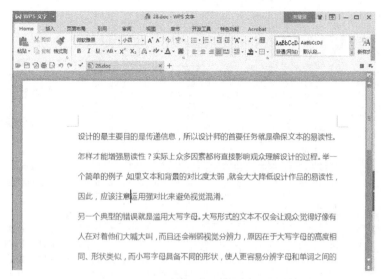

图 6-36 "28. doc" 文件内容

任务 6.3   实训：手工提取 HFS+的文件

1. 实训知识

在 HFS+中，所有文件都以块为单位进行管理，文件的名称、位置、大小和创建时间等信息都存放在编录文件中。编录文件以 B-树的数据结构管理数据，包含头节点、索引节点、叶节点和位图节点 4 种类型的节点。其中文件的具体信息都存放在叶节点中，只需要找到需要提取文件的叶节点，结合前面分析过的叶节点关键字和文件记录结构读取文件的起始位置和文件的大小，就可提取出需要的文件。

2. 实训目的

掌握手工提取 HFS+中的指定文件。

3. 实训任务

HFS+中由于误分区导致分区表和卷头部分数据损坏，现需恢复名称为"31. jpg"的文件。

4. 实训步骤

1）硬盘加载至装有 Windows 系统的正常计算机上，使用磁盘管理查看，结果如图 6-37 所示。

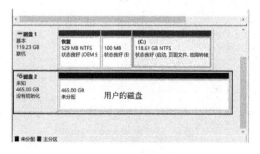

图 6-37 故障磁盘

2）定位到分区的起始位置，因为分区开始保留 1024 字节（两个扇区），所以需要再向下调整两个扇区，到达卷头。详情如图 6-38 所示。

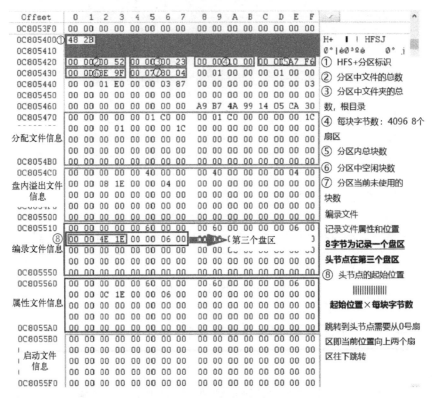

图 6-38　卷头扇区详情

读取并记录卷头中的有用信息：每块字节数、编录文件信息和头节点的起始位置。

从卷头的 120H~123H 字节处读取编录文件的起始块号，计算出编录文件所在的起始扇区号，跳转到编录文件所在（头节点，0 号节点）。

3）定位到头节点，利用头节点已有信息找到文件记录所在位置，头节点扇区如图 6-39 所示。

图 6-39　头节点扇区详情

也可直接从头节点向下搜索文件名来定位目标文件的文件记录所在位置，如图 6-40 所示。

注意：HFS+文件名采用的是 Unicode 的编码，且是 Big-Endian 格式。

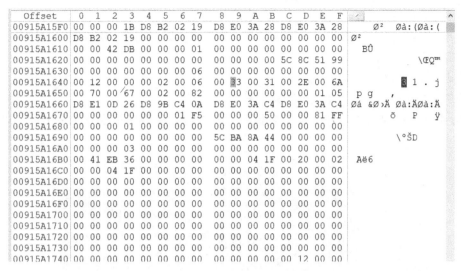

图6-40　搜索文件名定位

从头节点中得知根节点的起始节点为3，每节点大小为16个扇区，从头节点开始扇区，向下跳转48（16×3）个扇区，定位到根节点（即索引节点）。

4）定位到根节点后，向下搜索文件名"31.jpg"，这里是搜索"31.jpg"对应的十六进制数值，因为文件名的位置不确定，所以这里的偏移量不能设置，如图6-41所示。因为系统中的文件不多，很快就搜索定位到了文件记录。如图6-42所示。

标号1：关键字长度

标号2：父目录ID号

标号3：节点名长度

图6-41　搜索文件名的十六进制数值

图6-42　文件记录扇区详情

标号 4：节点名称

标号 5：节点类型。0x0001：文件夹记录；0x0002：文件记录；0x0003：文件夹链接记录；0x0004：文件链接记录

标号 6：文件的总字节数

标号 7：文件所在第 1 个盘区的起始块号

5）根据文件的起始块号和总字节数提取文件内容，提取出的文件如图 6-43 和图 6-44 所示。

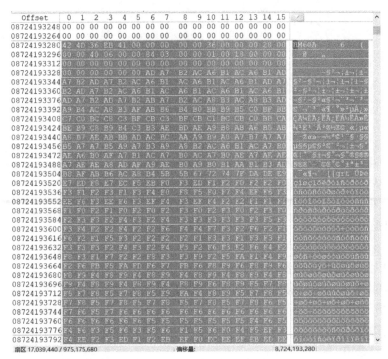

图 6-43　文件内容的十六进制数值

图 6-44　"31.JPG" 文件

项目 7　恢复 Ext4 文件系统数据

Linux 系统是完全开源的，现可支持多种文件系统，包括 Ext、Ext2、Ext3、Ext4、ISO9660、VFAT、NTFS、HPFS 等。

Ext4 是第四代扩展（Fourth extended）文件系统，是 Linux 系统下的日志文件系统，是 Ext3 文件系统的后继版本。Ext4 文件系统因其简单性、易管理性、兼容性强等特点，深受广大用户喜欢，作为大部分 Linux 发行版中的默认文件系统。

要恢复 Ext4 文件系统中的数据，必须熟知 Ext4 文件系统的结构、文件管理等知识。本项目介绍 Ext4 文件系统结构及相关的数据恢复技术。

职业能力目标

◇ 理解 Ext4 文件系统的磁盘布局
◇ 理解 Ext4 文件系统的文件管理方式
◇ 理解超级块的结构组成
◇ 理解块组描述符、目录项、i-节点、区段树的结构及含义
◇ 掌握超级块的重建与修复方法
◇ 掌握根目录区的重构方法
◇ 掌握 Ext4 文件系统中的文件恢复方法

任务 7.1　恢复 Ext4 文件系统超级块

任务分析

某公司一位职员在使用装有 Linux 系统的计算机时，突然断电，再次重启后，发现装有数据的磁盘无法挂载，文件无法正常访问，找到维修人员进行维修。

维修人员把磁盘挂载到正常安装有 Windows 系统的计算机上，使用数据恢复软件打开该磁盘，发现磁盘分区出现"?"，无法识别文件系统类型，定位到文件系统的超级块扇区，发现 2 号扇区已经全部变成乱码，如图 7-1 所示，判断超级块由于病毒被破坏。分析块组描述符表得知该文件系统为 Ext4 文件系统，需要修复其超级块。

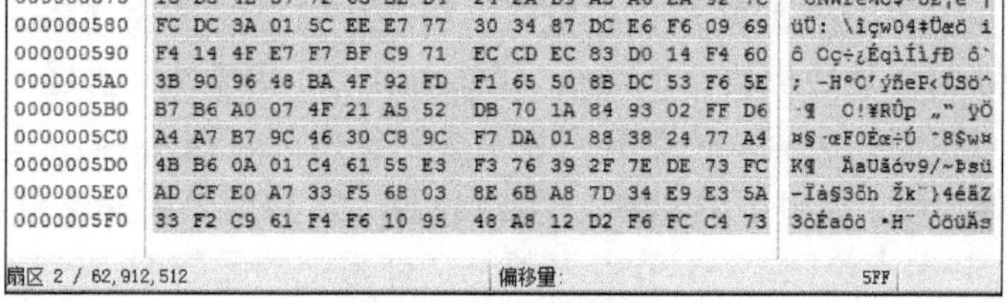

图 7-1　故障超级块

　　查看 1 号块组中的超级块备份正常有效，只需将备份超级块复制至 2 号扇区，修改相应的参数就可以修复文件系统。

📖 在块组号是 1、3、5、7 幂次方的块组（如 1、3、5、7、9、25、49 等）中存在超级块的备份。

7.1.1　Ext4 文件系统超级块分析

　　Ext4 文件系统中磁盘区域被划分成一系列块组，每个块组内的结构大致相同。为减少磁盘碎片产生的性能瓶颈，块分配器尽量保持每个文件的数据块都在同一个块组中，从而
减少寻道时间。Ext4 文件系统支持最大 1 EB 的文件系统、16 TB 大小的文件，采用 48 位寻址方式。就目前的开发进展来看，实现 64 位寻址存在一些技术限制，相信在不久的将来，Ext4 文件系统将实现完全的 64 位支持。Ext4 文件系统中的所有字段都以 Little-Endian 编码顺序进行存储。

📖 Little-Endian（小字节序、低字节序），即低位字节排放在内存的低地址端，高位字节排放在内存的高地址端。与之对应的是：Big-Endian（大字节序、高字节序）。

1. Ext4 文件系统布局

Ext4 文件系统的标准磁盘布局如图 7-2 所示。

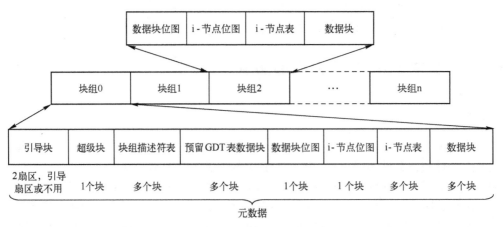

图 7-2　Ext4 文件系统的标准磁盘布局

　　Ext4 文件系统主要使用 0 号块组中的超级块和块组描述符表，在其他一些特定块组中存有超级块和块组描述符表的备份。这些特定块组如果不以超级块备份开始，那么就以数据块位图开始。在以 Ext4 文件系统类型格式化磁盘时，将在块组描述符表（Group Descriptor Table，GDT）后面分配预留 GDT 表数据块（Reserve GDT blocks），用于将来扩展文件系统，紧接的是数据块位图与 i-节点位图，这两个位图分别表示本块组内的数据块与 i-节点的使用情况，i-节点表存储块组内的块组、文件、目录的 i-节点信息，之后就是存储文件的数据块了。超级块、GDT、块位图、i-节点位图、i-1 节点表都是文件系统的元数据，i-1 节点表中的 i-节点是与文件一一对应的。

📖 在一个块组中，具有固定位置的数据结构是超级块和块组描述符，其他数据结构位置都可以不固定。块组
　　从 0 开始编号。每个文件系统中均有 0 号块组，此编号为逻辑编号。

（1）块（Block）

在 Ext4 文件系统中，"块"是数据基本存储单位，即逻辑块，与 FAT32、NTFS、EXFAT
文件系统中的簇类似。由若干个连续的扇区组成块。块大小为 2~128 个扇区，扇区数必须是
2^n（n 为正整数），如 2、4、8、16、32、64、128。块大小是在格式化分区时指定的，通常为
4096 字节，即 8 个扇区。在同一个 Ext4 文件系统中，每个块大小都是一样的。不同的 Ext4 文
件系统，块大小可以不同。

每个块都有唯一的编号，第一个块的编号是 0，依次向后编号，0 号块起始于文件系统的
开始扇区。默认情况下，Ext4 文件系统可以包含 2^{32} 个块；如果启用了"64 位"功能，则文件
系统可以包含 2^{64} 个块。

📖 块是指逻辑块，是存储单位。数据块是指存储数据的区域。下文中提到的占用若干个块，是指逻辑块，而
　　非数据块，两者非同一个概念。

（2）块组（Block Group）

若干个块组成一个块组，每个块组中的块数是相同的，最后一个块组例外。Ext4 文件系
统以块组为单位管理磁盘空间。由于磁盘区域被划分为若干块组，因此在访问数据时碰撞的概
率就会大大减小，从而提升文件系统的整体性能。简单来说，块组就是一块磁盘区域，其内部
由元数据来管理这部分区域的磁盘。

块组用来管理磁盘，大致分为两种类型：包含超级块等信息的块组和只包含位图等信息的
块组。

第 1 种类型，即为包含超级块或其备份的块组：通常块组号为 0、1 及 3、5、7 的幂次方
（如 3、5、7、9、25、49 等）的块组中，包含超级块、块位图、i-节点位图、i-节点表和数据
块等内容。

第 2 种类型，即为除以上块组号的其他块组：通常包含块位图、i-节点位图、i-节点表和
数据块等内容。

📖 取余运算是指整数除法中被除数未被除尽部分，且余数的取值范围为 0~除数，故最后一个块组包含的块
　　数可使用此运算得到。MOD 为取余运算符，此运算过程可以在 Excel 中使用函数 mod（文件系统的总块
　　数，每块组包含块数）进行。

（3）数据块位图

每个块组中都有一个数据块位图，其地址在块组描述符中描述。数据块位图描述本块组中
的块分配情况。

数据块位图的起始位置有两种情况。

● 如果块组中含有超级块或其备份、块组描述符表或其备份，则数据块位图起始于块组描
　述符表或其备份所在块的下一个块。

● 如果块组中没有超级块备份、块组描述符表备份，则数据块位图起始于该块组的第一
　个块。

在创建文件系统时，系统将每块组包含的块数与每块包含的位数设置为相等，这样块位图刚好占用一个完整的块。例如：每块组包含 32768 块，每块 4096 字节，则每块的二进制位数为 4096 字节×8 = 32768 位，刚好与每块组包含的块数相同。

每个块组的数据块位图默认占用 1 个块。块位图中的每一位映射本块组中的一个块，所以每个字节映射 8 个块。如果数据块对应的位为 0，则表示该数据块为空闲状态，否则表示为使用状态或其他（比如物理上不存在，发生在最后一个块组最靠后的位置）。以默认文件系统块大小为 4096 字节计算，一个块组可以有 32768（4096×8）个数据块。

假设块大小为 4096 B，即 4 KB。数据块位图占用 1 个数据块，即 4096 字节，每字节包含 8 个 bit 位，每个 bit 位描述 1 个数据块，所以可以表示 4096×8 = 32 768 个数据块的使用情况，这与超级块中描述的每块组包含的块数相符。1 个块组大小为 32 768×4 KB = 128 MB。

（4）i-节点位图

i-节点位图用于描述本块组内 i-节点表中各个 i-节点项的使用状态。一个 bit 位对应标识一个 i-节点项，如果该 bit 位为 0，则表示对应 i-节点表的 i-节点项为空闲状态，否则表示为使用状态。i-节点位图在每个块组中均占用一个块，每个块组中可创建文件的数量就是由 i-节点位图决定的。

（5）i-节点表

i-节点表用于存放 i-节点数据，存储文件的 i-节点 id、文件大小、文件属性、所有者、权限等元数据信息。在 i-节点表中存储着每个文件的属性信息，每个文件都对应一个 i-节点号，且是唯一的，文件以 i-节点号为索引进行存储。所有 i-节点大小相同，是一个 i-节点数组。i-节点结构的大小根据格式化文件系统时的属性而有所差异，因此该表占用的磁盘空间不定，通常占用若干个数据块大小。

每个 i-节点大小默认为 256 字节，块组的 i-节点表默认为 512 个块，块大小默认为 4096 字节，所以一个块组中的 i-节点数量默认为 512×4096/256 = 8192 个，即每块组包含的 i-节点数为 8192。

（6）数据块（Data Block）

块组中存放上述元数据之外的存储区域都为数据块区域，这些区域作为文件扩展属性和文件数据的存放容器。

（7）弹性块组（flex_bg）

Flexible Block Groups（flex_bg），称之为"弹性块组"，弹性块组（flex_bg）是从 Ext4 开始引入的新特性。将几个物理块组组合成一个逻辑块组，即弹性块组。在一个弹性块组中，第 1 个块组中的块位图、i-节点表包含当前弹性块组中所有块组的块位图、i-节点表。比如 1 个弹性块组包含 4 个块组，块组 0 将按顺序包含超级块、块组描述符表、块组 0~3 号的数据块位图、块组 0~3 号的 i-节点位图、块组 0~3 号的 i-节点表，块组 0 号中的其他空间用于存储文件数据，其他块组中不存在数据块位图、i-节点位图、i-节点表等元数据，但是超级块和块组描述符表还是存在的，结构如图 7-3 所示。

弹性块组的作用如下。

● 聚集元数据，加速元数据载入。
● 使得大文件在磁盘上连续存放。

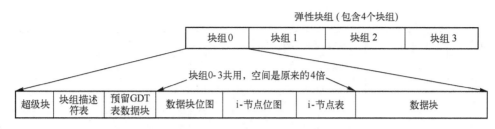

图 7-3　弹性块组示例

即使开启弹性块组特性，超级块和块组描述符的冗余备份仍然位于块组的开头。弹性块组中块组的个数由超级块中的 0x174 偏移处的参数给出。

（8）元块组（Meta Block Groups）

通常，在每个冗余备份的超级块后面是一个完整的块组描述符表（包含所有块组描述符表项）的备份。这样会产生一个限制，以 Ext4 的块组描述符大小占 64 字节计算，每块 4096 字节，即 8 扇区，每块组包含 32768 块，每块组占扇区数为 262 144（32 768×8），即 134 217 728（262 144×512）字节，则文件系统中最多只能有 2 097 152 块组（134 217 728/64），也就是文件系统最大为 256TB（2 097 152×32768×8/2/1024/1024/1024）。

为了解决这个问题，Ext4 文件系统采用了元块组（meta block group）的概念。Ext4 文件系统被划分为许多元块组。每个元块组都是块组的集群，其块组描述符可以存储在单个数据块中。实际上是用一个块组描述符块来描述的块组集，简单地说，它由一系列块组组成，同时这些块组对应的块组描述符存储在一个块中。Ext4 文件系统中可以创建 2^{33} 个块组，也就是文件系统最大 1 EB。

2. Ext4 文件系统超级块

Ext4 文件系统是 Ext3 文件系统的升级版，在布局上与 Ext3 类似，但也有些具体调整，如：在超级块中增加了一些 64 位的参数；块组描述符表中增加了 64 位参数及校验和；在 i-节点中使用区段树结构替代了 Ext3 中的直接块指针和间接块指针；增加了如下元数据：快照、文件系统错误处理、挂载选项、配额文件 i-节点、超级块校验和等。

超级块记录整个文件系统的大量信息，如数据块数、i-节点数、签名值、i-节点大小、支持的特性、管理信息等。如果设置了稀疏超级特性标志，则超级块和块组描述符表的冗余备份仅存放在编号为 1、3、5、7 的幂次方（如 1、3、5、7、9、25、49 等）的块组中。如果未设置稀疏超级特性标志，则所有组块中都会存放超级块的冗余备份。

Ext4 的超级块开始于文件系统的 2 号扇区，占 1024 字节，即 2 个扇区。具体结构如表 7-1 所示。

表 7-1　Ext4 文件系统的超级块部分参数

字 节 偏 移	长度/字节	字　段　名	含　　义
00H~03H	4	i-节点总数	当前文件系统中包含的 i 节点总数
04H~07H	4	总块数（低 32 位）	指当前文件系统中包含的总块数，此处为低 32 位，150H~153H 处为高 32 位
08H~0BH	4	保留块数（低 32 位）	文件系统给自身保留的块数，其数量一般为文件系统总块数的 5%。此处为低 32 位，154H~157H 处为高 32 位
0CH~0FH	4	空闲块数（低 32 位）	当前文件系统的可用块数。此处为低 32 位，158H~15BH 为高 32 位

（续）

字节偏移	长度/字节	字 段 名	含 义
10H~13H	4	空闲i-节点数	当前文件系统的可用i-节点数量
14H~17H	4	第一个数据块	0号块组的起始块号
18H~1BH	4	块大小描述值	块大小描述值，用来描述文件系统每个块的字节数。块大小为$2^N×1024$字节，N为块大小描述值。如块大小描述值为2，则块大小为$2^2×1024=4096$字节，即8个扇区
1CH~1FH	4	段大小描述值	与"块大小描述值"相同
20H~23H	4	每块组包含的块数	文件系统中每块组中包含块的数量
24H~27H	4	每块组包含的段数	与每块组包含的块数相同
28H~2BH	4	每块组包含的i-节点数	文件系统中每块组包含i-节点的数量
38H~39H	2	签名值	文件系统的标志值，固定为十六进制数值"53EF"
3EH~3FH	2	次版本号	文件系统版本号中的次版本号
54H~57H	4	第一个非保留i-节点	用户数据一般从11号i-节点开始。1~10号i-节点为系统所用。如：1号i-节点存放坏块信息，2号i-节点为根目录信息，8号i-节点为日志块信息
58H~59H	2	i-节点大小	文件系统中每个i-节点的字节数。通常为256字节
5AH~5BH	2	当前超级块所在块组号	当前超级块所在块组号。因为在块号为1、3、5、7幂次方的块组中存在超级块备份，此参数指向当前超级块所在的块组号
68H~77H	16	卷的UUID	卷的全局ID，用16字节描述
78H~87H	16	卷名	文件系统的名称
88H~C7H	64	最后挂载路径	文件系统最后一次挂载的路径
FEH~FFH	2	块组描述符大小	每个块组描述符项的大小，单位为字节
104H~107H	4	第一个元数据块的块组	文件系统中存放元数据的第一个块组号
108H~10BH	4	文件系统创建时间	创建文件系统的时间
10CH~14FH	68	日志节点信息备份	日志节点信息的备份，包含日志的位置及大小，采用区段树结构
150H~153H	4	总块数（高32位）	当前文件系统的总块数，此处为高32位，04H~07H为低32位
154H~157H	4	保留块数（高32位）	文件系统给自身保留的块数，其数量一般为文件系统总块数的百分之五。此处为高32位，08H~0BH为高32位
158H~15BH	4	空闲块数（高32位）	当前文件系统的可用块数。此处为高32位，0CH~0FH为低32位
15CH~15DH	2	i-节点所需最少字节数	当前文件系统中i-节点项所需最少的字节数

📖 文件系统的总扇区数是文件系统的总块数及每块扇区数相乘的结果，例：文件系统的总块数为7 323 904，块大小为8扇区，则文件系统的总扇区数为7 323 904×8=58 591 232。

7.1.2 Ext4 文件系统超级块实例讲解

使用 WinHex 打开某 Ext4 文件系统，查看其超级块信息，关键参数分析如图 7-4 所示。

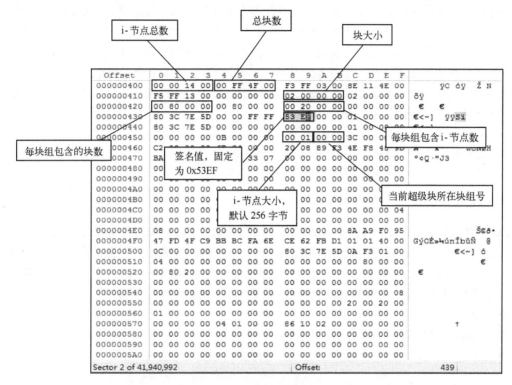

图 7-4 超级块

表 7-2 为图 7-4 超级块部分关键字段值。

表 7-2 超级块部分关键字段值

字节偏移	此例中的字段值
00H~03H	i-节点总数为 0x00140000，即 1 310 720
04H~07H	此文件系统的总块数为 004FFF00H，即 5 242 624
14H~17H	第一个数据块（即 0 号块组起始块号），此处为 0，即从 0 号块组开始
18H~1BH	块大小描述值（$2^N \times 1024$ 字节），值为 2，计算 $2^2 \times 1024 = 4096$ 字节，即块大小为 8 个扇区
20H~23H	每块组包含的块数，值为 0x00008000，即 32 768，每块组包含 32768 块。即 32 768×8＝262 144，每块组包含 262 144 扇区
28H~2BH	每块组包含的 i-节点数，值为 0x00002000，即 8192，每块组包含 8192 个 i-节点
38H~39H	签名值，固定为 0xEF53
58H~59H	i-节点大小，值为 0x0100，即 256，每个 i-节点占 256 字节
5AH~5BH	当前超级块所在块组号为 0

由上表得知，文件系统的总块数为 5 242 624，块大小为 8 个扇区，可计算出文件系统的总扇区数为 5 242 624×8＝41 940 992。每块组包含 32768 块，可得文件系统的块组数，计算方法为 5 242 624 除以 32 768 进 1 取整，结果为 160，说明该文件系统有 160 个块组。如果 DIV 运

算时不能整除，结果需要加 1。4 个块组组成 1 个弹性块组，共有 40 个弹性块组。

生活中类似的例子很多，例如：牛奶用瓶来存储，1 只瓶可看作为 1 个扇区，1 箱可放 8 瓶牛奶，1 箱可看作是 1 个块，则块大小为 8 个扇区，运送牛奶时运用同样容量的集装箱，每个集装箱可存储 32768 箱牛奶，则每个集装箱可看作为 1 个块组，每块组包含 32768 块，共 5 242 624 箱牛奶需运送，因此需要 5 242 624 除以 32 768 进 1 取整，结果为 160，因此需要 160 个集装箱，即 160 个块组。在装箱时只要是剩余比一个集装箱容量小的牛奶，即只要是剩余 1 至 32767 箱牛奶，均需要另外再增加 1 个集装箱来运送多余的牛奶，哪怕是多 1 箱牛奶也需要 1 个集装箱运送，故通常最后 1 个块组包含的块数较小。4 个块组组成 1 个弹性块组，可以看作把 4 个集装箱组成 1 个车队来进行管理。

📖 DIV 为整除运算。DIV 运算时，如不能整除，结果均需取整数部分加 1。

7.1.3 任务实施

Ext4 文件系统的超级块内存在大量的文件结构参数。Linux 系统在挂载文件系统时会读取超级块，如果超级块损坏，系统将会拒绝挂载该文件系统，导致不能正常访问文件系统内的数据。文件系统挂载时，系统只读取主超级块（0 号块组中的超级块）的内容。如果主超级块损坏，只需要找到其备份，覆盖被破坏的主超级块，修改相应的参数即可。

修复步骤如下。

（1）加载故障硬盘

将故障硬盘加载，使用"磁盘管理"工具打开，如图 7-5 所示。

图 7-5　磁盘管理

（2）故障超级块清 0

1）使用 WinHex 打开故障硬盘，双击 Partition 1，进入分区，定位至故障超级块所在的 2 号扇区，选中乱码区域，选择菜单"Edit"→"Fill Block"命令，如图 7-6 所示。

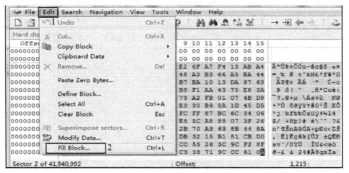

图 7-6　填充超级块

或右击，从弹出的快捷菜单中选择"Edit"→"Fill Block"命令，如图 7-7 所示。

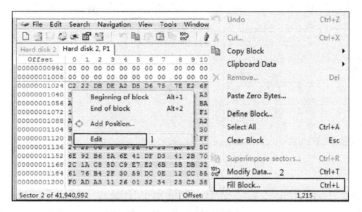

图 7-7　填充超级块

2）在弹出的"Fill Block"对话框中，选中"Fill with hex values"单选按钮，输入"00"，单击"OK"按钮，所选区域即可填充为 0，操作如图 7-8 所示。

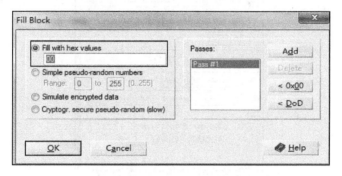

图 7-8　"Fill Block"对话框

（3）搜索超级块备份

由于超级块中 0x38~0x39 偏移处是固定的签名值 0x53EF，因此可搜索十六进制值"53EF"。

1）单击工具栏"Find Hex Values"按钮，如图 7-9 所示。

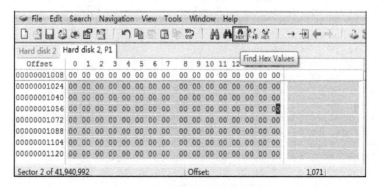

图 7-9　"Find Hex Values"按钮

或选择菜单栏中的"Search"→"Find Hex Values"命令，如图 7-10 所示。

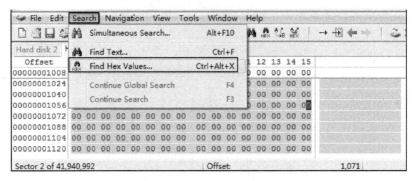

图 7-10 "Find Hex Values" 命令

2）弹出"Find Hex Values"对话框中，在搜索框中输入"53EF"，"Search"（搜索方向）选择"向下"，选中"cond：offset mod"（偏移模式）复选框，方框中输入"512＝56"，单击"确定"按钮，如图 7-11 所示。

图 7-11 搜索超级块

3）在 262144 号扇区搜索到疑似超级块的区域，内容如图 7-12 所示。

Hard disk 2	Hard disk 2, P1															
Offset	0	1	2	3	4	5	6	7	8	9	10	11	12	13	14	15
00134217712	00	00	00	00	00	00	00	00	00	00	00	00	00	00	00	00
00134217728	00	00	14	00	00	FF	4F	00	F3	FF	03	00	8E	11	4E	00
00134217744	F5	FF	13	00	00	00	00	00	02	00	00	00	02	00	00	00
00134217760	00	80	00	00	00	80	00	00	00	20	00	00	00	00	00	00
00134217776	80	3C	7E	5D	00	00	FF	FF	53	EF	00	00	01	00	00	00
00134217792	80	3C	7E	5D	00	00	00	00	00	00	00	00	01	00	00	00
00134217808	00	00	00	00	0B	00	00	00	00	01	01	00	3C	00	00	00
00134217824	C2	02	00	00	6B	04	00	00	20	08	89	F3	4E	F8	48	9D
00134217840	BA	A2	51	B7	22	4A	33	07	00	00	00	00	00	00	00	00
00134217856	00	00	00	00	00	00	00	00	00	00	00	00	00	00	00	00
00134217872	00	00	00	00	00	00	00	00	00	00	00	00	00	00	00	00
00134217888	00	00	00	00	00	00	00	00	00	00	00	00	00	00	00	00

Sector 262,144 of 41,940,992   Offset: 134,217,819

图 7-12 1 号块组中的疑似超级块区域

（4）复制超级块备份至故障超级块扇区

在图 7-12 中，可知超级块中块大小（0x18~0x1B）为 4096 字节，即 8 扇区，每块组包含 32 768 块，可计算出 1 号块组位于 32768×8 = 262 144 扇区，可知搜索到的超级块为有效的超级块备份，当前超级块的块号为 1（0x5A~0x5B 偏移处），复制该扇区至 2 号扇区（主超级块所在扇区），将 0x5A~0x5B 偏移处的值修改为 0，结果如图 7-13 所示。保存修改。

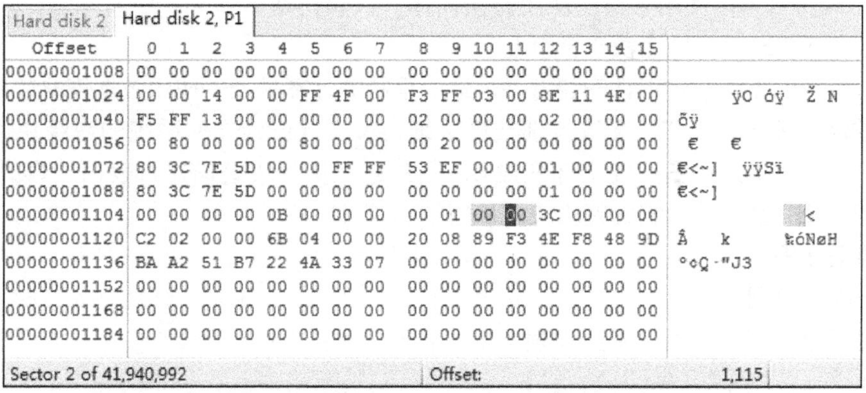

图 7-13　复制备份超级块扇区至 2 号扇区并修改后的超级块内容

（5）查看恢复的分区

1）打开 R-Studio，如图 7-14 所示。"Msft Virtual Disk 1.0" 即为待修复的磁盘。双击图中的磁盘分区 "HarddiskVolume14"。

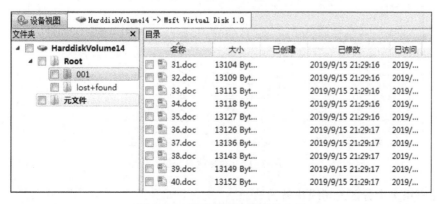

图 7-14　待修复的磁盘

2）磁盘分区内容如图 7-15 所示，故障磁盘的超级块修复成功，文件可正常访问。

图 7-15　已修复的故障磁盘内容

至此，被破坏的超级块已修复完成，分区恢复正常。

7.1.4　拓展任务

7.1.4　拓展任务

任务分析

某个 Ext4 分区，因使用人员在使用时误操作，且非正常关机，导致再次启动时分区无法正常打开。

维修人员把磁盘挂载到正常安装有 Windows 系统的计算机上，使用数据恢复软件打开该磁盘，发现磁盘分区出现 "?"，无法识别文件系统类型，定位到文件系统的超级块扇区，发现超级块扇区至块组描述符表已经全部变成 0，判断超级块及块组描述符表由于误操作被清 0。该故障磁盘需要修复文件系统的超级块及块组描述符表。

具体恢复步骤。

（1）加载故障硬盘

将故障硬盘加载，使用"磁盘管理"工具打开，如图 7-16 所示。

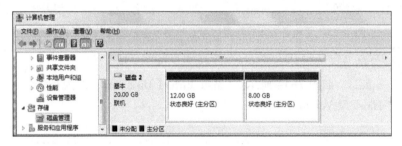

图 7-16　磁盘管理

（2）定位超级块

使用 WinHex 打开故障硬盘，硬盘中的两个分区文件类型均显示为 "?"，表明超级块出错，定位至两分区的超级块扇区处，发现超级块和块组描述符表均被清 0，如图 7-17 所示。

Hard disk 2								
Partitioning style: MBR								
Name	Ext.		Size	Created	Modified	Record changed	Attr.	1st sector
Start sectors			1.0 MB					0
Partition 1	?		12.0 GB					2,048
Partition 2	?		8.0 GB					25,167,8...

Offset	0	1	2	3	4	5	6	7	8	9	10	11	12	13	14	15
00001049632	00	00	00	00	00	00	00	00	00	00	00	00	00	00	00	00
00001049648	00	00	00	00	00	00	00	00	00	00	00	00	00	00	00	00
00001049664	00	00	00	00	00	00	00	00	00	00	00	00	00	00	00	00
00001049680	00	00	00	00	00	00	00	00	00	00	00	00	00	00	00	00
00001049696	00	00	00	00	00	00	00	00	00	00	00	00	00	00	00	00
00001049712	00	00	00	00	00	00	00	00	00	00	00	00	00	00	00	00
00001049728	00	00	00	00	00	00	00	00	00	00	00	00	00	00	00	00
00001049744	00	00	00	00	00	00	00	00	00	00	00	00	00	00	00	00
00001049760	00	00	00	00	00	00	00	00	00	00	00	00	00	00	00	00

Sector 2 050 of 41 943 040　　　Offset:　　　　1 049 702　　　　= 0 Block:

图 7-17　故障硬盘分区

（3）搜索第 1 个分区的超级块备份

1）恢复 Partition 1 的超级块，需搜索 "53EF" 超级块的签名值。双击 Partition 1，进入

Partition 1，选择菜单中的 "Search" → "Find Hex Values" 命令，如图 7-18 所示。

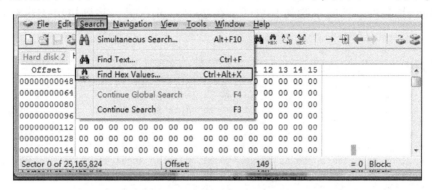

图 7-18　"Find Hex Values" 命令

2）弹出 "Find Hex Values" 对话框中，在搜索框输入 "53EF"，"Search"（搜索方向）选择 "向下"，选中 "cond：offset mod"（偏移模式）复选框，方框中输入 "512 = 56"，单击 "确定" 按钮，如图 7-19 所示。

图 7-19　搜索 "53EF"

3）在 262144 号扇区搜索到疑似超级块的区域，内容如图 7-20 所示。

Offset	0	1	2	3	4	5	6	7	8	9	10	11	12	13	14	15	
00134217728	00	00	0C	00	00	00	30	00	66	66	02	00	1C	D7	2E	00	0 ff 　　 ×.
00134217744	F5	FF	0B	00	00	00	00	00	02	00	00	00	02	00	00	00	õÿ
00134217760	00	80	00	00	00	80	00	00	00	20	00	00	00	00	00	00	€ 　　 €
00134217776	DC	DC	B2	5D	00	00	FF	FF	53	EF	00	00	01	00	00	00	ÜÜ²] 　ÿÿSï
00134217792	DC	DC	B2	5D	00	00	00	00	00	00	01	00	00	00	00	00	ÜÜ²]
00134217808	00	00	00	00	0B	00	00	00	00	01	01	00	3C	00	00	00	<
00134217824	C2	02	00	00	6B	04	00	00	2E	F6	95	61	6A	1E	41	51	Â 　 k 　.ö•aj AQ
00134217840	98	76	72	7B	10	1B	02	68	00	00	00	00	00	00	00	00	˜vr{ 　 h
00134217856	00	00	00	00	00	00	00	00	00	00	00	00	00	00	00	00	

Sector 262,144 of 25,165,824　　　Offset:　　134,217,819　　　= 0 | Block:

图 7-20　1 号块组中的超级块区域

4）在图 7-20 中，可知超级块中块大小（18H～1BH）为 4096 字节，即 8 扇区，每块组包含 32768 块，可计算出 1 号块组位于 32 768×8 = 262 144 扇区，可知搜索到的超级块为有效的超级块备份，当前超级块的块号为 1（5AH~5BH 偏移处）。

5）从超级块备份扇区向下跳转 8 扇区，在 262152 扇区处，找到块组描述符表信息，如图 7-21 所示。

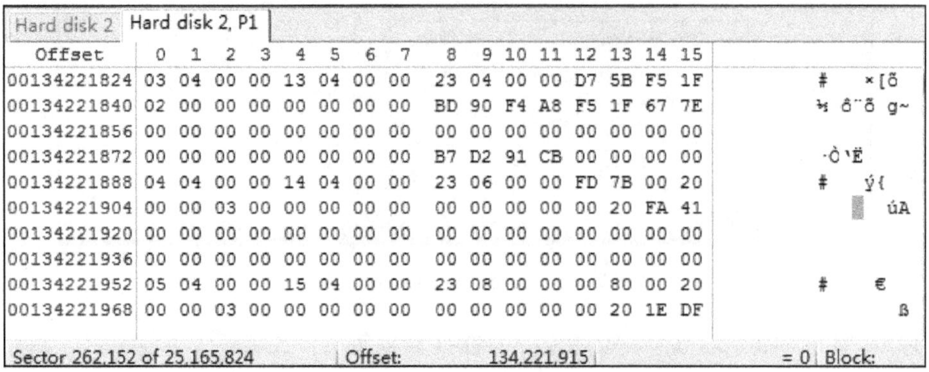

图 7-21　1 号块组中的疑似块组描述符区域

（4）修复超级块

1）复制 262144 扇区的超级块备份扇区至 2 号扇区（主超级块所在扇区）开始处，将 5AH~5BH 偏移处的值修改为 0，结果如图 7-22 所示。

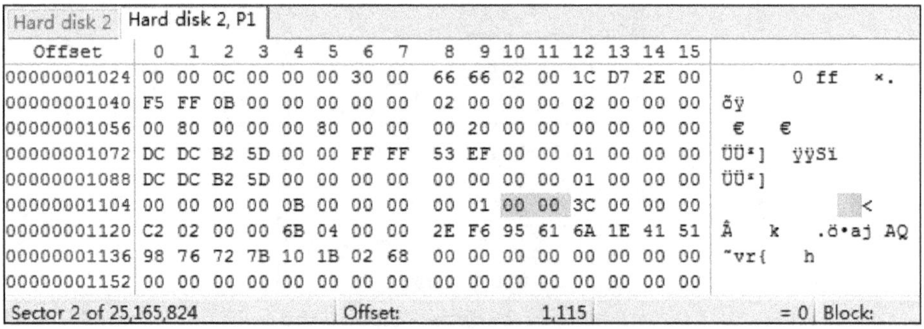

图 7-22　复制备份超级块至 2 号扇区并修改参数后的内容

2）复制 262152~264211 共 2060 扇区的内容（块组描述符表备份）至 8 号扇区开始处（0 号块组中的块组描述符表），如图 7-23 所示。保存修改。

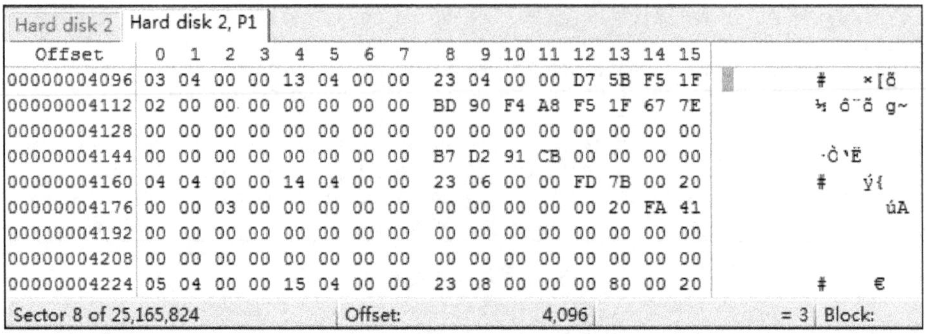

图 7-23　复制备份块组描述符表至 8 号扇区

（5）搜索第 2 个分区的超级块备份

下面恢复 Partition 2 的超级块。双击 Partition 2，进入 Partition 2，搜索十六进制值"53EF"。方法与步骤相同，在 262144 扇区处搜索到超级块备份，如图 7-24 所示。

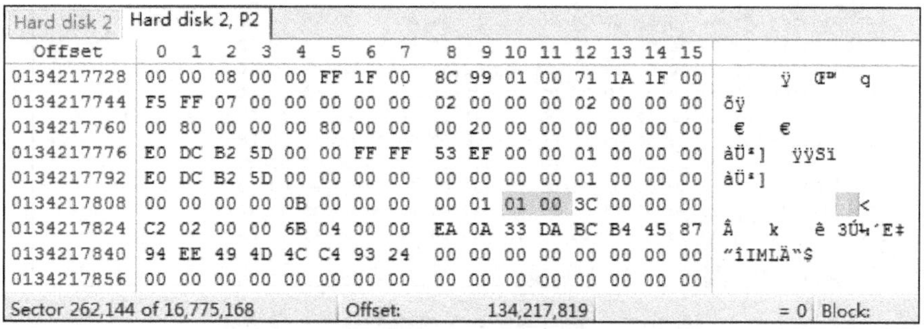

图 7-24　1 号块组中的超级块区域

在图 7-24 中，可知超级块中块大小（18H~1BH）为 4096 字节，即 8 扇区，每块组包含 32768 块，可计算出 1 号块组位于 32 768×8＝262 144 扇区，可知搜索到的超级块为有效的超级块备份，当前超级块的块号为 1（5AH~5BH 偏移处）。

在超级块备份区域向下跳转 8 扇区，在 262 152 扇区处，找到块组描述符表信息，如图 7-25 所示。

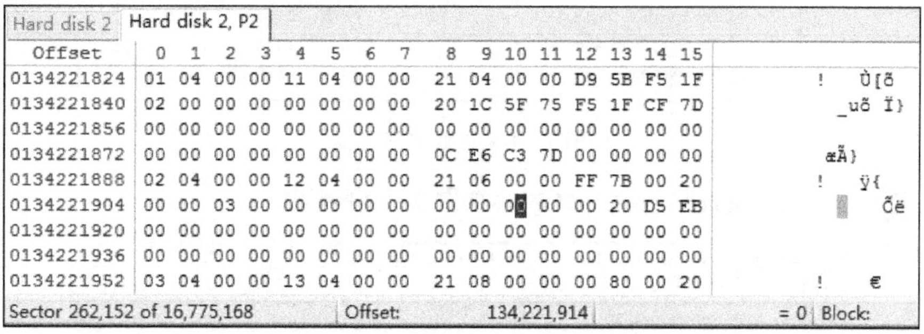

图 7-25　1 号块组中的块组描述符区域

（6）修复超级块及块组描述符表

1）复制 262144 扇区至 2 号扇区（主超级块所在扇区）开始处，将 5AH~5BH 偏移处的值修改为 0，结果如图 7-26 所示。

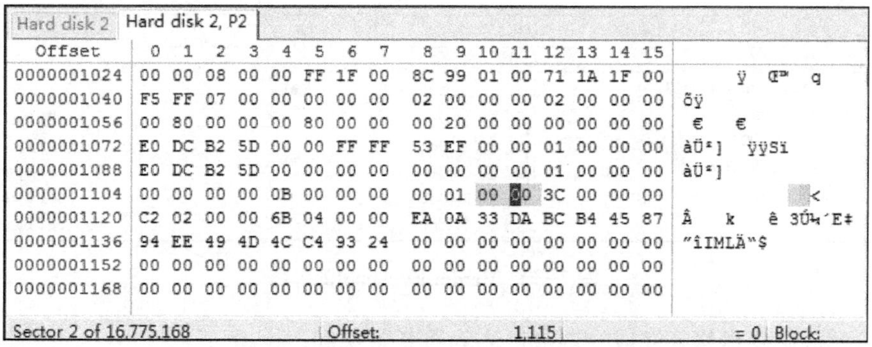

图 7-26　复制备份超级块至 2 号扇区并修改参数后的内容

2）复制 262152~262159 共 8 扇区的内容（块组描述符表备份）至 8 号扇区开始处（0 号块组中的块组描述符表所在），如图 7-27 所示。保存修改。

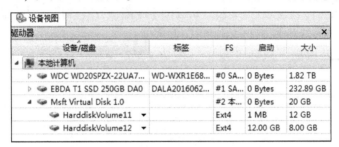

图 7-27　复制备份块组描述符表至 8 号扇区

（7）查看恢复的分区

1）打开 R-Studio，如图 7-28 所示。"Msft Virtual Disk 1.0" 即为待修复的磁盘。

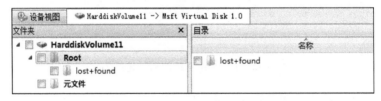

图 7-28　待修复的磁盘

2）双击 HarddiskVolume11，其分区内容如图 7-29 所示。

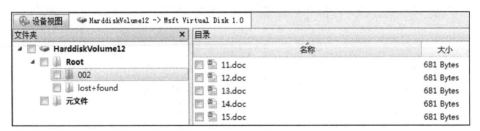

图 7-29　HarddiskVolume11 内容

3）双击 HarddiskVolume12，其分区内容如图 7-30 所示。

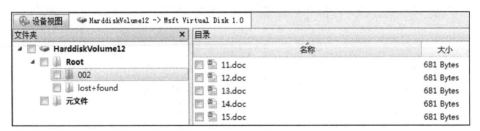

图 7-30　HarddiskVolume12 内容

至此，此故障磁盘修复完成，两分区内容可正常访问。

任务 7.2　恢复 Ext4 文件系统中丢失的文件

任务分析

任务一：

在使用装有 Linux 系统的计算机时，突然断电，再次重启后，发现磁盘能正常加载，但磁盘打开后无任何文件信息，文件无法正常访问，找到维修人员进行维修。

维修人员把磁盘加载到安装有 Windows 系统的计算机上，使用 WinHex 打开该磁盘，发现 Ext4 文件系统的超级块正常，根目录区全部为 0，导致无法正常访问文件，判断根目录区被病毒破坏被清，需要修复根目录区。

任务二：

装有 Linux 系统的计算机因为病毒破坏，导致磁盘无法正常访问，维修人员使用 WinHex 打开该磁盘，发现 Ext4 文件系统的超级块、块组描述符、根目录均为乱码，现需要提取出重要文件，文件名为"36. doc"。

7.2.1　Ext4 文件系统块组描述符

7.2.1　Ext4 文件系统块组描述符

1. 块组描述符分析

Ext4 文件系统中每个块组都对应一个块组描述符，用来描述块组的相关信息，所有的块组描述符组成一个列表，称为块组描述符表。块组描述符表的起始地址位于超级块所在块的下一个块，块组描述符表占用的块数是不固定的，具体占用块数由文件系统的总扇区数、每块组包含块数及块大小共同来决定。在编号是 1、3、5、7 的幂次方（如 1、3、5、7、9、25、49 等）块组中存在超级块和块组描述符表的备份。

Ext4 文件系统的块组描述符表中每个块组都有对应的块组描述符项，占用 64 字节，用来描述块位图起始地址、i-节点位图起始地址、i-节点表起始地址等信息。块组描述符具体结构如表 7-3 所示。

表 7-3　块组描述符

字 节 偏 移	长度/字节	字 段 定 义
00H~03H	4	块位图起始块号
04H~07H	4	i-节点位图起始块号
08H~0BH	4	i-节点表起始块号
0CH~0DH	2	空闲块数
0EH~0FH	2	空闲 i-节点数
10H~11H	2	目录总数
12H~13H	2	块组标志（见表 7-4）
14H~17H	4	扩展块位图快照块号（低 32 位）
18H~19H	2	块位图校验和（低 16 位）
1AH~1BH	2	i-节点位图校验和（低 16 位）
1CH~1DH	2	未使用的 i-节点数（低 16 位）
1EH~1FH	2	块组描述符检验和（低 16 位）

表7-4 块组标志

值	含 义
01H	i-节点表和i-节点位图未初始化
02H	块位图未初始化
04H	i-节点表被置0

2. 块组描述符实例讲解

下面用实例讲解一下块组描述符的结构。

从超级块中得知，此Ext4文件系统的块大小为8扇区，即4096字节。超级块在0号块，块组描述符表在1号块，即分区的8号扇区。

该文件系统的总块数为5 242 624，每块组包含块数为32 768，可计算出该文件系统共有160（5 242 624/32 768）个块组，在块组描述符表中存储了160个块组描述符，每个块组描述符占64字节，因此当前文件系统的块组描述符表的实际大小为10240（160×64）字节。

在图7-31的块组描述符表中，每64字节表示一个块组描述符，用来描述一个块组的信息（包括块位图、i-节点位图、i-节点表起始块号等），0号块组描述符项描述0号块组的信息，1号块组描述符项描述1号块组的信息，以此类推。

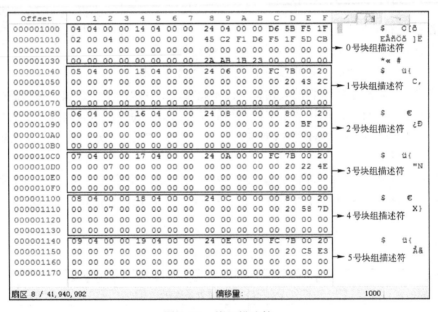

图7-31 块组描述符

0号块组描述符信息如图7-32所示，各字段的具体值如下。

① 00H~03H：块位图起始块号。此处为0号块组的块位图起始块号，值为1028。

② 04H~07H：i-节点位图起始块号，此处为0号块组的i-节点位图起始块号，值为1044。

③ 08H~0BH：i-节点表起始块号，此处为0号块组的i-节点表起始块号，值为1060。

④ 0CH~0DH：空闲块数，此处为0号块组内未使用的空闲块数，值为23 510。

⑤ 0EH~0FH：空闲i-节点数，此处为0号块组内空闲i-节点数，值为8181。

⑥ 10H~11H：目录总数，此处为0号块组内的目录总数，值为2，说明块组内存在2个

目录。

⑦ 12H~13H：块组标志，用于表示块位图、i-节点位图或者 i-节点表的状态。此处为 4，说明 i-节点表被置 0。

⑧ 14H~17H：扩展块位图快照块号（低 32 位），此处值为 0。

⑨ 18H~19H：块位图校验和（低 16 位），此处值为 C245H。

⑩ 1AH~1BH：i-节点位图校验和（低 16 位），此处值为 D6F1H。

⑪ 1CH~1DH：未使用的 i-节点数（低 16 位），此处值为 8181，与 0EH~0FH 处值相同。

⑫ 1EH~1FH：块组描述符检验和（低 16 位），CRC16 或 CRC32，此处值为 CB5DH。

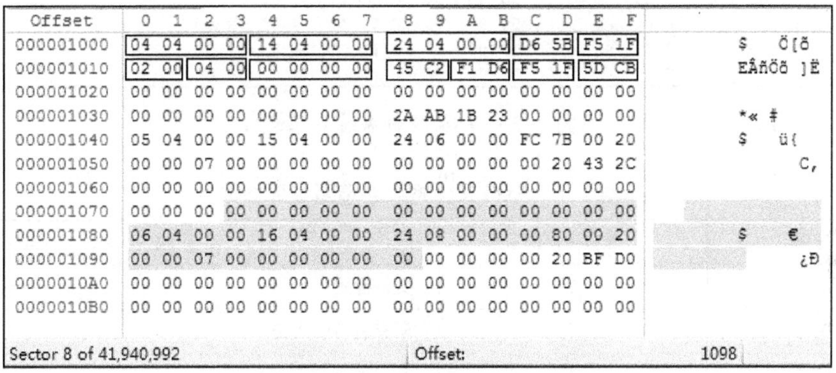

图 7-32 0 号块组描述符信息分析

7.2.2 Ext4 文件系统 i-节点分析

为了找到某个文件相关的信息，必须遍历目录文件找到与文件相关的目录项，然后加载 i-节点找到该文件的元数据。Ext4 文件系统的 i-节点大小默认为 256 字节。Ext4 预留了一些 i-节点号作特殊使用，i-节点号从 1 开始编号，1~10 号为系统所用，用户数据从 11 号节点开始，部分 i-节点号的用途如表 7-5 所示。

表 7-5 Ext4 中 i-节点号

i-节点号	用 途
1	损坏数据块链表
2	根目录
3	ACL 索引
4	ACL 数据
5	Boot loader
6	未删除的目录
7	预留的块组描述符
8	日志信息块
11	第一个非预留的 inode，通常是 lost+found 目录

图 7-33 为 Ext4 文件系统的某个 i-节点，其主要参数如表 7-6 所示。

```
Offset      0  1  2  3  4  5  6  7   8  9  A  B  C  D  E  F
000424100   ED 41 00 00 00 10 00 00  80 3C 7E 5D A1 3C 7E 5D   íA      €<~]¡<~]
000424110   A1 3C 7E 5D 00 00 00 00  00 00 04 00 08 00 00 00   ¡<~]
000424120   00 00 08 00 01 00 00 00  0A F3 01 00 04 00 00 00            ó
000424130   00 00 00 00 00 00 00 00  01 00 00 00 24 24 00 00            $$
000424140   00 00 00 00 00 00 00 00  00 00 00 00 00 00 00 00
000424150   00 00 00 00 00 00 00 00  00 00 00 00 00 00 00 00
000424160   00 00 00 00 00 00 00 00  00 00 00 00 00 00 00 00
000424170   00 00 00 00 00 00 00 00  00 00 00 00 11 8A 00 00            Š
000424180   20 00 10 14 00 6C F7 B9  00 6C F7 B9 00 00 00 00    1÷¹ 1÷¹
000424190   80 3C 7E 5D 00 00 00 00  00 00 00 00 00 00 00 00   €<~]
0004241A0   00 00 00 00 00 00 00 00  00 00 00 00 00 00 00 00
0004241B0   00 00 00 00 00 00 00 00  00 00 00 00 00 00 00 00
0004241C0   00 00 00 00 00 00 00 00  00 00 00 00 00 00 00 00
0004241D0   00 00 00 00 00 00 00 00  00 00 00 00 00 00 00 00
0004241E0   00 00 00 00 00 00 00 00  00 00 00 00 00 00 00 00
0004241F0   00 00 00 00 00 00 00 00  00 00 00 00 00 00 00 00
```

图 7-33　Ext4 文件系统 i-节点

表 7-6　Ext4 文件系统 i-节点主要参数

字节偏移	长度/字节	字段定义
00H～01H	2	文件模式
02H～03H	2	所有者 ID（UID）
04H～07H	4	文件大小（字节）
08H～0BH	4	读取时间
0CH～0FH	4	i-节点修改时间
10H～13H	4	文件修改时间
14H～17H	4	删除时间
18H～19H	2	所有者所在组 ID（GID）
1AH～1BH	2	硬链接计数
1CH～1FH	4	占用扇区
20H～23H	4	文件标识（使用区段树，此处需要标记 0x080000）
28H～63H	60	区段树（Extent Tree）

　　在 Ext3 文件系统中，使用逻辑块的方式管理数据，分配连续的 1000 个块需要映射 1000 个块的地址。在 Ext4 中，区段树（Extent Tree）取代了 Ext3 文件系统中的逻辑块，1000 个块只需要映射一个区段，标记其长度为 1000，就可以达到同样的效果，区段树的使用大大减少了元数据的占用空间，也提高了硬盘读取效率。

　　Ext4 文件系统有两种数据管理方式，一种是 inline 的方式，可以将数据存储在 i-节点内部，另一种是通过区段树（Extent Tree）的方式，将文件数据组织成为一棵 B+树，通常用于大型文件的存放。为了兼容 Ext3 及之前的文件系统，Ext4 也实现了间接块的方式。

　　本书仅介绍区段树的管理方式。区段树的数据结构如图 7-34 所示，其数据管理的入口是 ext4_inode 项，用来描述 B+树结构的数据结构（包含 ext4_extent_header 和 ext4_extent_idx）。在区段树管理结构中，只有叶子节点中的数据表示文件逻辑地址与磁盘物理地址的映射关系。此管理方式中有 3 个关键数据结构，分别是 ext4_extent_header、ext4_extent_idx 和 ext4_extent。

📖 Extent Tree 数据结构中，ext4_inode 表示 i-节点项，存放：ext4_extent_header 为 extent 头；ext4_extent_idx 为 extent 索引节点，指向 extent 索引节点块或节点；ext4_extent 为 extent 结构体，通常存放叶子节点，叶子节点直接存放文件的起始块号及文件大小。

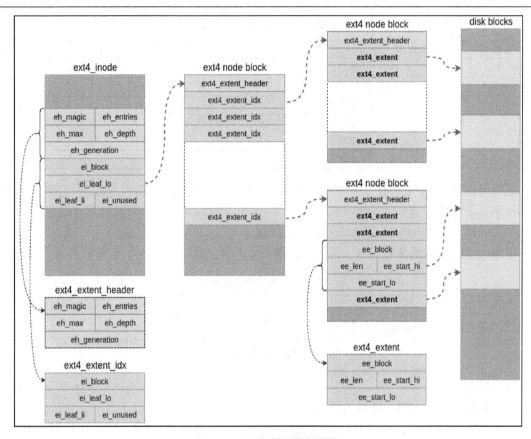

图 7-34   区段树的数据结构

大型文件分别存放在多个区段树中。区段树的使用提高了文件系统的性能，减少了文件碎片。区段树结构组成部分之间的关联，如图 7-35 所示。

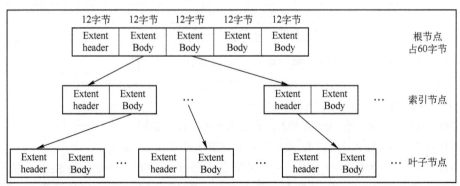

图 7-35   区段树结构

图 7-33 中阴影部分（0x28~0x63 偏移处的 60 字节）为区段树的 Extent 节点，存储区段树的根节点信息。由图 7-34 和图 7-35 的区段树结构可知，每个 Extent 结构体（包括Extent

Header 与 Extent Body）占 12 字节。Extent 节点中的前 12 字节为 Extent Header，一个 i-节点中最多存放 4 个 Extent Body。如果文件很大，需要用到超过 4 个 Extent Body，则需要用到 Extent 节点块存放其他的 Extent Body 信息，类似于 Ext3 文件系统中的间接块存放直接块地址。

Extent Header 结构如表 7-7 所示。

表 7-7　Extent Header 结构

字 节 偏 移	长度/字节	字 段 定 义
00H~01H	2	魔数，校验值，只有当检验结果是 0xF30A 时，B+树的块才正确
02H~03H	2	区段数
04H~05H	2	最大区段数
06H~07H	2	节点在区段树中的深度。0 则表示为叶子节点，大于 0 时表示为索引节点，指向其他区段节点
08H~0BH	4	未使用

区段树中的节点有两种：索引节点和叶子节点，当节点为索引节点时（可从 Extent Header 中区分索引节点和叶子节点），Extent Body 中存储的是下一级区段树节点信息，当节点为叶子节点时 Extent Body 中存储的是数据块信息。

下面分析区段树的两种节点。当节点为索引节点时，其结构如表 7-8 所示。

表 7-8　索引节点结构

字 节 偏 移	长度/字节	字 段 定 义
00H~03H	4	逻辑块号
04H~07H	4	下一级区段节点块号（低 32 位），可以指向叶子节点或者索引节点
08H~09H	2	下一级区段节点块号（高 16 位）
0AH~0BH	2	未使用

当节点为叶子节点时，其结构如表 7-9 所示。

表 7-9　叶子节点结构

字 节 偏 移	长度/字节	字 段 定 义
00H~03H	4	此区段的第一个块号，逻辑起始块号
04H~05H	2	区段内包含的块数
06H~07H	2	此区段所指向的块号（高 16 位）
08H~0BH	4	此区段所指向的块号（低 32 位）

叶子节点中的块号直接指向数据的块号，可以直接定位文件。

图 7-33 中区段树的 Extent Header 分析，28H~33H 为 Extent Header 部分，占 12 字节，具体数值分析（偏移量为相对选中区域）如下。

① 00H~01H：魔数，值为 0xF30A，表示 B+树中的块正确。

② 02H~03H：区段数为 1，表示根节点中只有 1 个 Extent Body。

③ 04H~05H：最大区段数为 4，表示根节点中最多可以有 4 个 Extent Body；根节点共有 60 字节，除去 Extent Header 占 12 字节，每个 Extent Body 占 12 字节，故剩下的 48 字节可分成 4 个 Extent Body。

④ 06H~07H：值为 0，表示 Extent Body 为叶子节点，直接存储数据块相应信息。

⑤ 0CH~0FH：Extent Body 部分，占 12 字节，此处存储叶子节点信息，具体数值（偏移

量相对于 Extent Body 起始字节）如下。

00H~03H：值为 0，即逻辑块号为 0，因其是第 1 个 Extent Body，故起始块号为 0。

04H~05H：值为 1，表示此叶子节点所存储的数据块仅占用 1 个块。

08H~0BH：值为 x00002424，即 9252，表示此数据块的起始块号为 9252，对应 74016 扇区。

7.2.3　Ext4 文件系统目录项分析

7.2.3　Ext4 文件系统目录项分析

Ext4 文件系统的目录项用来存放文件及目录的 i-节点号、目录项的长度、文件名等信息，目录项存储在目录区中，目录区存储在分配给目录的块中，目录区地址的起始块号在相应的目录 i-节点内进行描述。目录项的长度随着文件名长度而有所变化，文件名最长 255 个字符，使用 ASCII 编码方式。目录项长度是 4 字节的倍数，起始位置位于目录内可被 4 整除的相对偏移字节处，如长度不是 4 字节的倍数，则在文件名后添加空字节以达到 4 字节的倍数。

目录区中的前两个目录项一定是"."和".."。其中，"."目录表示当前目录，".."目录表示父目录。

每个目录项中有一个长度值指向下一个目录项，最后一个目录项的长度则指向本目录区的结尾处（结尾处占 12 字节），图 7-36 为某个目录区的结尾处。目录项结构如表 7-10 所示。

表 7-10　目录项结构

字 节 偏 移	长度/字节	字 段 定 义
00H~03H	4	i-节点号
04H~05H	2	目录项长度
06H~06H	1	名称长度
07H~07H	1	文件类型（具体见表 7-11）
08H~	变长	文件名

表 7-11　文件类型

类 型 值	类 型 含 义
01H	文件
02H	目录
07H	符号链接

7.2 Ext4块组描述符	**7.2 Ext4块组描述符, P1**																
Offset	0	1	2	3	4	5	6	7	8	9	A	B	C	D	E	F	
002424FB0	00 00 00 00	00 00 00 00	00 00 00 00	00 00 00 00	
002424FC0	00 00 00 00	00 00 00 00	00 00 00 00	00 00 00 00	
002424FD0	00 00 00 00	00 00 00 00	00 00 00 00	00 00 00 00	
002424FE0	00 00 00 00	00 00 00 00	00 00 00 00	00 00 00 00	
002424FF0	00 00 00 00	00 00 00 00	0C 00 00 DE	8D F7 3B 26	Þ ÷;&
002425000	0B 00 00 00	0C 00 01 02	2E 00 00 00	02 00 00 00	.
002425010	E8 0F 02 02	2E 2E 00 00	00 00 00 00	00 00 00 00	è ..
002425020	00 00 00 00	00 00 00 00	00 00 00 00	00 00 00 00	
Sector 74,023 of 41,940,992		Offset:		2424FFF		= 38	Block:		2424FF4

图 7-36　目录区结尾处

图 7-37 中为根目录区，此根目录包含 4 个目录，以不同颜色区分开来，目录名为："." "..""lost+found"和"001"，其中，"."表示根目录本身，".."表示父目录，根目录的父

目录就是其本身。下面详细分析下根目录区。

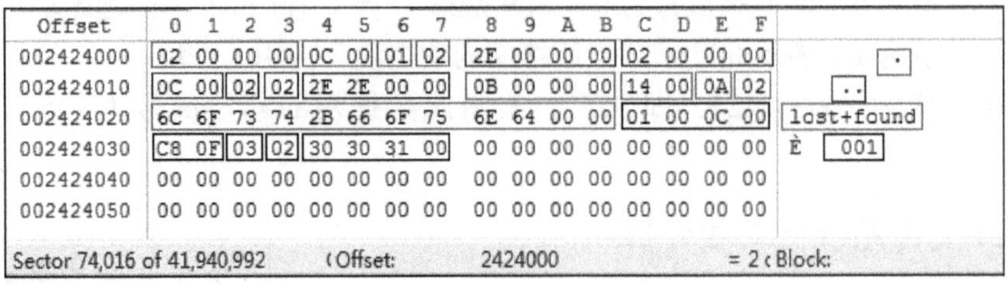

图 7-37　Ext4 根目录区

① 00H～0BH 表示目录 "." 的相关信息。

00H～03H：目录所在的 i-节点号，此处为 2，表示本目录的 i-节点号为 2，因 2 号 i-节点是分配给根目录使用，故此目录为根目录区。

04H～05H：目录项的长度，此处为 12，表示此目录项占 12 字节，从 00H～0BH 描述本目录项；

06H：文件或目录的名称长度，如果是文件，则是文件名称的长度，如果是目录，则是目录名称的长度。此处是 1，则表示该目录名称只有 1 个字符。

07H：目录项的类型，此处为 2，表示此目录项描述目录信息。

08H～0BH：文件名。此处为 "."，表示本目录，其文件名占 1 字节，因为不足 4 字节，故在 0x2E 后添加 0x00，填充至 4 字节的整数倍（此处为 1 倍）。

② 0CH～17H 表示目录 ".." 的相关信息。

0CH～0FH：父目录所在的 i-节点号，此处为 2，表示父目录为根目录。

10H～11H：目录项的长度，此处为 12，表示此目录项占 12 字节，从 0CH～17H 描述本目录项。

12H：文件或目录的名称长度。此处是 2，则表示该目录名称有 2 个字符。

13H：目录项的类型，此处为 2，表示此目录项描述目录信息。

14H～17H：文件名。此处为 ".."，表示父目录名称，其文件名占 2 字节，因为不足 4 字节，故在 15H 后添加 00H，填充至 4 字节的整数倍（此处为 1 倍）。

③ 18H～2BH 表示目录 "lost+found" 的相关信息。

18H～1BH：目录所在的 i-节点号，此处为 11，表示 "lost+found" 目录的 i-节点号为 11。编号为 0～10 的 i-节点为系统使用，用户使用的 i-节点号从 11 开始。

1CH～1DH：目录项的长度，此处为 20，表示此目录项占 20 字节，从 18H～2BH 共 20 个字节描述本目录项。

1EH：文件或目录的名称长度，如果是文件，则描述文件名称的长度，如果是目录，则描述目录名称的长度。此处是 10，则表示该目录名称占 10 字节。

1FH：目录项的类型，此处为 2，表示此目录项描述目录信息。如果为 1，则表示此目录项描述文件信息。

20H～2BH：文件名。此处为 "lost+found"，因使用 ASCII 编码方式，故文件名占 10 字节。文件名不足 12 字节，故在 0x29 后添加 0x00，填充至 4 字节的整数倍。

④ 2CH～37H 表示目录 "001" 的相关信息。

2CH～2FH：目录所在的 i-节点号，此处为 0x000C0001，即 786433，表示 "001" 目录的

i-节点号为 786433。

30H~31H：目录项的长度，此处为 0x0FC8，即 4040。此目录项为本目录区的最后一个目录项，故此目录项的长度指向本目录区的结尾处，结尾处占 12 个字节，如图 7-36 所示。目录区占 1 个块，即 4096 字节，除去前 3 个目录的长度（12+12+20，即 44），故此处的长度为4096-44-12=4040。

32H：文件或目录的名称长度，如果是文件，则是文件名称的长度，如果是目录，则是目录名称的长度。此处是 3，则表示该目录名称占 3 字节。

33H：目录项的类型，此处为 2，表示此目录项描述目录信息。

34H~37H：文件名。此处为 "001"，该目录的文件名占 3 字节，因为不足 4 字节，故在36H 后添加 00H，填充至 4 字节的整数倍（此处为 1 倍）。

7.2.4　任务实施

1. 根目录的修复

7.2.4　任务实施

如果 Ext4 文件系统的根目录区被破坏，即使文件系统正常加载，也无法正常访问文件系统内的数据。Ext4 文件系统中的文件定位的步骤如下。

1）读取超级块中的块大小、每块组 i-节点数。

2）读取 0 号块组中的块组描述符表存储的 0 号块组描述符信息。

3）定位 0 号块组的 i-节点表，读取 2 号 i-节点的起始块号，即根目录的起始块号。

4）定位目录区（包括根目录区和子目录区），寻找文件所在的 i-节点号或文件所在的子目录 i-节点号。

5）计算文件或子目录 i-节点号所在的块组号及此节点号在相应块组 i-节点表中的序号。

6）读取文件或目录所在块组的 i-节点表，获取文件或目录所在的 i-节点中数据块的起始块号。

7）定位文件或目录，如果是目录，重复步骤 4）~步骤 7），直至找到文件数据块，读取文件数据。

由此可见，根目录在文件定位中是个入口，如果根目录不正常，则文件系统显示不正常。本实例中的根目录区因为病毒破坏而被清 0，需要修复此文件系统的根目录区。

修复此根目录区的步骤如下。

（1）读取超级块中的块大小

加载故障磁盘，使用 WinHex 打开故障磁盘，磁盘分区如图 7-38 所示。

Partitioning style: MBR							
Name	Ext.	Size	Created	Modified	Record changed	Attr.	1st sector
Start sectors		1.0 MB					0
Partition 1	Ext4	15.0 GB					2,048

图 7-38　故障磁盘

双击 Partition 1，进入 Ext4 文件系统，定位超级块所在的 2 号扇区，0x18~0x1B 偏移处读取块大小，为 4096 字节，即 8 个扇区，如图 7-39 所示。

（2）定位块组描述符表，读取 0 号块组的 i-节点表

定位至 8 号扇区，即块组描述符表，读取 0 号块组的 i-节点表起始块号 0x00000423，即

1059 号块，8472 号扇区。如图 7-40 所示。

Offset	0	1	2	3	4	5	6	7	8	9	A	B	C	D	E	F	
000000400	00	00	0F	00	00	FF	3B	00	F3	FF	02	00	E5	A5	3A	00	ÿ; óÿ å¥:
000000410	EE	FF	0E	00	00	00	00	00	02	00	00	80	02	00	00	00	îÿ €
000000420	00	80	00	00	00	80	00	00	00	20	00	00	9C	1F	7F	5D	€ € œ]
000000430	B2	20	7F	5D	01	00	FF	FF	53	EF	01	00	01	00	00	00	²] ÿÿSï
000000440	BD	1E	7F	5D	00	00	00	00	00	00	01	00	00	00	00	00	½]
000000450	00	00	00	00	0B	00	00	00	00	00	00	00	3C	00	00	00	<
000000460	C2	02	00	00	6B	04	00	00	0B	63	76	F1	84	47	40	FB	Â k cvñ„G@û
000000470	9F	05	E9	DC	00	F5	8A	BB	00	00	00	00	00	00	00	00	Ÿ éÜ õŠ»
Sector 2 of 31,455,232									Offset:							41B	

图 7-39　超级块

	7.2.5 Ext4根目录重构实例				7.2.5 Ext4根目录重构实例, P1												
Offset	0	1	2	3	4	5	6	7	8	9	A	B	C	D	E	F	
000000FF0	00	00	00	00	00	00	00	00	00	00	00	00	00	00	00	00	
000001000	03	04	00	00	13	04	00	00	23	04	00	00	D7	5B	F5	1F	# ×[õ
000001010	02	00	04	00	00	00	00	00	ED	3D	D9	A9	F5	1F	B7	1D	í=Ù©õ ·
000001020	00	00	00	00	00	00	00	00	00	00	00	00	00	00	00	00	
000001030	00	00	00	00	00	00	00	00	80	2C	81	28	00	00	00	00	€, (
000001040	04	04	00	00	14	04	00	00	23	06	00	00	FD	7B	00	20	# ý{
000001050	00	00	07	00	00	00	00	00	00	00	00	00	00	20	CB	06	Ë
000001060	00	00	00	00	00	00	00	00	00	00	00	00	00	00	00	00	
Sector 8 of 31,455,232									Offset:							100B	

图 7-40　块组描述符表

（3）根目录区的定位

1）跳转至 8472 号扇区读取 0 号块组的 i-节点表，如图 7-41 所示。每个 i-节点项占 256 字节，i-节点从 1 开始编号，根目录的 i-节点号为 2。

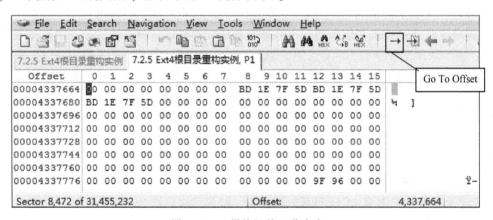

图 7-41　0 号块组的 i-节点表

2）光标定位 8472 号扇区第 1 字节，向下偏移 256 字节。方法：单击如图 7-41 所示的"Go To Offset"按钮，在弹出的如图 7-42 所示的"Go To Offset"对话框中输入 256，单位为"Bytes"（字节），选择相对于"current position"（当前位置），单击"OK"按钮。

3）定位 2 号 i-节点（即根目录）的信息，如图 7-43 所示。从标识"1"处可知 i-节点采用区段树方式，从标识"2"处可知 Extent Body 为叶子节点，直接指向数据块，读取标识"3"处 Extent Body 中数据块（此处为根目

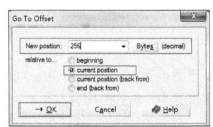

图 7-42　"Go To Offset"对话框

录）的起始块号 0x00002423，即 9251 号块，74008 扇区。

Offset	0	1	2	3	4	5	6	7		8	9	10	11	12	13	14	15	
00004337904	00	00	00	00	00	00	00	00		00	00	00	00	00	00	00	00	
00004337920	ED	41	00	00	00	10	00	00		DB	1F	7F	5D	AE	1F	7F	5D	íA　　　Û　]ƌ]
00004337936	AE	1F	7F	5D	00	00	00	00		00	00	05	00	08	00	00	00	ƌ]
00004337952	00	00	08	00	02	00	00	00		0A	F3	01	00	04	00	00	00	2　　ó
00004337968	00	00	00	00	00	00	00	00		01	00	00	00	23	24	00	00	3　　　#$
00004337984	00	00	00	00	00	00	00	00		00	00	00	00	00	00	00	00	
00004338000	00	00	00	00	00	00	00	00		00	00	00	00	00	00	00	00	
00004338016	00	00	00	00	00	00	00	00		00	00	00	00	00	00	00	00	

Sector 8,472 of 31,455,232　　　　　Offset:　　　　　4,337,983

图 7-43　2 号 i-节点

4）跳转至 74008 号扇区，即为根目录区，根目录区无数据，如图 7-44 所示。

Offset	0	1	2	3	4	5	6	7		8	9	A	B	C	D	E	F
002423000	00	00	00	00	00	00	00	00		00	00	00	00	00	00	00	00
002423010	00	00	00	00	00	00	00	00		00	00	00	00	00	00	00	00
002423020	00	00	00	00	00	00	00	00		00	00	00	00	00	00	00	00
002423030	00	00	00	00	00	00	00	00		00	00	00	00	00	00	00	00
002423040	00	00	00	00	00	00	00	00		00	00	00	00	00	00	00	00
002423050	00	00	00	00	00	00	00	00		00	00	00	00	00	00	00	00
002423060	00	00	00	00	00	00	00	00		00	00	00	00	00	00	00	00
002423070	00	00	00	00	00	00	00	00		00	00	00	00	00	00	00	00

扇区 74,008 / 31,455,232　　　　　偏移量：　　　　　2423000

图 7-44　故障根目录区

（4）复制正常文件系统的根目录数据至故障根目录区

使用 WinHex 打开正常的 Ext4，复制其根目录信息至该故障根目录区，如图 7-45 所示。

Offset	0	1	2	3	4	5	6	7		8	9	A	B	C	D	E	F	
002423000	02	00	00	00	0C	00	01	02		2E	00	00	00	02	00	00	00	.
002423010	0C	00	02	02	2E	2E	00	00		0B	00	00	00	14	00	0A	02	..
002423020	6C	6F	73	74	2B	66	6F	75		6E	64	00	00	00	00	00	00	lost+found
002423030	00	00	00	00	00	00	00	00		00	00	00	00	00	00	00	00	
002423040	00	00	00	00	00	00	00	00		00	00	00	00	00	00	00	00	
002423050	00	00	00	00	00	00	00	00		00	00	00	00	00	00	00	00	
002423060	00	00	00	00	00	00	00	00		00	00	00	00	00	00	00	00	
002423070	00	00	00	00	00	00	00	00		00	00	00	00	00	00	00	00	

扇区 74,008 / 31,455,232　　　　　偏移量：　　　　　2423000

图 7-45　复制过来的根目录区

由于根目录的 i-节点号固定为 2，目录区中的"."".."和"lost+found"是根目录中固有的目录项，所以可以直接找到正常的根目录的前 3 项复制至故障根目录区。

（5）搜索子目录区，构建虚拟子目录

1）搜索父目录为根目录的子目录区，即查找子目录区中的"..",即父目录项，方法：搜索十六进制值"020000000C0002022E2E"，向下搜索，偏移量为"512=12"，如图 7-46 所示。

2）搜索至第 1 个子目录区，这是一个空的子目录区，只有本目录项和父目录项，无数据存在，如图 7-47 所示。

图 7-46　搜索设置

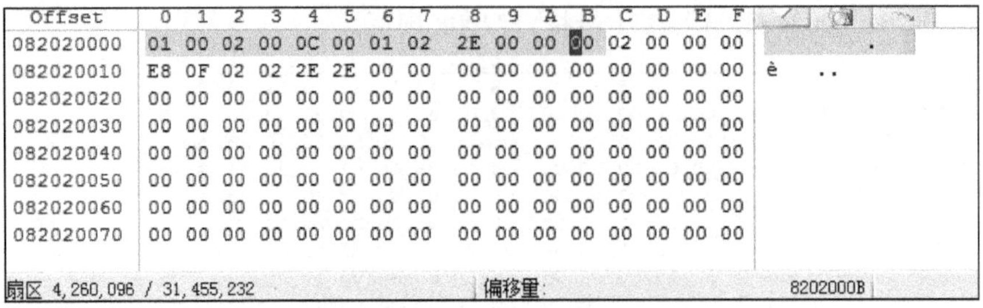

Offset	0	1	2	3	4	5	6	7	8	9	A	B	C	D	E	F		
082020000	01	00	02	00	0C	00	01	02	2E	00	00	00	02	00	00	00		.
082020010	E8	0F	02	02	2E	2E	00	00	00	00	00	00	00	00	00	00	è	..
082020020	00	00	00	00	00	00	00	00	00	00	00	00	00	00	00	00		
082020030	00	00	00	00	00	00	00	00	00	00	00	00	00	00	00	00		
082020040	00	00	00	00	00	00	00	00	00	00	00	00	00	00	00	00		
082020050	00	00	00	00	00	00	00	00	00	00	00	00	00	00	00	00		
082020060	00	00	00	00	00	00	00	00	00	00	00	00	00	00	00	00		
082020070	00	00	00	00	00	00	00	00	00	00	00	00	00	00	00	00		

扇区 4,260,096 / 31,455,232　　　偏移量　　　8202000B

图 7-47　搜索到第 1 个子目录区

3）复制图 7-47 所选的"."目录项，即子目录区本身信息，粘贴至 74008 扇区的根目录区，并修改"."为"1"，如图 7-48 所示。

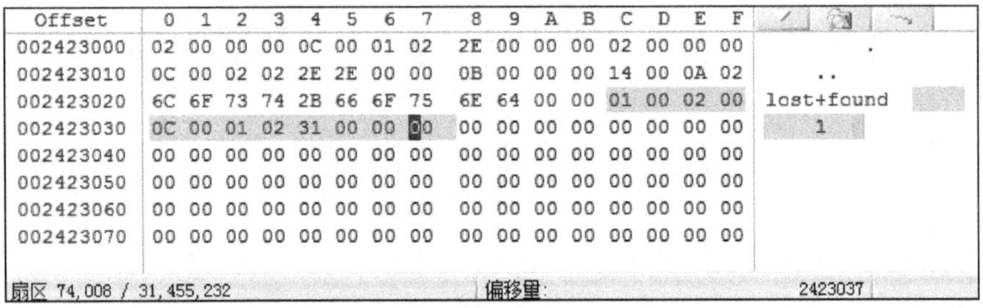

Offset	0	1	2	3	4	5	6	7	8	9	A	B	C	D	E	F		
002423000	02	00	00	00	0C	00	01	02	2E	00	00	00	02	00	00	00		.
002423010	0C	00	02	02	2E	2E	00	00	0B	00	00	00	14	00	0A	02		..
002423020	6C	6F	73	74	2B	66	6F	75	6E	64	00	00	01	00	02	00	lost+found	
002423030	0C	00	01	02	31	00	00	00	00	00	00	00	00	00	00	00	1	
002423040	00	00	00	00	00	00	00	00	00	00	00	00	00	00	00	00		
002423050	00	00	00	00	00	00	00	00	00	00	00	00	00	00	00	00		
002423060	00	00	00	00	00	00	00	00	00	00	00	00	00	00	00	00		
002423070	00	00	00	00	00	00	00	00	00	00	00	00	00	00	00	00		

扇区 74,008 / 31,455,232　　　偏移量　　　2423037

图 7-48　根目录区修复第 1 个子目录项

4）继续搜索"020000000C0002022E2E0000"，偏移量为"512＝12"，找到第 2 个子目录区，如图 7-49 所示。

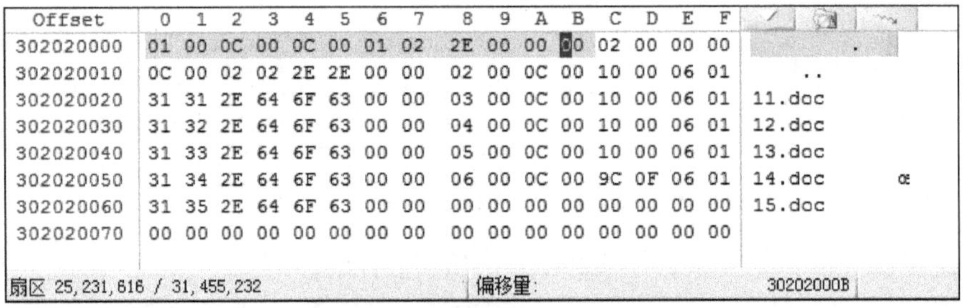

Offset	0	1	2	3	4	5	6	7	8	9	A	B	C	D	E	F		
302020000	01	00	0C	00	0C	00	01	02	2E	00	00	00	02	00	00	00		.
302020010	0C	00	02	02	2E	2E	00	00	02	00	00	00	10	00	06	01		..
302020020	31	31	2E	64	6F	63	00	00	03	00	0C	00	10	00	06	01	11.doc	
302020030	31	32	2E	64	6F	63	00	00	04	00	0C	00	10	00	06	01	12.doc	
302020040	31	33	2E	64	6F	63	00	00	05	00	0C	00	10	00	06	01	13.doc	
302020050	31	34	2E	64	6F	63	00	00	06	00	0C	00	9C	0F	06	01	14.doc	œ
302020060	31	35	2E	64	6F	63	00	00	00	00	00	00	00	00	00	00	15.doc	
302020070	00	00	00	00	00	00	00	00	00	00	00	00	00	00	00	00		

扇区 25,231,616 / 31,455,232　　　偏移量　　　30202000B

图 7-49　搜索到第 2 个子目录区

5）复制图 7-49 中所选的 12 字节至位于 74008 扇区的根目录区，修改"."为"2"，如图 7-50 所示。

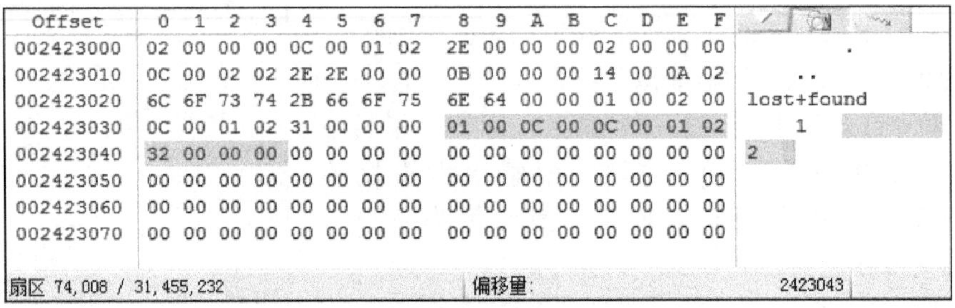

Offset	0	1	2	3	4	5	6	7	8	9	A	B	C	D	E	F		
002423000	02	00	00	00	0C	00	01	02	2E	00	00	00	02	00	00	00		.
002423010	0C	00	02	02	2E	2E	00	00	0B	00	00	00	14	00	0A	02		..
002423020	6C	6F	73	74	2B	66	6F	75	6E	64	00	00	01	00	02	00	lost+found	
002423030	0C	00	01	02	31	00	00	00	01	00	0C	00	0C	00	01	02	1	
002423040	32	00	00	00	00	00	00	00	00	00	00	00	00	00	00	00	2	
002423050	00	00	00	00	00	00	00	00	00	00	00	00	00	00	00	00		
002423060	00	00	00	00	00	00	00	00	00	00	00	00	00	00	00	00		
002423070	00	00	00	00	00	00	00	00	00	00	00	00	00	00	00	00		

扇区 74,008 / 31,455,232　　　偏移量　　　2423043

图 7-50　根目录区修复第 2 个子目录项

6）如果存在根目录下的其他子目录区，以类似的方法完成目录项的重建，保存修改。

（6）查看分区修复情况

1）打开 R-Studio，查看磁盘分区情况，如图 7-51 所示。

图 7-51　R-Studio

2）双击图中的"HarddiskVolume9"，即故障磁盘，打开 Ext4，内容如图 7-52 所示。图中可知目录项显示正常。

图 7-52　HarddiskVolume9 分区内容

至此，Ext4 中根目录区修复完成。子目录区的修复类似于根目录区的修复，不再赘述。

如果已知文件或目录所在的 i-节点号，其所在的块组号及块组 i-节点表中的序号，计算公式如下：

i-节点号所在块组 =（i-节点号 - 1）DIV　每块组 i-节点数；

块组 i-节点表中的序号 =［（i-节点号 - 1）MOD 每块组 i-节点数］+ 1。

注意：DIV 为整除运算，MOD 为取余运算。

---

2. 手工提取文件

在 Ext4 文件系统中，提取文件的思路是：首先找到根目录区，寻找文件所在的目录项，再定位文件，并提取文件。下面将以实例的形式讲解 Ext4 文件系统中提取文件的方法。该实例中从 0 号扇区至块组描述符表、根目录区均因病毒而变成乱码，目标文件为"36.doc"，修复的方法很多，下面仅介绍手工提取文件方法。

具体步骤如下。

（1）读取块组 i-节点表

使用 WinHex 打开该磁盘，因为 0 号块组中的超级块及块组描述符表均被破坏，需找到 1 号块组中超级块的备份，搜索十六进制值"53EF"，偏移量为"512＝56"，如图 7-11 所示。在 262144 扇区处搜索到疑似超级块备份，如图 7-53 所示：块大小为 4096 字节，即 8 扇区；i-节点大小为 256 字节；每块组 i-节点数为 8192，每块组包含的块数为 32 768，则每块组包含的扇区数为 32 768×8＝262 144，故 262 144 扇区处的超级块为有效超级块备份。

图 7-53　超级块备份

块组描述符表位于超级块的下一个块，故从 262 144 扇区处向下偏移 8 扇区，定位至 262 152 扇区，如图 7-54 所示。读取块组描述符表备份中的 0 号块组描述符信息，即第 1 个块组描述符项。得知 0 号块组的 i-节点表起始于 0x00000424，即 1060 号块，位于 8480 号扇区。

图 7-54　块组描述符表备份

（2）读取日志信息块

定位至 8480 号扇区，0 号块组的 i-节点表所在位置，如图 7-55 所示。

图 7-55　0 号块组的 i-节点表

其中 8 号为日志信息块的 i-节点号。定位 i-节点表的首字节，向下偏移 7×256＝1792（字节），跳转至 8 号 i-节点，其内容如图 7-56 所示。从 i-节点内容（标记"1"处）得知此 Ext4 文件系统启用区段树结构，Extent Header（标记"2"处）中得知 Extent Body 为叶子节点，读取 Extent Body 中的数据块号（标记"3"处）为 0x00208000，即 2 129 920 号块。

Offset	0 1 2 3 4 5 6 7	8 9 A B C D E F	
000424700	80 81 00 00 00 00 00 08	80 3C 7E 5D 80 3C 7E 5D	€ €<~]€<~]
000424710	80 3C 7E 5D 00 00 00 00	00 00 01 00 00 00 04 00	€<~]
000424720	00 00 08 00 00 00 00 00	0A F3 01 00 04 00 00 00	2 ó
000424730	00 00 00 00 00 00 00 00	00 80 00 00 00 80 20 00	3 € €
000424740	00 00 00 00 00 00 00 00	00 00 00 00 00 00 00 00	
000424750	00 00 00 00 00 00 00 00	00 00 00 00 00 00 00 00	
000424760	00 00 00 00 00 00 00 00	00 00 00 00 00 00 00 00	
000424770	00 00 00 00 00 00 00 00	00 00 00 00 75 B2 00 00	u²
000424780	20 00 BE E9 00 00 00 00	00 00 00 00 00 00 00 00	¾é
000424790	80 3C 7E 5D 00 00 00 00	00 00 00 00 00 00 00 00	€<~]
0004247A0	00 00 00 00 00 00 00 00	00 00 00 00 00 00 00 00	
0004247B0	00 00 00 00 00 00 00 00	00 00 00 00 00 00 00 00	
0004247C0	00 00 00 00 00 00 00 00	00 00 00 00 00 00 00 00	
0004247D0	00 00 00 00 00 00 00 00	00 00 00 00 00 00 00 00	
扇区 8,483 / 41,940,992		偏移量:	42473F

图 7-56　8 号 i-节点的内容

日志信息块起始块号为 2 129 920，对应 17 039 360 扇区，定位至 17 039 360 扇区处的日志信息块。如图 7-57 所示。

Offset	0 1 2 3 4 5 6 7	8 9 A B C D E F	
208000000	C8 3B 39 98 00 00 00 04	00 00 00 00 00 00 10 00	È;9˜
208000010	00 00 80 00 00 00 00 01	00 00 00 0A 00 00 00 00	€
208000020	00 00 00 00 00 00 00 00	00 00 00 00 00 12 00 00	
208000030	20 08 89 F3 4E F8 48 9D	BA A2 51 B7 22 4A 33 07	‰óNøH˝ º¢Q·"J3
208000040	00 00 00 01 00 00 00 00	00 00 00 00 00 00 00 00	
208000050	04 00 00 00 00 00 00 00	00 00 00 00 00 00 00 00	
208000060	00 00 00 00 00 00 00 00	00 00 00 00 00 00 00 00	
208000070	00 00 00 00 00 00 00 00	00 00 00 00 00 00 00 00	
208000080	00 00 00 00 00 00 00 00	00 00 00 00 00 00 00 00	
208000090	00 00 00 00 00 00 00 00	00 00 00 00 00 00 00 00	
扇区 17,039,360 / 41,940,992		偏移量:	208000000

图 7-57　日志信息块

（3）搜索文件名并读取文件所在的目录区

1）在日志信息块中搜索文件名"36.doc"，单击工具栏上的"Find Text"按钮，在弹出的对话框中输入"36.doc"，选择"ASCII/Code page"编码，"向下"搜索，如图 7-58 所示。

2）搜索到"36.doc"文件所在的子目录区，如图 7-59 所示，该目录区是在日志信息块中的存储记录。

3）按表 7-10 分析，在图 7-59 所示①处读取"36.doc"的 i-节点号，为 0x000C0007，即 786439，图 7-59 所示②处为目录项的长度，16 字节，图 7-59 所示③处为目录项名称长度，此处为 6，即 36.doc 文件名占 6 个字节，图 7-59 所示④处为 1，表示此目录项描述的是文件信息，图 7-59 所示⑤处为目录项名称，即"36.doc"。

（4）读取"36.doc"文件的 i-节点信息

"36.doc"文件的 i-节点号为 786439，计算其所在的块组为

$$（786439 - 1）\ DIV\ \ 8192 = 96$$

786439 号 i-节点在 96 号块组 i-节点表的序号为

$$[（786439 - 1）\ MOD\ 8192] + 1 = 7$$

图 7-58　搜索"36.doc"

图 7-59 "36.doc" 文件所在的子目录区

说明 "36.doc" 文件的 i-节点位于 96 号块组的 i-节点表的 7 号 i-节点。

读取 1 号块组中块组描述符表（即 262 152 扇区）6144 字节（96×64 字节）偏移处的 96 号块组描述符信息，如图 7-60 所示，得知该块组的 i-节点表块号为 0x00300020，即 3 145 760。

图 7-60 96 号块组的块组描述符

跳转至 25 166 080 扇区（3 145 760×8），读取 96 号块组的 i-节点表信息，每个 i-节点占 256 字节，7 号 i-节点偏移 (7−1)×256 = 1536（字节），读取 i-节点表中 1536 字节偏移处的 7 号 i-节点信息，其内容如图 7-61 所示。

图 7-61 "36.doc" 文件的 i-节点

如图 7-61 所示①处可以看到 "36.doc" 文件的 i-节点使用了 Extent 区段树结构，如图 7-61 所示②处表明 Extent Body 为叶子节点，读取如图 7-61 所示③处区段块号 0x00308014，对应 3 178 516 号块，如图 7-61 所示④处的总字节数为 13126。

（5）提取"36. doc"文件数据

定位"36. doc"文件起始块号 3 178 516，对应 25 428 128 扇区，如图 7-62 所示，选择 13 126 字节数据，右击，在快捷菜单中选择"Edit"→"Copy Block"→"Into New File"命令，如图 7-63 和图 7-64 所示，保存文件为"36. doc"，文件能正常打开。

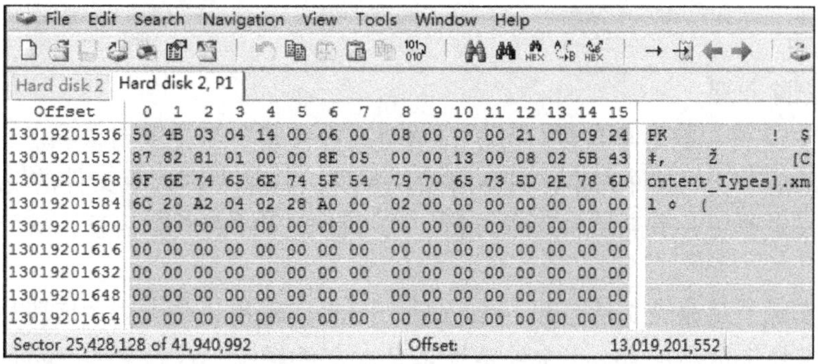

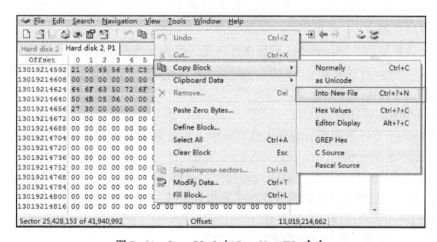

图 7-62 "36. doc"文件数据区

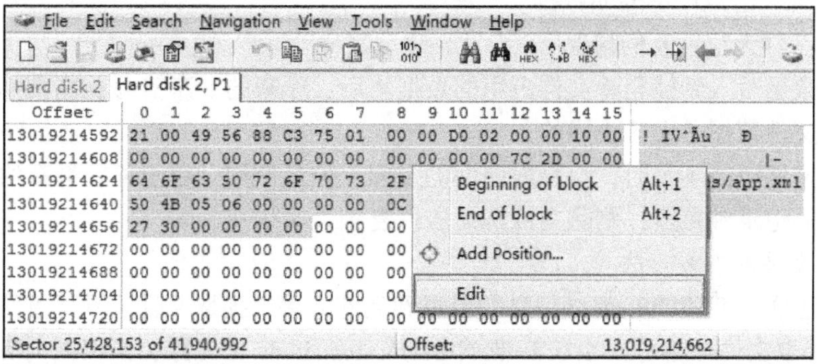

图 7-63 Edit 命令

图 7-64 Copy Block 与 Into New File 命令

至此，"36. doc"文件提取完成。

任务 7.3　实训

7.3.1　Ext4 文件删除与恢复

1. 实训知识

（1）文件删除原理

在 Ext4 中，文件以块为单位进行分配，每个文件有其 i-节点和目录项。i-节点包含了与文件本身相关的信息，如文件大小、数据起始块号等。目录项则记录文件的 i-节点号、文件名等信息，将目录项与 i-节点结合起来分析，就可获得文件的所有信息，从而定位其数据存放的地址。

删除文件实际上是删除文件名和 i-节点号之间的关联及 i-节点内的区段树信息，实际上文件所在的数据块依然存在。Ext4 文件系统是日志文件系统，日志文件（Journal）记录创建和删除文件的记录，当删除文件时，系统首先把文件 i-节点信息和文件名写入日志文件，再删除文件并清空 i-节点中的原始数据。

（2）删除文件无法恢复的情况

- 当新的数据写入到被删除文件占用的数据块后，原来的 i-节点号就指向新的数据，这时被删除文件数据是无法找回的。
- 当日志文件空间不足时，会释放前面的空间，循环使用，用于存放最新的记录，如果删除文件的记录被覆盖，删除文件是无法恢复的。

（3）删除文件的恢复方法

- 根据日志文件残留的 i-节点信息，定位到文件，手工提取文件，具体方法详见本任务中"手工提取文件"部分。由于 i-节点中的 Extent Body 被删除，需根据前后文件进行分析提取。本节不详述。日志文件恢复只适合小数据量的恢复，因为日志文件的空间有限，存放记录有限。对于大型文件如 Oracle 等数据库文件恢复，采用逆向推算和数据文件本身特点来提取。
- 使用文件恢复软件 extundelete 进行文件恢复，可自行搜索软件及相关使用方法。
- 使用 R-Studio 进行磁盘分区扫描，根据扫描结果分析寻找删除文件。本节的实训将以此方法进行删除文件的恢复。

（4）文件删除前后底层分析

首先对 Ext4 中文件删除前后的变化进行分析，再对如何恢复被删除文件进行分析。

1）文件删除前的分析。

以具体文件为例来分析文件删除前后的变化。目标文件名为"12.doc"，具体文件存放为"\002\12.doc"。按照文件系统的管理方式定位该文件。

① 读取超级块和块组描述符的参数。

读取 2 号扇区超级块中的关键参数，具体如下：

- 块大小为 4096 字节。
- 每块组包含的块数为 32768。
- 每块组包含的 i-节点数为 8192。
- i-节点大小为 256 字节。

- 0 号块组的 i-节点表起始块号为 1059。

② 读取 0 号块组的 i-节点表并定位根目录区。

- 定位 0 号块组的 i-节点表所在的 1059 号块，对应 8472 号扇区，根目录为 2 号 i-节点，从 8472 号扇区起始处跳转 256 字节，读取 2 号 i-节点的内容，如图 7-65 所示。

Offset	0	1	2	3	4	5	6	7	8	9	A	B	C	D	E	F	
000423100	ED	41	00	00	00	10	00	00	FA	1B	8B	5D	15	1C	8B	5D	íA　　ú‹]　‹]
000423110	15	1C	8B	5D	00	00	00	00	00	04	00	08	00	00	00	00	‹]
000423120	00	00	08	00	01	00	00	00	0A	F3	01	00	04	00	00	00	ó
000423130	00	00	00	00	00	00	00	00	01	00	00	00	23	24	00	00	#$
000423140	00	00	00	00	00	00	00	00	00	00	00	00	00	00	00	00	
000423150	00	00	00	00	00	00	00	00	00	00	00	00	00	00	00	00	
000423160	00	00	00	00	00	00	00	00	00	00	00	00	00	00	00	00	
000423170	00	00	00	00	00	00	00	00	00	00	00	00	51	B6	00	00	Q¶
000423180	20	00	50	14	00	78	F0	A5	00	78	F0	A5	00	00	00	00	P　xð¥　xð¥
000423190	FA	1B	8B	5D	00	00	00	00	00	00	00	00	00	00	00	00	ú‹]
0004231A0	00	00	00	00	00	00	00	00	00	00	00	00	00	00	00	00	
0004231B0	00	00	00	00	00	00	00	00	00	00	00	00	00	00	00	00	
0004231C0	00	00	00	00	00	00	00	00	00	00	00	00	00	00	00	00	
0004231D0	00	00	00	00	00	00	00	00	00	00	00	00	00	00	00	00	
0004231E0	00	00	00	00	00	00	00	00	00	00	00	00	00	00	00	00	

Sector 8,472 of 20,969,472　　　　　　　Offset:　　　　423100

图 7-65　2 号 i-节点

- 读取根目录的起始块号为 0x00002423，即 9251，对应 74008 扇区，定位根目录区，其内容如图 7-66 所示。

Offset	0	1	2	3	4	5	6	7	8	9	A	B	C	D	E	F	
002423000	02	00	00	00	0C	00	01	02	2E	00	00	00	02	00	00	00	.
002423010	0C	00	02	02	2E	2E	00	00	0B	00	00	00	14	00	0A	02	..
002423020	6C	6F	73	74	2B	66	6F	75	6E	64	00	00	01	00	06	00	lost+found
002423030	C8	0F	03	02	30	30	32	00	00	00	00	00	00	00	00	00	È　002
002423040	00	00	00	00	00	00	00	00	00	00	00	00	00	00	00	00	
002423050	00	00	00	00	00	00	00	00	00	00	00	00	00	00	00	00	
002423060	00	00	00	00	00	00	00	00	00	00	00	00	00	00	00	00	
002423070	00	00	00	00	00	00	00	00	00	00	00	00	00	00	00	00	

Sector 74,008 of 20,969,472　　　　　　　Offset:　　　　2423000

图 7-66　根目录区

- 读取 "002" 目录的 i-节点号为 0x00060001，即 393 217。

③ 读取 "002" 目录的 i-节点。

- "002" 目录的 i-节点号为 393 217，每块组包含的 i-节点数为 8192，393 217 号 i-节点所在的块组号为

$$(393\,217-1)\ DIV\ 8192=48$$

说明 393217 号 i-节点位于 48 号块组的 i-节点表内。

- 393217 号 i-节点位于 48 号块组 i-节点表内的序号为

$$[(393217-1)\ MOD\ 8192]+1=1$$

说明 393217 号 i-节点是 48 号块组 i-节点表内的 1 号 i-节点。

- 定位至 8 号扇区的块组描述符表，跳转至 3072 字节（每个块组描述符占 64 字节，48 号块组描述符的偏移量为 48×64＝3072（字节））偏移处的 48 号块组描述符信息，读取 i-节点表所在的块号，内容如图 7-67 所示。

　　得知 48 号块组 i-节点表起始于 0x00180020，即 1 572 896 号块，对应于 12 583 168 号扇区，跳转至 12 583 168 号扇区，第 1 个 i-节点就是 "002" 目录所指向的 393217 号 i-节点，i-节点内容如图 7-68 所示。

Offset	0	1	2	3	4	5	6	7	8	9	A	B	C	D	E	F	
000001BF0	00	00	00	00	00	00	00	00	00	00	00	00	00	00	00	00	
000001C00	00	00	18	00	10	00	18	00	20	00	18	00	DF	5F	FB	1F	ß_û
000001C10	01	00	04	00	00	00	00	00	07	69	EF	8A	FA	1F	E7	86	iïŠú ç†
000001C20	00	00	00	00	00	00	00	00	00	00	00	00	00	00	00	00	
000001C30	00	00	00	00	00	00	00	00	F4	B1	1A	0D	00	00	00	00	ô±
000001C40	01	00	18	00	11	00	18	00	20	02	18	00	F9	7B	00	20	ù{
000001C50	00	00	05	00	00	00	00	00	A1	0D	00	00	00	20	64	00	¡ d
000001C60	00	00	00	00	00	00	00	00	00	00	00	00	00	00	00	00	
000001C70	00	00	00	00	00	00	00	00	9E	A7	00	00	00	00	00	00	ž§
000001C80	02	00	18	00	12	00	18	00	20	04	18	00	00	80	00	20	€
000001C90	00	00	07	00	00	00	00	00	00	00	00	00	00	20	73	88	s^

Sector 14 of 20,969,472　　　　　　Offset:　　　　　1C0B

图 7-67　48 号块组描述符

Offset	0	1	2	3	4	5	6	7	8	9	10	11	12	13	14	15	
06442582016	5D	41	00	00	00	10	00	00	36	1C	8B	5D	31	1C	8B	5D	]A 6 <]1 <]
06442582032	31	1C	8B	5D	00	00	00	00	00	00	00	00	00	00	00	00	1 <]
06442582048	00	00	08	00	06	00	00	00	0A	F3	01	00	04	00	00	00	ó
06442582064	00	00	00	00	00	00	00	00	01	00	00	00	20	20	18	00	
06442582080	00	00	00	00	00	00	00	00	00	00	00	00	00	00	00	00	
06442582096	00	00	00	00	00	00	00	00	00	00	00	00	00	00	00	00	
06442582112	00	00	00	00	15	6B	FD	1E	00	00	00	00	00	00	00	00	ký
06442582128	00	00	00	00	00	00	00	00	00	00	00	00	49	49	00	00	II
06442582144	20	00	F6	06	00	4C	56	B2	00	4C	56	B2	00	58	3D	24	ö LV² LV² X=$
06442582160	15	1C	8B	5D	00	AC	30	8C	00	00	00	00	00	00	00	00	<] ¬0Œ
06442582176	00	00	00	00	00	00	00	00	00	00	00	00	00	00	00	00	
06442582192	00	00	00	00	00	00	00	00	00	00	00	00	00	00	00	00	

Sector 12,583,168 of 20,969,472　　　　　Offset:　　　6,442,582,016

图 7-68　"002"目录的 i-节点

- 读取"002"目录的 i-节点信息，"002"目录数据块起始于 0x00182020，即 1 581 088 号块，对应于 12 648 704 号扇区。

④ 读取"002"目录区。

跳转至 12 648 704 号扇区，内容显示为"002"目录区，如图 7-69 所示。

Offset	0	1	2	3	4	5	6	7	8	9	A	B	C	D	E	F	
182020000	01	00	06	00	0C	00	01	02	2E	00	00	00	02	00	00	00	.
182020010	0C	00	02	02	2E	2E	00	00	02	00	06	00	10	00	06	01	..
182020020	31	31	2E	64	6F	63	00	00	03	00	06	00	10	00	06	01	11.doc
182020030	31	32	2E	64	6F	63	00	00	04	00	06	00	10	00	06	01	12.doc
182020040	31	33	2E	64	6F	63	00	00	05	00	06	00	10	00	06	01	13.doc
182020050	31	34	2E	64	6F	63	00	00	06	00	06	00	9C	0F	06	01	14.doc α
182020060	31	35	2E	64	6F	63	00	00	06	00	06	00	10	00	06	01	15.doc
182020070	00	00	00	00	00	00	00	00	00	00	00	00	00	00	00	00	

Sector 12,648,704 of 20,969,472　　　　Offset:　　　182020037

图 7-69　"002"目录区

"002"目录下有很多目录项，包含文件及文件夹的目录项，目标文件"12.doc"就在该目录区，图中所选部分即为目标文件的目录项，得知"12.doc"文件的 i-节点号为 0x00060003，即 393 219。

⑤ 读取"12.doc"文件的 i-节点。

- "12.doc"文件的 i-节点为 393 219，计算 393219 号 i-节点所在块组号为

$$（393\ 219-1）\ \text{DIV}\ 8192=48$$

计算结果说明 393219 号 i-节点位于 48 号块组的 i-节点表内。

接着计算 393 219 号 i-节点在 48 号块组的 i-节点表内的 i-节点号

$$[（393\ 219-1）\ \text{MOD}\ 8192]+1=3$$

说明 393 219 号 i-节点是 48 号块组的 i-节点表内的 3 号 i-节点。

- 跳转至 8 号扇区的块组描述符表，读取 3072 字节偏移处 48 号块组描述符中 i-节点表起始位置，定位 i-节点表，读取 512 字节（（3-1）×256 字节）偏移处的 3 号 i-节点信息，

得知起始块号为 0x00188404, 即 1 606 660, 文件大小为 681 字节。"12. doc"文件 i-节点内容如图 7-70 所示。

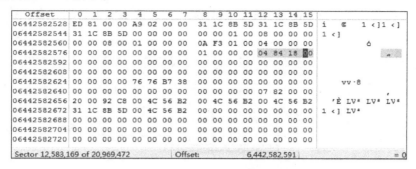

图 7-70 "12. doc"文件的 i-节点

⑥ 读取"12. doc"文件的数据。

"12. doc"文件的数据存储在 1 606 660 号块内, 对应 12 853 280 号扇区, 文件大小为 681 字节。跳转至 12 853 280 号扇区, 选中连续的 681 字节, 另存为"12. doc"。文件正常打开。

2) 文件删除后的分析。

在 Linux 系统中将"/002/12. doc"文件删除。文件删除后文件系统的部分变化如下。

① i-节点的变化。

"12. doc"文件删除后, 文件所在子目录的 i-节点变化时间和修改时间都会发生相应变化。i-节点中的"链接数"将减 1, 如果链接数为 0 时, 则表示必须回收这个 i-节点, 文件大小和文件的 Extent Body 也全部清 0, 同时将文件删除时间记录下来。如图 7-71 所示, 框选的字段为部分变化之处。

Offset	0	1	2	3	4	5	6	7	8	9	A	B	C	D	E	F	
180020200	ED	81	00	00	00	00	00	00	31	1C	8B	5D	80	23	8C	5D	i 1 <]€#Œ]
180020210	80	23	8C	5D	80	23	8C	5D	00	00	00	00	00	00	00	00	€#Œ]€#Œ]
180020220	00	00	08	00	01	00	00	00	0A	F3	00	00	04	00	00	00	ó
180020230	00	00	00	00	00	00	00	00	00	00	00	00	00	00	00	00	
180020240	00	00	00	00	00	00	00	00	00	00	00	00	00	00	00	00	
180020250	00	00	00	00	00	00	00	00	00	00	00	00	00	00	00	00	
180020260	00	00	00	00	76	76	B7	38	00	00	00	00	00	00	00	00	vv·8
180020270	00	00	00	00	00	00	00	00	00	00	00	00	4A	2E	00	00	J.
180020280	20	00	FD	F1	00	B8	29	78	00	B8	29	78	00	4C	56	B2	ýñ .)x .)x LVª
180020290	31	1C	8B	5D	00	4C	56	B2	00	00	00	00	00	00	00	00	1 <] LVª
1800202A0	00	00	00	00	00	00	00	00	00	00	00	00	00	00	00	00	
1800202B0	00	00	00	00	00	00	00	00	00	00	00	00	00	00	00	00	
1800202C0	00	00	00	00	00	00	00	00	00	00	00	00	00	00	00	00	
Sector 12,583,169 of 20,969,472						Offset:			1800 2021B								= 0

图 7-71 "12. doc"文件删除后的文件 i-节点

② 位图的变化。

"12. doc"文件删除后, 其 i-节点位图中的相应位设置为 0, 表示回收该 i-节点, 更新块组描述符和超级块中的空闲 i-节点数。

"12. doc"文件占用的块也需回收, 将块位图中的相应位设置为 0, 表示该块为空闲, 更新块组描述符和超级块中的空闲块数。

2. 实训目的

1) 了解文件删除前后的底层变化。

2) 掌握删除文件的恢复方法。

3. 实训任务

Ext4 文件系统中因为使用者误操作, 删除了名称为"12. doc"的文件, 现需要使用中盈数据恢复软件恢复该文件。

4. 实训步骤

1）硬盘加载至装有 Windows 系统的正常计算机上，使用磁盘管理查看，结果如图 7-72 所示。

图 7-72　加载磁盘

2）打开 R-Studio，如图 7-73 所示。

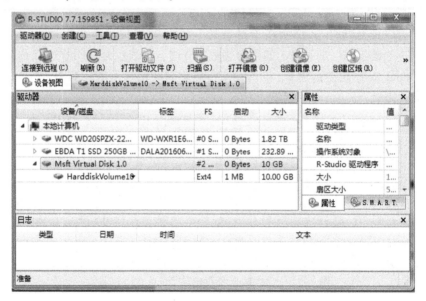

图 7-73　R-Studio 软件

3）在 R-Studio 中选择需要扫描的磁盘，单击工具栏中"扫描"按钮，打开"扫描"对话框，设置结果如图 7-74 所示。单击"扫描"按钮，进行设定区域的数据扫描，根据扫描视图会得到不同的扫描结果。

📖 "扫描视图"选项按实际情况选择，"详细"扫描速度最慢，但扫描结果最详细。"扫描区域"选项视实际情况而定，单位可以是 Bytes（字节）、Sectors（扇区）、KB、MB、GB、TB、EB 等。

4）在扫描到的信息块中寻找有用信息，定位并提取文件。结果如图 7-75 所示。

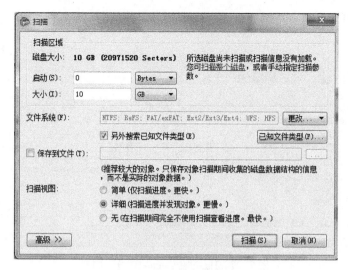

图 7-74　"扫描"对话框

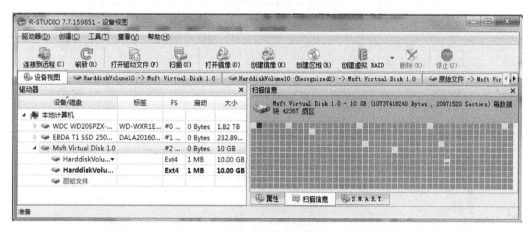

图 7-75　扫描结果

在左边的"设备视图"中加黑的"HarddiskVolume10"所在的 Ext4 就是扫描结束得到的系统，右边的"扫描信息"是在设置扫描区域基础上得到的扫描结果，发白的色块表示超级块或其备份，可双击相应的色块查看该色块上的信息，也可在相应色块上右击，从弹出的快捷菜单中选择"信息"命令进行查看。图 7-76 所示为图 7-75 中最后一个发白色块的信息。

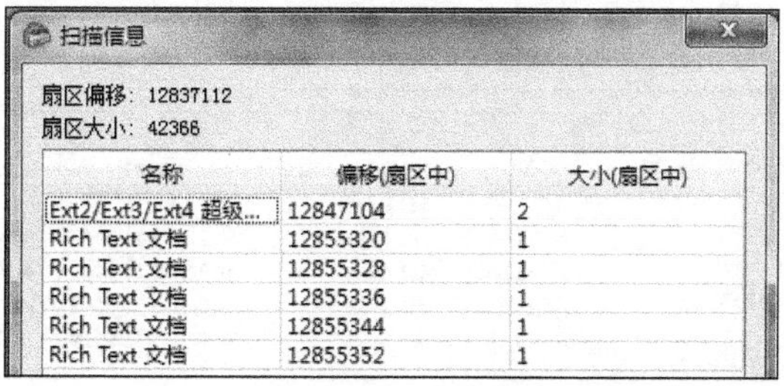

图 7-76　最后一个发白色块信息

📖 扫描信息中的偏移量是相对于整个磁盘而言，而非文件系统。此方法仅适用删除后未进行其他文件的存储操作。

5）双击打开图 7-75 中左侧加黑的"HarddiskVolume10"所在的 Ext4，该文件系统的内容如图 7-77 所示。

图 7-77　HarddiskVolume10 分区内容

查看"002"目录，发现"12.doc"为删除文件，显示 0 字节，无法定位到文件，如图 7-78 所示。

图 7-78　"002"目录项

6）查看"额外找到的文件"目录，发现无"12.doc"文件，其他文件正常，如图 7-79 所示。

图 7-79　额外找到的文件

通过对比图 7-76、图 7-78 及图 7-79，即可得出"01.rtf"就是被删除的"12.doc"，选中"01.rtf"，单击工具栏上的"恢复"按钮，如图 7-79 所示。在"恢复"对话框中，选择输出文件夹，单击"确认"按钮，如图 7-80 所示，导出"01.rtf"，即为"12.doc"，文件正常打开。

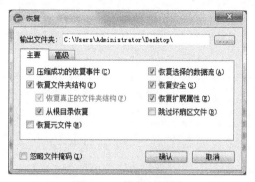

图 7-80　恢复对话框

至此，文件"12.doc"恢复完成。

7.3.2　恢复分区

1. 实训知识

1）超级块结构。超级块结构可查看 7.1.1 节内容。

2）块组描述符表。块组描述符表可查看 7.2.1 节内容。

3）目录区。目录区可查看 7.2.4 节内容。

2. 实训目的

1）理解 Ext4 的结构。

2）理解块组描述符表的作用。

3）掌握超级块的恢复方法。

4）掌握块组描述符表的恢复方法。

5）掌握目录区的重构方法。

3. 实训任务

某客户使用磁盘过程中突然断电，导致再次启动时，磁盘无法正常打开，且文件无法访问。现请恢复该磁盘分区。

4. 实训步骤

（1）加载故障磁盘

在装有 Windows 操作系统的计算机上，通过磁盘管理附加虚拟故障磁盘。结果如图 7-81 所示。

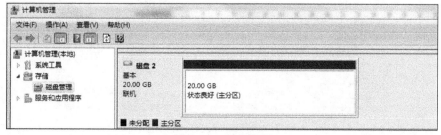

图 7-81　磁盘管理

（2）填充故障磁盘部分乱码区域

1）使用 WinHex 打开故障磁盘，如图 7-82 所示。

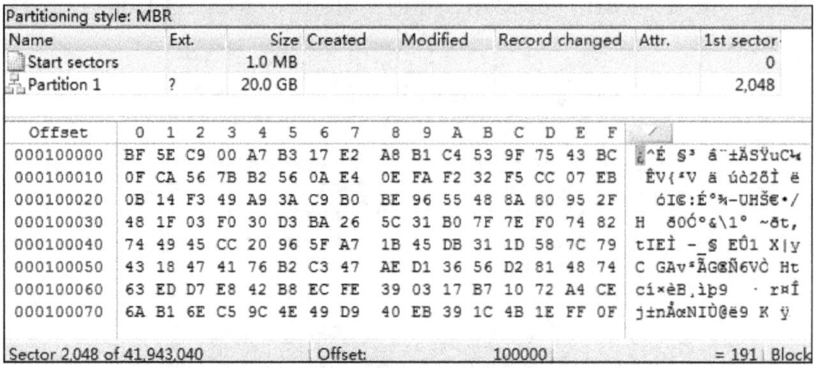

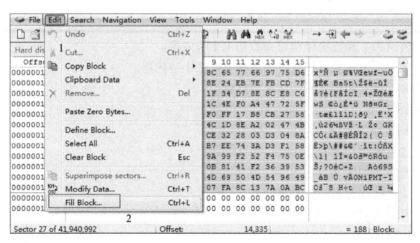

图 7-82　故障磁盘

2）双击 "Partition 1" 分区，进入该分区。分析发现该分区前 28 个扇区均为乱码。选中 0~27 号共 28 个乱码扇区，选择菜单 "Edit" → "Fill Block" 选项，如图 7-83 所示。

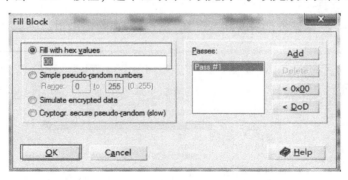

图 7-83　填充乱码区域

3）在弹出的如图 7-84 所示 "Fill Block" 对话框中，选择 "Fill with hex values" 单选按钮，输入 "00"，单击 "OK" 按钮，选中区域即可填充为 0。填充效果如图 7-85 所示。

图 7-84　"Fill Bock" 对话框

Hard disk 2	Hard disk 2, P1

Offset	0 1 2 3　4 5 6 7　8 9 A B　C D E F	
000003790	30 00 00 00 00 00 00 00　00 00 00 00 00 00 00 00	
0000037A0	00 00 00 00 00 00 00 00　00 00 00 00 00 00 00 00	
0000037B0	00 00 00 00 00 00 00 00　00 00 00 00 00 00 00 00	
0000037C0	00 00 00 00 00 00 00 00　00 00 00 00 00 00 00 00	
0000037D0	00 00 00 00 00 00 00 00　00 00 00 00 00 00 00 00	
0000037E0	00 00 00 00 00 00 00 00　00 00 00 00 00 00 00 00	
0000037F0	00 00 00 00 00 00 00 00　00 00 00 00 00 00 00 00	
000003800	00 00 00 00 00 00 00 00　00 00 00 00 00 00 00 00	
000003810	00 00 00 00 00 00 00 00　00 00 00 00 00 00 00 00	
000003820	00 00 00 00 00 00 00 00　00 00 00 00 00 00 00 00	
000003830	00 00 00 00 00 00 00 00　00 00 00 00 00 00 00 00	

Sector 27 of 41,940,992　　Offset:　　3790　　= 0 Block:

图 7-85　填充效果

（3）修复超级块

1）0 号块组中的超级块、块组描述符表均被破坏，可以在其他块组中寻找超级块、块组描述符表备份。向下搜索十六进制值"53EF"，偏移量为"512=56"，如图 7-86 所示。

图 7-86　"Find Hex Values"对话框

2）在 262 144 扇区处搜索到类似超级块的数据区，如图 7-87 所示。由图中可知块大小为 4096 字节，即 8 扇区。每块组包含的块数 32768，可算出每块组包含 32768×8 = 262 144 扇区，故 1 号块组起始扇区号为262 144，此扇区的超级块为有效超级块备份。

3）复制 262144 扇区的超级块备份至 2 号扇区，修改当前超级块所在的块组号为 0，修改结果如图 7-88 所示。

Hard disk 2	Hard disk 2, P1

Offset	0 1 2 3　4 5 6 7　8 9 A B　C D E F	
007FFFFF0	00 00 00 00 00 00 00 00　00 00 00 00 00 00 00 00	
008000000	00 00 14 00 00 FF 4F 00　F3 FF 03 00 8E 11 4E 00	ӱ○ óӱ　Ž N
008000010	F5 FF 13 00 00 00 00 00　02 00 00 00 02 00 00 00	õӱ
008000020	00 80 00 00 00 80 00 00　00 20 00 00 00 00 00 00	€ 　€
008000030	80 3C 7E 5D 00 00 FF FF　53 EF 00 00 01 00 00 00	€<~] 　ӱӱSï
008000040	80 3C 7E 5D 00 00 00 00　00 00 00 00 01 00 00 00	€<~]
008000050	00 00 00 00 0B 00 00 00　00 01 01 00 3C 00 00 00	<
008000060	C2 02 00 00 6B 04 00 00　20 08 89 F3 4E F8 48 9D	Â　k　‰óNøH
008000070	BA A2 51 B7 22 4A 33 07　00 00 00 00 00 00 00 00	°¢Q·"J3
008000080	00 00 00 00 00 00 00 00　00 00 00 00 00 00 00 00	
008000090	00 00 00 00 00 00 00 00　00 00 00 00 00 00 00 00	

Sector 262,144 of 41,940,992　　Offset:　　8000039　　= 239 Block:

图 7-87　疑似超级块备份

Hard disk 2	Hard disk 2, P1

Offset	0 1 2 3　4 5 6 7　8 9 A B　C D E F	
0000003F0	00 00 00 00 00 00 00 00　00 00 00 00 00 00 00 00	
000000400	00 00 14 00 00 FF 4F 00　F3 FF 03 00 8E 11 4E 00	ӱ○ óӱ　Ž N
000000410	F5 FF 13 00 00 00 00 00　02 00 00 00 02 00 00 00	õӱ
000000420	00 80 00 00 00 80 00 00　00 20 00 00 00 00 00 00	€ 　€
000000430	80 3C 7E 5D 00 00 FF FF　53 EF 00 00 01 00 00 00	€<~] 　ӱӱSï
000000440	80 3C 7E 5D 00 00 00 00　00 00 00 00 01 00 00 00	€<~]
000000450	00 00 00 00 0B 00 00 00　00 01 00 00 3C 00 00 00	<
000000460	C2 02 00 00 6B 04 00 00　20 08 89 F3 4E F8 48 9D	Â　k　‰óNøH
000000470	BA A2 51 B7 22 4A 33 07　00 00 00 00 00 00 00 00	°¢Q·"J3
000000480	00 00 00 00 00 00 00 00　00 00 00 00 00 00 00 00	
000000490	00 00 00 00 00 00 00 00　00 00 00 00 00 00 00 00	

Sector 2 of 41,940,992　　Offset:　　45B　　= 0 Block:

图 7-88　复制 262 144 扇区的超级块备份至 2 号扇区

（4）修复块组描述符表

1）从 262 144 扇区，向下偏移 8 个扇区，如图 7-89 所示。

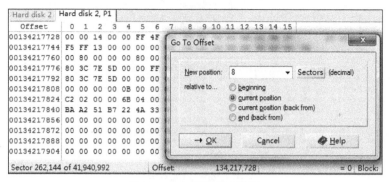

图 7-89　向下偏移 8 扇区

2）在 262 152 扇区找到 1 号块组中块组描述符表的备份，选中 262 144 扇区开始的 24 个扇区，即 3 个数据块，如图 7-90 所示。

Offset	0	1	2	3	4	5	6	7	8	9	10	11	12	13	14	15	
00134221792	00	00	00	00	00	00	00	00	00	00	00	00	00	00	00	00	
00134221808	00	00	00	00	00	00	00	00	00	00	00	00	00	00	00	00	
00134221824	04	04	00	00	14	04	00	00	24	04	00	00	D6	5B	F5	1F	$　Õ[õ
00134221840	02	00	00	00	00	00	00	00	45	C2	F1	D6	F5	1F	14	3A	EÂñÖõ　:
00134221856	00	00	00	00	00	00	00	00	00	00	00	00	00	00	00	00	
00134221872	00	00	00	00	00	00	00	00	2A	AB	1B	23	00	00	00	00	*« #
00134221888	05	04	00	00	15	04	00	00	24	06	00	00	FC	7B	00	20	$　ü{
00134221904	00	00	03	00	00	00	00	00	00	00	00	00	00	20	0A	DD	Ý
00134221920	00	00	00	00	00	00	00	00	00	00	00	00	00	00	00	00	
00134221936	00	00	00	00	00	00	00	00	00	00	00	00	00	00	00	00	
00134221952	06	04	00	00	16	04	00	00	24	08	00	00	00	80	00	20	$　€
00134221968	00	00	03	00	00	00	00	00	00	00	00	00	00	20	F6	21	õ!

Sector 262,152 of 41,940,992　　Offset: 134,221,853　　= 31 Block:

图 7-90　块组描述符表备份

3）复制选中区域的十六进制值至 8 号扇区，如图 7-91 所示。

Offset	0	1	2	3	4	5	6	7	8	9	10	11	12	13	14	15	
00000004080	00	00	00	00	00	00	00	00	00	00	00	00	00	00	00	00	
00000004096	04	04	00	00	14	04	00	00	24	04	00	00	D6	5B	F5	1F	$　Õ[õ
00000004112	02	00	00	00	00	00	00	00	45	C2	F1	D6	F5	1F	14	3A	EÂñÖõ　:
00000004128	00	00	00	00	00	00	00	00	00	00	00	00	00	00	00	00	
00000004144	00	00	00	00	00	00	00	00	2A	AB	1B	23	00	00	00	00	*« #
00000004160	05	04	00	00	15	04	00	00	24	06	00	00	FC	7B	00	20	$　ü{
00000004176	00	00	03	00	00	00	00	00	00	00	00	00	00	20	0A	DD	Ý
00000004192	00	00	00	00	00	00	00	00	00	00	00	00	00	00	00	00	
00000004208	00	00	00	00	00	00	00	00	00	00	00	00	00	00	00	00	
00000004224	06	04	00	00	16	04	00	00	24	08	00	00	00	80	00	20	$　€
00000004240	00	00	03	00	00	00	00	00	00	00	00	00	00	20	F6	21	õ!
00000004256	00	00	00	00	00	00	00	00	00	00	00	00	00	00	00	00	

Sector 8 of 41,940,992　　Offset: 4,096　　= 4 Block:

图 7-91　修复 0 号块组的块组描述符表

（5）定位 0 号块组 i-节点表，读取根目录区的起始块号

1）读取 8 号扇区中 0 号块组的 i-节点表的起始块号为 0x00000424，即 1060 号块，对应 8480 号扇区。定位 8480 号扇区读取 0 号块组的 i-节点表，如图 7-92 所示。每个 i-节点项占 256 字节，i-节点从 1 开始编号，根目录的 i-节点号为 2。

2）光标定位 8480 号扇区第 1 字节，向下偏移 256 字节。方法：单击 "Go To Offset" 按钮，在弹出的对话框中输入 256，单位为 "Bytes"，选择 "current position" 选项，单击 "OK" 按钮，如图 7-93 所示。

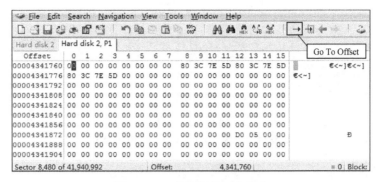

图 7-92 0 号块组的 i-节点表

3）定位 2 号 i-节点（即根目录）的信息，如图 7-94
所示。从标识"1"处可知 i-节点采用区段树方式，从标
识"2"处可知 Extent Body 为叶子节点，直接指向数据块，
读取标识"3"处 Extent Body 中数据块（此处为根目录）
的起始块号 0x00002424，即 9252 号块，对应于 74016 号
扇区。

图 7-93 偏移 256 字节

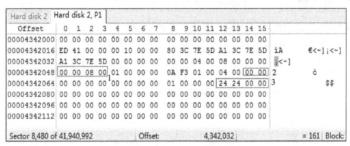

图 7-94 2 号 i-节点

（6）定位根目录区，清除乱码区域

1）跳转至 74016 号扇区，即根目录区，发现根目录区均为乱码，如图 7-95 所示。

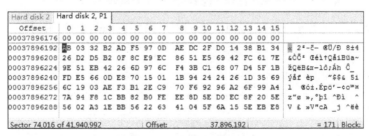

图 7-95 故障根目录区

2）选中根目录区的乱码部分，此处为 1 个扇区，填充为 0。

（7）重构根目录区

1）使用 WinHex 打开正常的 Ext4 文件系统，定位其根目录区，如图 7-96 所示。

2）复制选中区域至故障磁盘的根目录区，结果如图 7-97 所示。

由于根目录的 i-节点号固定为 2 号，目录区中的"."、".."和"lost+found"是根目录
中固有的目录项，故可以直接复制正常的根目录的前 3 个目录项至故障根目录区。

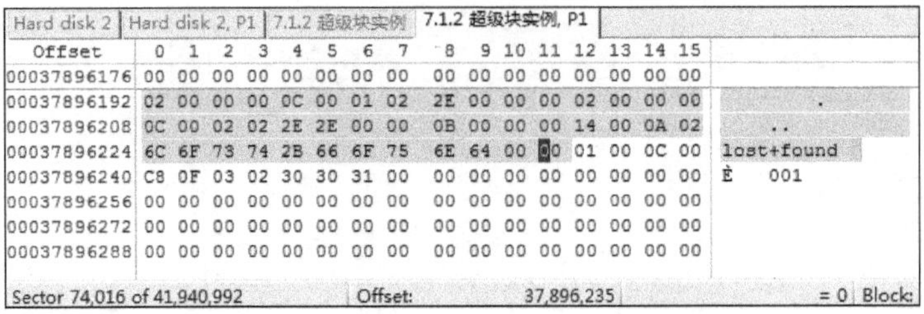

图 7-96　正常 Ext4 文件系统的根目录区

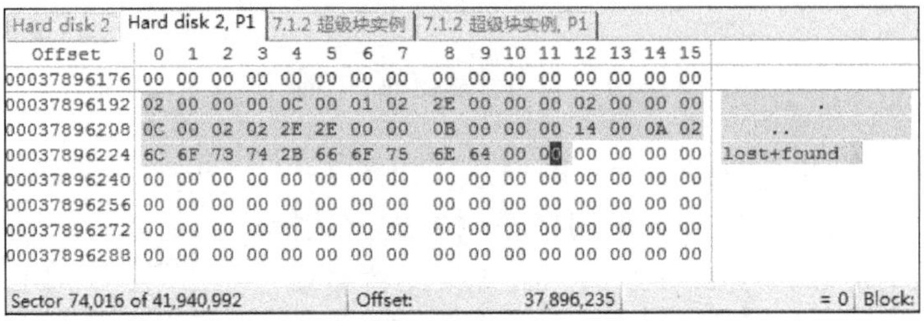

图 7-97　复制过来的根目录区

（8）搜索子目录区，构建虚拟子目录

1）搜索父目录为根目录的子目录区，即查找子目录区中的".."，即父目录项，方法：搜索十六进制值"020000000C0002022E2E0000"，向下搜索，偏移量为"512=12"。

2）在 17 039 512 扇区处搜索到第 1 个目录区，如图 7-98 所示。从结构分析，此目录区为日志信息块中的根目录区。根目录区有子目录"001"，其 i-节点号为 0x000C0001，即 786 433。

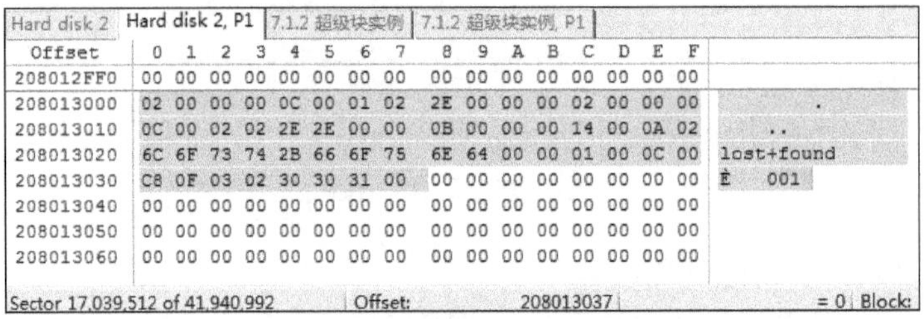

图 7-98　搜索到第 1 个目录区

3）可以复制此目录区至 74016 号扇区处的根目录区，如图 7-99 所示。

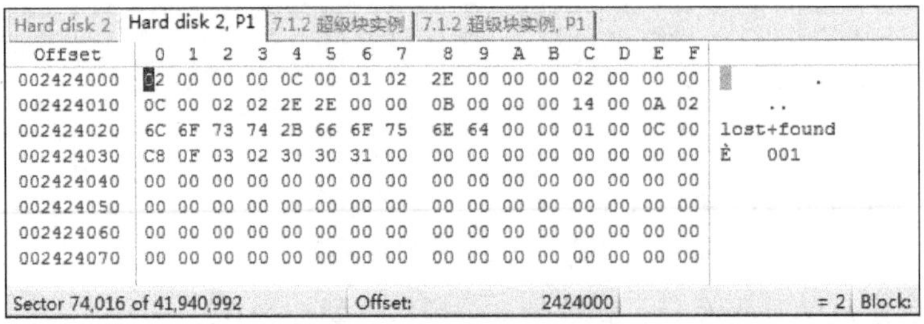

图 7-99　修复后的根目录区

4）继续搜索"020000000C0002022E2E0000"，偏移量为"512=12"，找到第 2 个目录区，如图 7-100 所示。

5）从图中可知，此目录区的 i-节点号为 0x000C0001，即 786 433，与图 7-99 中的"001"目录的 i-节点号相同，说明是同一个对象。此处无须处理，跳过此目录区。

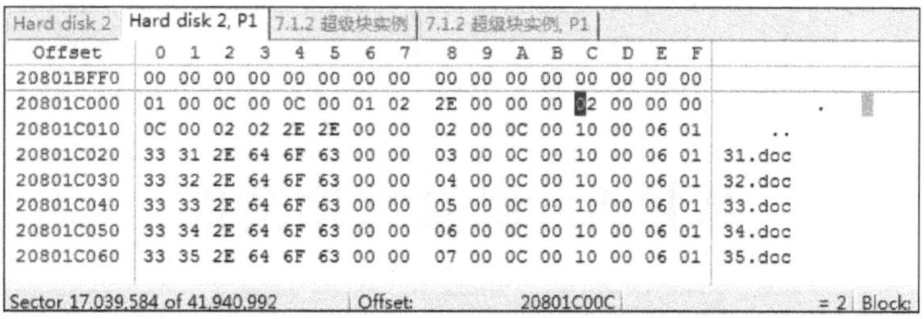

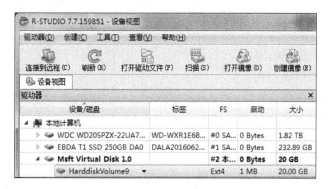

图 7-100　搜索到第 2 个目录区

（9）使用 R-Studio 软件查看分区

1）打开 R-Studio，查看磁盘情况，如图 7-101 所示。

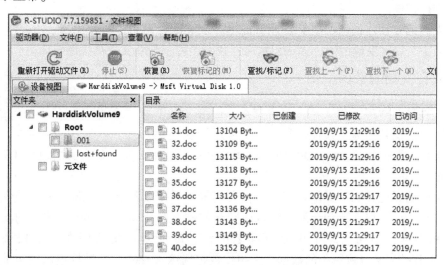

图 7-101　R-Studio

2）双击"HarddiskVolume9"，即故障磁盘，打开 Ext4 文件系统，内容如图 7-102 所示。目录项显示正常。

图 7-102　HarddiskVolume9 分区内容

3）子目录区的修复类似于根目录区的修复，不再赘述。

至此，完成本例中的 Ext4 修复。

项目 8　修复常见文件

WinHex 是一个专门用来对付日常各种紧急情况的小工具，可以用来修复被计算机病毒破坏的各种文件。总体来说是一款非常不错的十六进制编辑器。得到广大用户的高度评价。

本项目主要讲解常见的复合文档、JPG、ZIP 三种类型文件被计算机病毒破坏后使用 WinHex 修复的方法（复合文档是微软 Office 97 到 Office 2003 使用的文件类型）。

职业能力目标

◇ 理解复合文档的数据结构
◇ 理解 JPG 文件的数据结构
◇ 掌握复合文档的修复方法
◇ 掌握 JPG 文件的修复方法

任务 8.1　修复复合文档

任务分析

某公司一位职员在使用计算机时，突然断电，再次重启后，发现部分文件无法打开，找到维修人员进行维修。

维修人员把磁盘挂载到正常安装有 Windows 系统的计算机上，使用 WinHex 打开该文件，发现文件第 1 个扇区变成乱码，无法识别文件数据结构，判断文件被病毒破坏。

8.1.1　复合文档的数据结构

8.1.1　复合文档的数据结构

复合文档是一种多元化文档，包含文本、图形、电子表格数据、声音、视频图像及其他信息，广泛应用于现代化办公。复合文档的数据恢复已经成为数据恢复领域中一项重要内容，复合文档的文件头故障为最常见的故障。

复合文档的原理类似于文件系统。复合文档将数据分成若干流（Stream），流又存储在不同的仓库（Storage）里。流和仓库的命名规则与文件系统相似，同一个仓库下的流名称及仓库名称不能相同，不同仓库下可以有同名的流。每个复合文档都有一个根仓库（Root Storage）。所有的流又分成更小的数据块，叫作数据扇区（Sector）。数据扇区中可能包含控制数据或用户数据。

复合文档从大到小分为 3 层关系：仓库（Storage）、流（Stream）和数据扇区（Sector），三者关系为树形关系，如图 8-1 所示。

1. 扇区与扇区标识

整个复合文档文件由一个头结构及其后所有数据扇区组成，扇区大小在头结构中定义，且每个扇区大小相同，结构如图 8-2 所示。

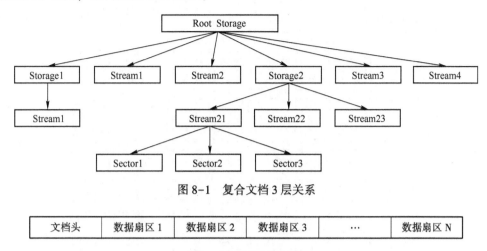

图 8-1　复合文档 3 层关系

文档头	数据扇区 1	数据扇区 2	数据扇区 3	…	数据扇区 N

图 8-2　复合文档结构

在文件中数据扇区（Sector）按先后顺序依次编号（从 0 开始），扇区的编号称为扇区标识（SID：Sector Identifier）。SID 是一个有符号的 32 位整型值。

如果 SID 的值非负，则表示数据扇区被使用，存有数据；如果为负，就表示特殊含义。具体有效的特殊 SID 见表 8-1。

表 8-1　特殊的 SID 表

SID	名　　称	含　　义
-1	Free SID	空闲扇区，可存在于文件中，但不是任何流的组成部分
-2	End Of Chain SID	SID 链的结束标记
-3	SAT SID	存放扇区配置表（SAT）
-4	MSAT SID	存放主扇区配置表（MSAT）

2. 扇区链与扇区标识链

用于存储流数据的所有扇区的列表叫作扇区链（Sector Chain），扇区可以无序存放。用于存放一个流的扇区顺序的 SID 数组称为 SID 链（SID Chain）。扇区链以 End Of Chain SID（-2）为结束标记。

例：一个流由 4 个 Sector 组成，其 SID 链为[1，5，3，4，-2]。

流的 SID 链是通过扇区配置表构建，但短流和以下两种内部流除外：

●主扇区配置表，由自身构建 SID 链（每个扇区包含下一个扇区的 SID）。

●扇区配置表，通过主扇区配置表构建 SID 链。

3. 复合文档头

复合文档头位于文件的首扇区，占 512 字节，第 1 个数据扇区（Sector）的开始相对于文件的偏移量为 512 字节。

复合文档头如图 8-3 所示，参数具体含义见表 8-2。

📖 复合文档使用 Little-Endian 字节序，即低位 8 字节存放在地址的低位，高位 8 字节存放在地址的高位。

图 8-3　复合文档头

表 8-2　复合文档头参数

字节偏移量	长度/字节	含　义
00H~07H	8	复合文档文件标识：D0CF11E0A1B11AE1
08H~17H	16	此文件的唯一标识（不重要，可全部为 0）
18H~19H	2	文件格式修订号（一般为 003EH）
1AH~1BH	2	文件格式版本号（一般为 0003H）
1CH~1DH	2	字节顺序规则标识：FFFEH 表示 Little-Endian；FEFFH 表示 Big-Endian
1EH~1FH	2	复合文档中扇区的大小（ssz），以 2^n 形式存储，扇区实际大小为 s_size$=2^{ssz}$ 字节（ssz 一般为 9，即 512 字节；最小值为 7，即 128 字节）
20H~21H	2	短扇区的大小，以 2^n 形式存储，短扇区实际大小为 s_s_size$=2^{sssz}$ 字节（sssz 一般为 6，即 64 字节；最大为扇区的大小）
22H~2BH	10	未使用
2CH~2FH	4	存放扇区配置表（SAT）的扇区总数
30H~33H	4	存放目录流的第 1 个扇区的 SID
34H~37H	4	未使用
38H~3BH	4	标准流的最小值（一般为 4096 Bytes），小于此值的流即为短流
3CH~3FH	4	存放短扇区配置表（SSAT）的第 1 个扇区的 SID，如为-2 则表示不存在短扇区
40H~43H	4	存放短扇区配置表（SSAT）的扇区总数。如 3CH~3FH 为-2，则此处为 0
44H~47H	4	存放主扇区配置表（MSAT）的第 1 个扇区的 SID，如为-2 则表示无附加的扇区
48H~4BH	4	存放主扇区配置表（MSAT）的扇区总数
4CH~	436	存放主扇区配置表（MSAT）的第 1 部分，包含 109 个 SID

4. 主扇区配置表

主扇区配置表（Master Sector Allocation Table，MSAT）是一个 SID 数组，表示所有用于存放扇区配置表（Sector Allocation Table，SAT）的扇区 SID。MSAT 的大小（SID 的个数）就等于存放 SAT 的扇区数，在文档头中有相关参数存放。

MSAT 的前 109 个 SID 存放于文档头中，如果一个 MSAT 的 SID 数多于 109 个，那么多出来的 SID 将存放于扇区中，文档头中指明用于存放 MSAT 的第 1 个扇区的 SID。在存放 MSAT 的扇区中其最后一个 SID 指向下一个用于存放 MSAT 的扇区 SID，如果没有下一个则为 End Of Chain SID（-2）。

以每扇区 512 字节为例，则存放 MSAT 的扇区中可以存放（512-4）/4 个 SID 数组，即 127 个，最后 4 字节用于存放指向下一个存放 MSAT 的扇区 SID，如为最后一个，则为-2。

最后一个存放 MSAT 的扇区可能未被完全填满，空闲的地方将被填上空闲 SID（-1）。

📖 MSAT 记录标准流分配扇区链，复合文档头定义了 MSAT 的前 109 个 SAT 扇区链，如果 SAT 所占扇区数超过 109 个，则需要为 MSAT 添加额外的扇区。SSAT 记录短流分配扇区链的情况。

---

5. 扇区配置表

扇区配置表是一个 SID 数组，包含所有用户流（短流除外）和内部控制流的 SID 链。SAT 的大小（SID 个数）等于复合文档中扇区的个数。SAT 的建立就是通过按顺序读取 MSAT 中指定扇区的内容。

存放 SAT 的扇区中可存放（扇区大小/4）个 SID 数组。例如扇区大小为 512 字节，则可以存放 128 个 SID 数组。

当通过 SAT 为一个流创建 SID 链时，SAT 数组的当前位置（Array Index）就是当前的扇区，而该位置存放的 SID 则指向下一个 SID。SAT 可能在任意位置包含空闲 SID（-1），这些扇区将不被流使用。如果该位置包含 End Of Chain SID（-2）表示一个流的结束。如果扇区用于存放 SAT 则为 SAT SID（-3），同样用于存放 MSAT 则为 MSAT SID（-4）。

一个 SID 链的起点从用户流的目录入口（Directory Entry）或头（内部控制流）或目录流本身获得。

6. 目录

目录（Directory）是一种内部控制流，由一系列目录入口组成。每一个目录入口都指向复合文档的一个仓库或流。目录入口以其在目录流中出现的顺序被列举，一个以 0 开始的目录入口索引称为目录入口标识（Directory Entry Identifier，DID）。

目录入口的位置不因其指向的仓库或流的存在与否而改变。如果一个仓库或流被删除了，其相应的目录入口就标记为空。在目录的开始有一个特殊的目录入口，叫作根仓库入口（Root Storage Entry），指向根仓库。

目录将每个仓库的直接成员（仓库或流）放在一个独立的红黑树（Red-Black Tree）中。红黑树是一种树状的数据结构。

一个目录入口占 128 字节，其结构见表 8-3。

表 8-3 目录入口结构

字节偏移	长度/字节	含　义
00H~3FH	64	此入口的名字（字符数组），一般为 16 位的 Unicode 字符，以 0 结束（因此最大长度为 31 个字符）
40H~41H	2	存放名字的区域的大小，包括结尾的 0（如：一个名字有 5 个字符则此值为(5+1)×2=12）
42H~42H	1	入口类型：00H：Empty；03H：LockBytes（unknown）； 　　　　　01H：User storage；02H：User stream； 　　　　　04H：Property（unknown）；05H：Root storage

（续）

字节偏移	长度/字节	含　义
43H~43H	1	此入口的节点颜色：00H 表示 Red；01H 表示 Black
44H~47H	4	其左节点的 DID（若此入口为用户仓库或用户流），若无左节点则为-1
48H~4BH	4	其右节点的 DID（若此入口为用户仓库或用户流），若无右节点则为-1
4CH~4FH	4	其成员红黑树的根节点的 DID（若此入口为 storage），其他为-1
50H~5FH	16	唯一标识符（若为仓库）（不重要，可能全为 0）
60H~63H	4	用户标记（不重要，可能全为 0）
64H~6BH	8	创建此入口的时间标记
6CH~73H	8	最后修改此入口的时间标记
74H~77H	4	若为流的入口，指定流的第 1 个扇区或短扇区的 SID，若为根仓库入口，指定短流存放流的第 1 个扇区的 SID，其他情况，为 0
78H~7BH	4	若此为流的入口，指定流的大小（字节）；若此为根仓库入口，指定短流存放的大小（字节）其他情况，为 0
7CH~7FH	4	未使用

8.1.2　连续的复合文档修复

8.1.2　连续的复合文档修复

复合文档的故障通常是文档头出现故障。修复文档头，一般从扇区配置表（SAT）的数据分析开始，SAT 相当于 FAT 文件系统中的 FAT 表，它把复合文档的各类数据"链"在一起。通过分析各类数据的链接情况及其内容来分析整个文档的结构，再根据相关信息重构文档头，达到修复文档的目的。

1. 文档头关键参数

文档头关键参数如下。

- 存放扇区配置表（SAT）的扇区总数（2CH~2FH）。
- 存放目录流的第 1 个扇区的 SID（30H~33H）。
- 存放短扇区配置表（SSAT）的第 1 个扇区的 SID（3CH~3FH）。
- 存放短扇区配置表（SSAT）的扇区总数（40H~43H）。
- 存放主扇区配置表的第 1 个扇区的 SID，如果为-2 表示没有附加扇区（44H~47H）。
- 存放主扇区配置表的扇区总数（48H~4BH）。
- 存放主扇区配置表（MSAT）的第一部分（从 4CH 开始，视具体情况决定结束位置）。

如果文件比较小（存放主扇区配置表未超过 109 个扇区，即文档头存放 MSAT 区域未全部使用），第 5、6 两部分不用修改。

文档中物理扇区和参数扇区是有区别的，参数扇区是除文档头扇区外的扇区，通常比物理扇区小 1，在重构文档头时注意参数值。两者的对比如下。

物理扇区　0　1　2　3　4　5　6　…N
参数扇区　　　0　1　2　3　4　5　…N-1

2. 文档头的修复方法

通常情况下复合文档的文档头修复方法如下。

1）使用 WinHex 打开文档，将其转换成扇区进行分析，通过对文档头结构分析，初步判断文档头损坏导致文档无法正常打开。

2）手动重构复合文档头，修复文档头的参数有以下几项。

- 扇区分配表（SAT）所占的扇区数。
- 目录流的起始扇区号。
- 短流扇区分配表（SSAT）的起始扇区号及占用扇区数。
- 主扇区分配表（MSAT）的起始扇区号及占用扇区数。
- 扇区分配表的扇区号。复合文档头的其他内容都一样，从正常文件复制即可。

3）修复损坏的复合文档，验证。

8.1.3　不连续的复合文档修复

8.1.3　不连续的复合文档修复

所谓连续复合文档，是指存储 SAT 表的扇区是顺序连续的，而非乱序。不连续复合文档的 SAT 表扇区是不连续的，且可能是非顺序排列。两者的修复方式类似，连续的复合文档简单一些。

不连续复合文档在修复时，文档头部分同样是修复 7 个关键参数部分。

下面通过实例介绍不连续文档的修复方法。

步骤如下。

1）使用 WinHex 打开复合文档 "8.1.3.doc"，查看 2CH～2FH 和 3CH～3FH 偏移处，发现均为-1。

2）新建 1 GB 容量的虚拟磁盘（不需初始化及格式化），将文档所有内容复制进虚拟磁盘，结果如图 8-4 所示。

Offset	0 1 2 3 4 5 6 7	8 9 A B C D E F	
00000000	D0 CF 11 E0 A1 B1 1A E1	00 00 00 00 00 00 00 00	ÐÏ à¡± á
00000010	00 00 00 00 00 00 00 00	3E 00 03 00 FE FF 09 00	> þÿ
00000020	06 00 00 00 00 00 00 00	00 00 00 00 FF FF FF FF	ÿÿÿÿ
00000030	01 00 00 00 00 00 00 00	00 10 00 00 FF FF FF FF	ÿÿÿÿ
00000040	01 00 00 00 FE FF FF FF	00 00 00 00 00 00 00 00	þÿÿÿ
00000050	FF FF FF FF FF FF FF FF	FF FF FF FF FF FF FF FF	ÿÿÿÿÿÿÿÿÿÿÿÿÿÿÿÿ
00000060	FF FF FF FF FF FF FF FF	FF FF FF FF FF FF FF FF	ÿÿÿÿÿÿÿÿÿÿÿÿÿÿÿÿ
00000070	FF FF FF FF FF FF FF FF	FF FF FF FF FF FF FF FF	ÿÿÿÿÿÿÿÿÿÿÿÿÿÿÿÿ
00000080	FF FF FF FF FF FF FF FF	FF FF FF FF FF FF FF FF	ÿÿÿÿÿÿÿÿÿÿÿÿÿÿÿÿ
00000090	FF FF FF FF FF FF FF FF	FF FF FF FF FF FF FF FF	ÿÿÿÿÿÿÿÿÿÿÿÿÿÿÿÿ
000000A0	FF FF FF FF FF FF FF FF	FF FF FF FF FF FF FF FF	ÿÿÿÿÿÿÿÿÿÿÿÿÿÿÿÿ
000000B0	FF FF FF FF FF FF FF FF	FF FF FF FF FF FF FF FF	ÿÿÿÿÿÿÿÿÿÿÿÿÿÿÿÿ
000000C0	FF FF FF FF FF FF FF FF	FF FF FF FF FF FF FF FF	ÿÿÿÿÿÿÿÿÿÿÿÿÿÿÿÿ
000000D0	FF FF FF FF FF FF FF FF	FF FF FF FF FF FF FF FF	ÿÿÿÿÿÿÿÿÿÿÿÿÿÿÿÿ
000000E0	FF FF FF FF FF FF FF FF	FF FF FF FF FF FF FF FF	ÿÿÿÿÿÿÿÿÿÿÿÿÿÿÿÿ
000000F0	FF FF FF FF FF FF FF FF	FF FF FF FF FF FF FF FF	ÿÿÿÿÿÿÿÿÿÿÿÿÿÿÿÿ
00000100	FF FF FF FF FF FF FF FF	FF FF FF FF FF FF FF FF	ÿÿÿÿÿÿÿÿÿÿÿÿÿÿÿÿ
00000110	FF FF FF FF FF FF FF FF	FF FF FF FF FF FF FF FF	ÿÿÿÿÿÿÿÿÿÿÿÿÿÿÿÿ
00000120	FF FF FF FF FF FF FF FF	FF FF FF FF FF FF FF FF	ÿÿÿÿÿÿÿÿÿÿÿÿÿÿÿÿ
00000130	FF FF FF FF FF FF FF FF	FF FF FF FF FF FF FF FF	ÿÿÿÿÿÿÿÿÿÿÿÿÿÿÿÿ
00000140	FF FF FF FF FF FF FF FF	FF FF FF FF FF FF FF FF	ÿÿÿÿÿÿÿÿÿÿÿÿÿÿÿÿ
00000150	FF FF FF FF FF FF FF FF	FF FF FF FF FF FF FF FF	ÿÿÿÿÿÿÿÿÿÿÿÿÿÿÿÿ
00000160	FF FF FF FF FF FF FF FF	FF FF FF FF FF FF FF FF	ÿÿÿÿÿÿÿÿÿÿÿÿÿÿÿÿ
00000170	FF FF FF FF FF FF FF FF	FF FF FF FF FF FF FF FF	ÿÿÿÿÿÿÿÿÿÿÿÿÿÿÿÿ
00000180	FF FF FF FF FF FF FF FF	FF FF FF FF FF FF FF FF	ÿÿÿÿÿÿÿÿÿÿÿÿÿÿÿÿ
00000190	FF FF FF FF FF FF FF FF	FF FF FF FF FF FF FF FF	ÿÿÿÿÿÿÿÿÿÿÿÿÿÿÿÿ
000001A0	FF FF FF FF FF FF FF FF	FF FF FF FF FF FF FF FF	ÿÿÿÿÿÿÿÿÿÿÿÿÿÿÿÿ
000001B0	FF FF FF FF FF FF FF FF	FF FF FF FF FF FF FF FF	ÿÿÿÿÿÿÿÿÿÿÿÿÿÿÿÿ
000001C0	FF FF FF FF FF FF FF FF	FF FF FF FF FF FF FF FF	ÿÿÿÿÿÿÿÿÿÿÿÿÿÿÿÿ
000001D0	FF FF FF FF FF FF FF FF	FF FF FF FF FF FF FF FF	ÿÿÿÿÿÿÿÿÿÿÿÿÿÿÿÿ

Sector 0 of 2,097,152　　　　Offset:　　　　0

图 8-4　文档复制至虚拟磁盘

3）查看故障文档的结尾部分，读取文档大小 275 456，可知此文档占 538 个扇区，如图 8-5 所示。

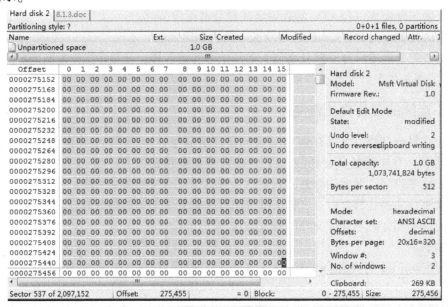

图 8-5　文档结尾

4）计算 SAT 表占用扇区总数，方法为：文档扇区总数除以 128 进 1 取整，得到的数值即为扇区总数。538/128 进 1 取整，结果为 5，将 5 填入故障文档头 2CH~2FH 位置。

5）搜索文本"Root Entry"（Unicode 编码）定位目录入口，结果如图 8-6 所示。目录入口所在扇区号为 321，减 1 后填入文档头的 30H~33H 偏移处（目录入口），扇区中 74H 处的数值 323（短扇区配置表（SSAT）第一个扇区的 SID）减 1 填入文档头的 3CH~3FH 处（FFFFFFFEH 为-2，表示没有，直接填入 3CH~3FH 处）。如果 74H 处的值是 FFFFFFFEH，则文档头中 40H~43H 处值填为 0（表示未使用短流），否则填 1。

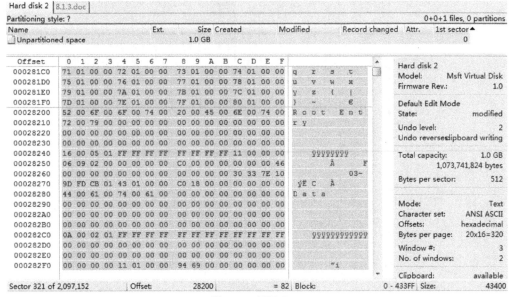

图 8-6　目录入口

6）搜索十六进制值"010000000"定位 SAT 起始扇区，搜索结果如图 8-7 所示。

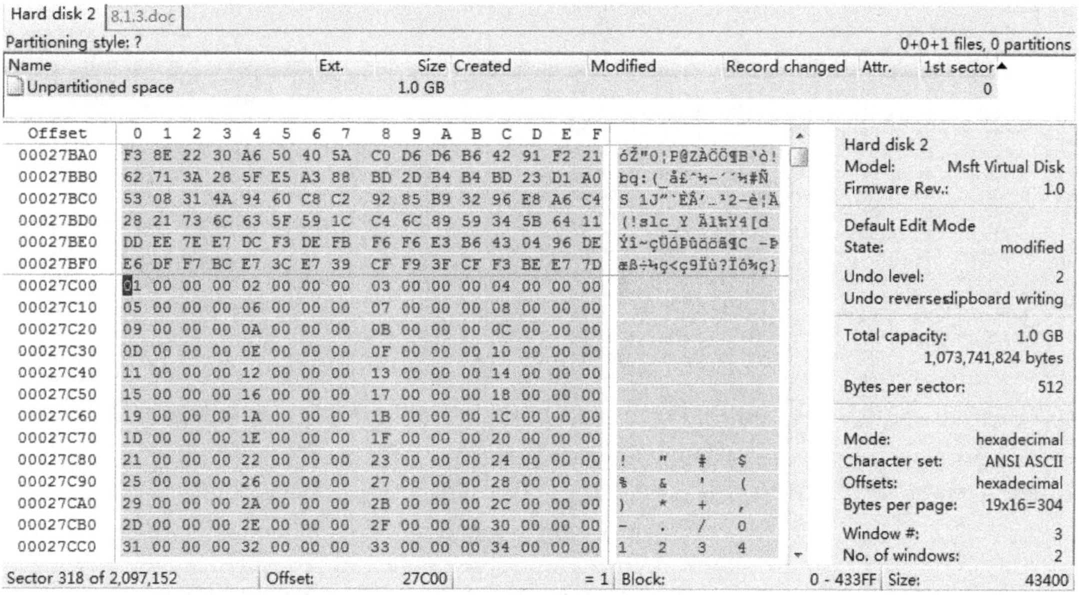

图 8-7　SAT 起始扇区

7）查看 318 号扇区最后 4 字节与 319 号扇区起始 4 字节是否连续，如图 8-8 所示。如果连续，则 319 号扇区也是下一个 SAT 扇区。同理，依次查看 319 号扇区结尾与 320 号扇区，发现 320 号扇区是第 3 个 SAT 扇区。

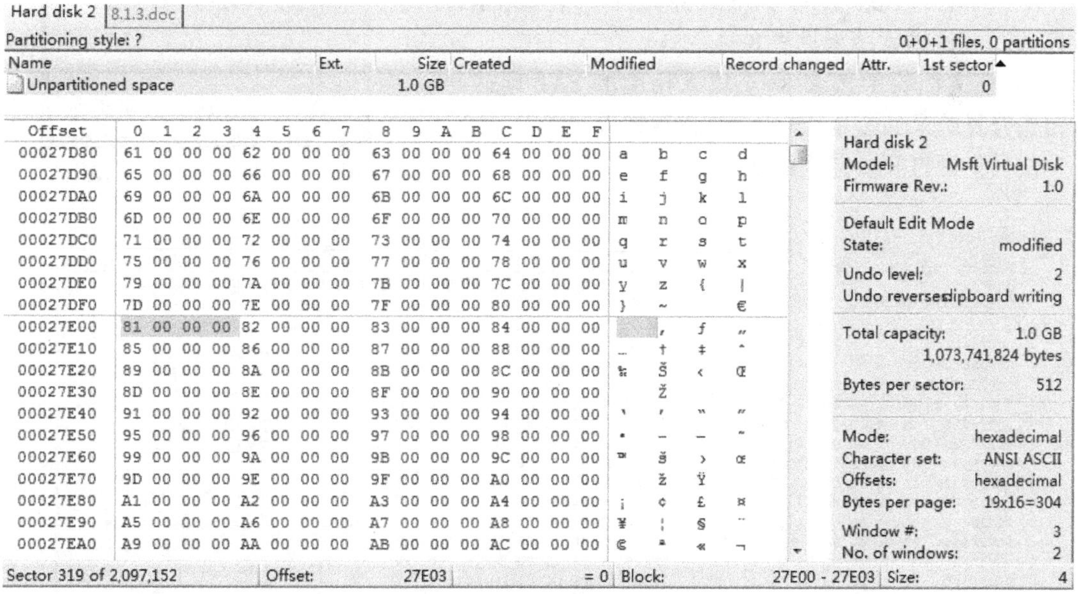

图 8-8　第 2 个 SAT 扇区

8）定位到 320 号扇区结尾，发现 321 号扇区非 SAT 扇区，如图 8-9 所示。此时出现 SAT 扇区不连续情况，可以搜索 320 号扇区最后一个 SID（"80010000"）+1 的十六进制值"81010000"，如图 8-10 所示。

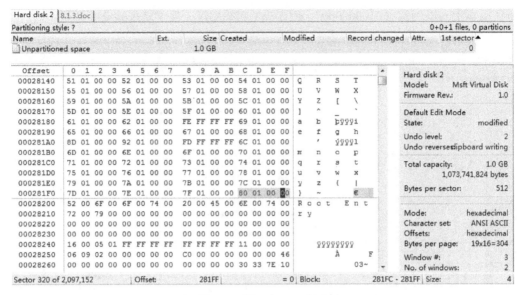

图 8-9 第 3 个 SAT 扇区

搜索结果如图 8-11 所示，第 4 个 SAT 扇区号为
363。

364 号扇区为非 SAT 扇区，继续搜索 363 号扇区最
后 4 字节值+1 的十六进制值"01020000"，在 502 号扇
区搜索到 SAT 扇区，如图 8-12 所示。

从 502 扇区数据可知，此 SAT 扇区为 SAT 结束扇区。
所有 SAT 扇区搜索结果见表 8-4。

9) 在文档头中按表 8-4 填入相应的 SAT 扇区号，
文档头修复结果如图 8-13 所示，保存结果。

文件正常打开，完成修复。

图 8-10 搜索第 4 个 SAT 扇区

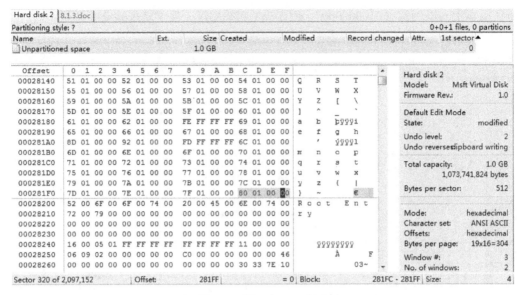

图 8-11 第 4 个 SAT 扇区

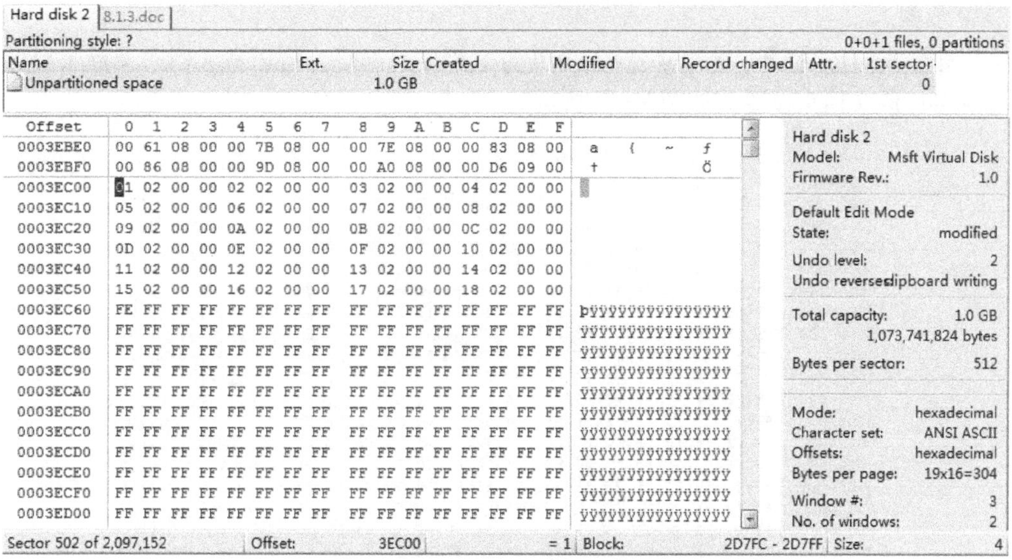

图 8-12 第 5 个 SAT 扇区

表 8-4 文档中所有的 SAT 扇区情况

SAT 扇区号	填入文档头的值	文档头偏移
318	317	4CH~4FH
319	318	50H~53H
320	319	54H~57H
363	362	58H~5BH
502	501	5CH~5FH

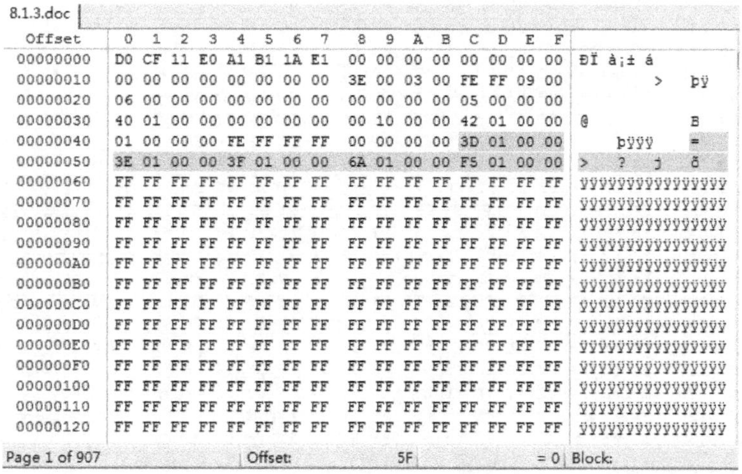

图 8-13 修复后的文档头

8.1.4 任务实施

复合文档 "8.1.4.doc" 打开时出现乱码,使用 WinHex 打开文件,发现文档头扇区为乱码,现需修复此文档。

恢复步骤。

1) 使用 WinHex 打开 "8.1.4.doc" 和正常文档 "1.doc", 将正常文档的文档头扇区复制至 8.1.4.doc 的文档头位置, 如图 8-14 所示。

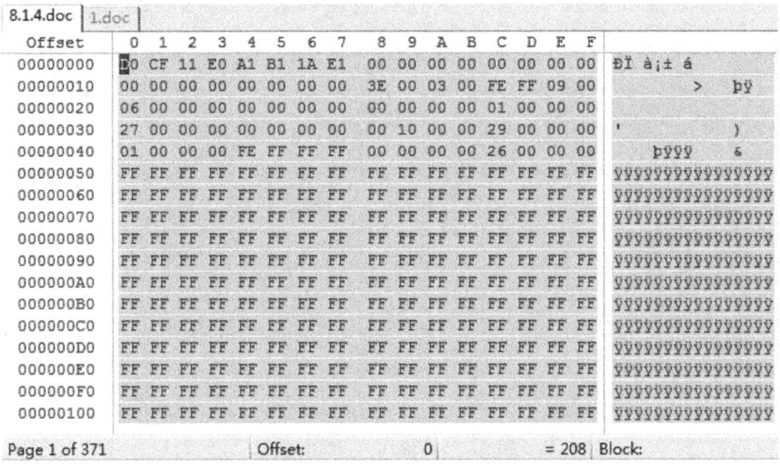

图 8-14 复制正常文档的文档头至故障文档

2) 新建 1GB 容量的虚拟磁盘（不需初始化及格式化）, 将文档所有内容复制进虚拟磁盘, 如图 8-15 所示。

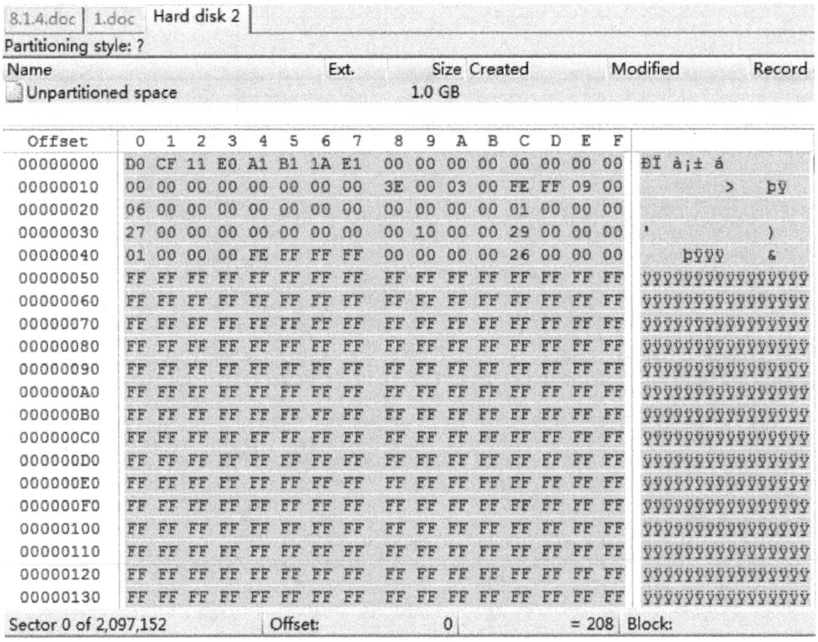

图 8-15 文档复制至虚拟磁盘

3) 查看故障文档的结尾部分, 读取文档大小 100863, 在虚拟磁盘中跳转至文件尾, 可知此文档占 196 个扇区, 如图 8-16 所示。

4) 计算 SAT 表占用扇区总数, 方法为：文档扇区总数除以 128 进 1 取整, 得到的数值即为扇区总数。196/128 进 1 取整, 结果为 2, 将 2 填入故障文档头 2CH~2FH 位置。

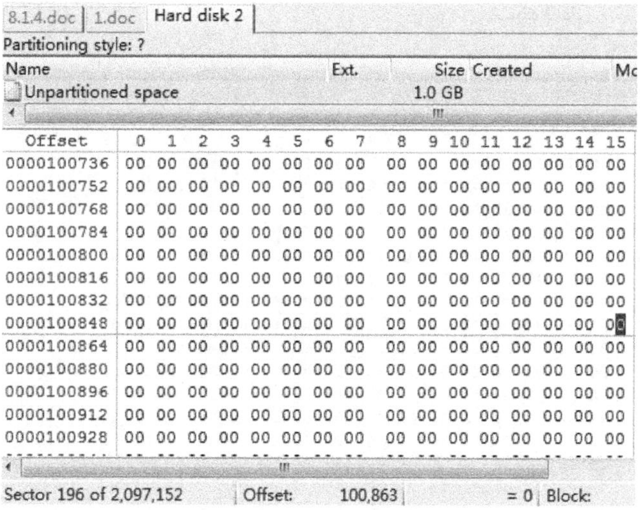

图 8-16　文档结尾

5）搜索文本"Root Entry"（Unicode 编码）定位目录入口，结果如图 8-17 所示。目录入口所在扇区号为 193，减 1 后填入文档头的 30H~33H 处，扇区中 74H 处的数值 195（短扇区配置表（SSAT）第一个扇区的 SID）减 1 填入文档头的 3CH~3FH 处。如果 74H 处的值是 FFFFFFFEH，则文档头中 40H~43H 处值填为 0（表示未使用短流），否则填 1。

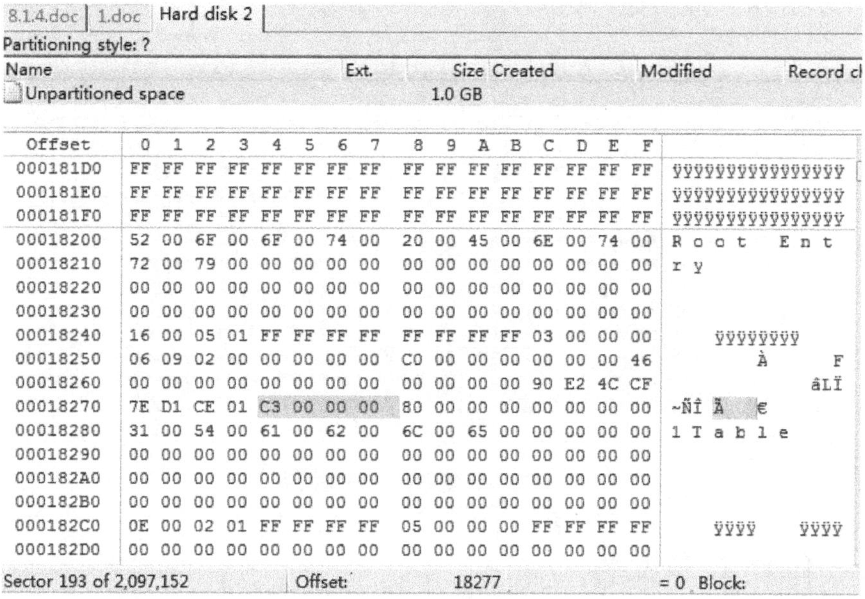

图 8-17　目录入口

6）搜索十六进制值"010000000"定位 SAT 起始扇区，在 191 号扇区搜索到需要的内容，192 号扇区为第 2 个 SAT 扇区，如图 8-18 所示。将 190 填入文档头 4CH~4FH 偏移处，191 填入 50H~53H 偏移处。修复参数后的文档头如图 8-19 所示，保存文件。

文件正常打开，修复完成。

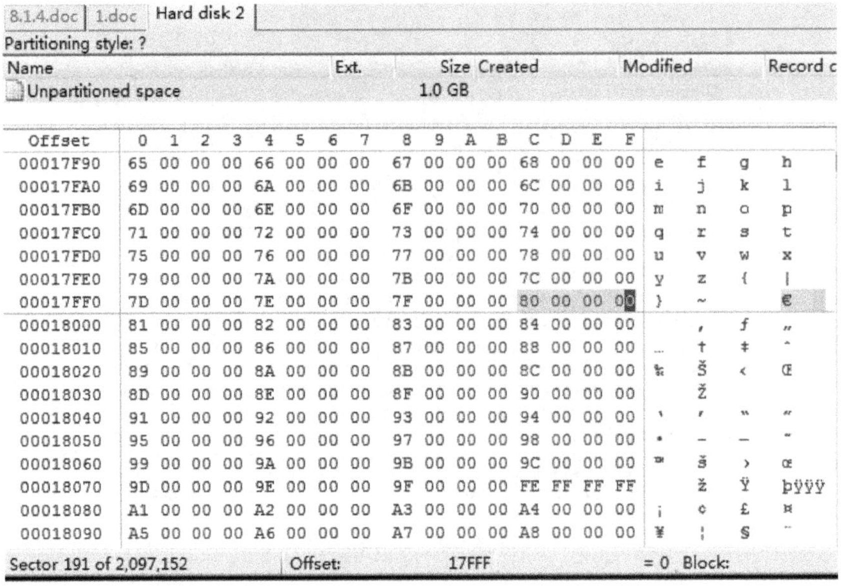

图 8-18　SAT 扇区

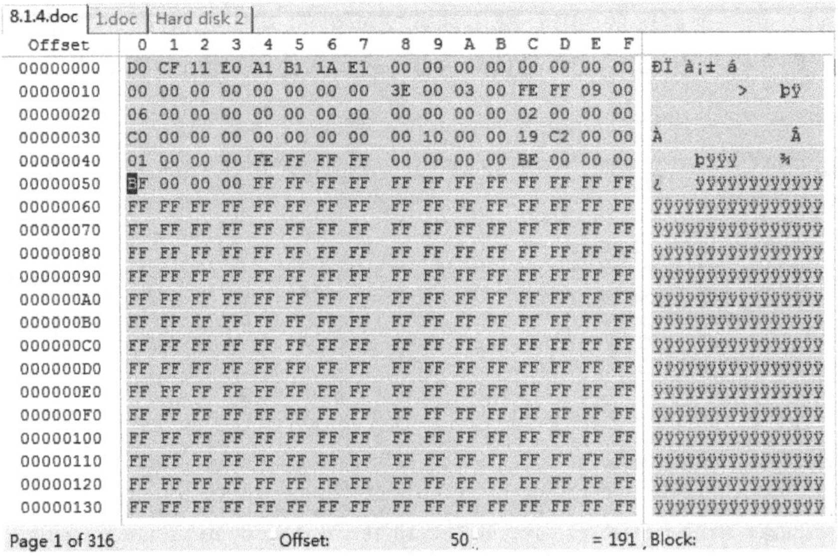

图 8-19　修复参数后的文档头

任务 8.2　修复 JPG 文件

任务分析

　　某广告公司按客户需求前往现场拍摄，回公司将照相机 SD 卡中照片导入计算机后，发现计算机和 SD 卡中的图片文件无法打开，找到维修人员进行维修。

　　维修人员把磁盘挂载到正常安装有 Windows 系统的计算机上，使用 WinHex 打开该文件，发现文件全部变成乱码，无法识别文件数据结构，判断文件被病毒破坏。

📖 JPEG 是一种针对照片影像而广泛使用的失真压缩标准方法，一般使用这种压缩的档案格式也被称为 JPEG，最常见的格式是 JFIF（JPEG File Interchange Format），JPG 图片记录的精彩瞬间在人们生活、工作中占重要地位，JPG 图片文件的数据恢复也成为数据恢复领域中的重要内容。

📖 JPG 图片数据采用 Big-Endian 字节序，高字节在前，低字节在后。

8.2.1　JPG 文件的数据结构

8.2.1　JPG 文件的数据结构

JPEG 文件最常见的格式 JFIF，大体上由一个个数据段组成，数据段包含 4 部分内容：标记码（FFH）、段类型（也称为标记码）、数据长度、数据内容。标记码由 2 字节构成，其前一个字节是固定值 FF；数据长度占 2 字节，表明本数据段除标记码外的数据长度，连续的多个 FF 被理解为一个 FF，并表示一个标记码的开始。

📖 有些段没有长度描述也没有内容，只有段标识和段类型。文件头和文件尾均属于这种段。段与段之间无论有多少 FF 都是合法的，这些 FF 称为"填充字节"，必须被忽略掉。

常见的段类型有 30 种，只有 10 种是必须被所有程序识别的，其他类型都可以忽略，这 10 种段类型见表 8-5，除 FFE0 或 FFE1 段可选外其余均为必须，每段依据段大小，首尾相连，断开有可能造成图像无法打开。

表 8-5　段类型（标识码）

名称	标记码	含　义	名称	标记码	含　义
SOI	D8	文件头	SOS	DA	扫描行开始
EOI	D9	文件尾	DQT	DB	定义量化表
SOF0	C0	帧开始（标准 JPEG）	DRI	DD	定义重新开始间隔
SOF1	C1	同上	APP0	E0	定义交换格式和图像识别信息
DHT	C4	定义 Huffman 表	COM	FE	注释

JPG 文件的结构如图 8-20 所示。

FFD8	FFE0或 FFE1	FFDB 定义量化表	FFC0或FFC2 帧图像开始	FFC4 哈夫曼表	FFDA 扫描开始	压缩数据	FFD9

图 8-20　JPG 文件结构

（1）文件头（SOI）

FF D8 2 字节构成了 JPEG 文件头。

（2）APP0（图像识别信息）

在 JPEG 文件中使用 APP0 标记来描述图像识别信息，如图 8-21 所示，APP0 的参数含义见表 8-6。

- FF E0 是描述 JFIF 数据，主要是 JFIF 版本号、缩略图相关数据等。
- FF E1 是描述 Exif 数据，按照 JPEG 的规格在 JPEG 中插入一些图像、数字照相机等信息数据及缩略图像信息。
- FF E0 和 FF E1 标记称为"应用标记"，在 JPEG 图像解码中不是必须存在的部分。

```
   0  1   2  3   4  5   6  7   8  9   A  B   C  D   E  F
  FF D8  FF E0  00 10  4A 46  49 46  00 01  01 01  00 78   ÿØÿà  JFIF
  00 78  00 00  FF E1  01 22  45 78  69 66  00 00  4D 4D   x  ÿá "Exi
  00 2A  00 00  00 08  00 01  01 12  00 03  00 00  00 01   *
  00 01  00 00  00 00  00 00  FF DB  00 43  00 02  01 01           ÿÛ
  02 01  01 02  02 02  02 02  02 02  02 03  05 03  03 03
```

图 8-21　图像识别信息

表 8-6　APP0（图像识别信息）

名　　称	大小/字节	说　　明
段标识	1	FF
段类型	1	E0
段长度	2	0010。如果有 RGB 缩略图，则段长度＝16+3n
交换格式	5	4A46494600，"JFIF" 的 ASCII 码
主版本号	1	
次版本号	1	
密度单位	1	0 表示无单位；1 表示点数/英寸；2 表示点数/厘米
X 像素密度	2	水平方向的密度
Y 像素密度	2	垂直方向的密度
缩略图 X 像素	1	缩略图水平像素数目
缩略图 Y 像素	1	缩略图垂直像素数目（只有 "缩略图 X 像素" 和 "缩略图 Y 像素" 的值均大于 0，才有 RGB 缩略图信息）
RGB 缩略图	3×n	n＝缩略图像素总数＝缩略图 X 像素×缩略图 Y 像素

（3）定义量化表（DQT）

JPG 文件中的定义量化表如图 8-22 所示。

```
  00 2A  00 00  00 08  00 01  01 12  00 03  00 00  00 01   *
  00 01  00 00  00 00  00 00  FF DB  00 43  00 02  01 01         ÿÛ C
  02 01  01 02  02 02  02 02  02 02  02 03  05 03  03 03
  03 03  06 04  04 03  05 07  06 07  07 07  06 07  07 08
  09 0B  09 08  08 0A  08 07  07 0A  0D 0A  0A 0B  0C 0C
  0C 0C  07 09  0E 0F  0D 0C  0E 0B  0C 0C  0C FF  DB 00         ÿÛ
  43 01  02 02  02 03  03 03  06 03  03 06  0C 08  07 08   C
  0C 0C  0C 0C  0C 0C  0C 0C  0C 0C  0C 0C  0C 0C
```

图 8-22　定义量化表

定义量化表的参数含义见表 8-7 所示。

表 8-7　定义量化表参数含义

名　　称	大小/字节	含　　义
段标识	1	FF
段类型	1	DB
段长度	2	43，其值＝2+(1+n)×QT 个数
QT 信息	1	低 4 位：QT 号；高 4 位：QT 精度（0 表示 8bit，1 表示 16bit）
QT	n	n＝64×(QT 精度+1)的字节数

　① JPEG 文件一般有两个 DQT 段，为 Y 值（亮度）定义 1 个，为 C 值（色度）定义 1 个。

　② 一个 DQT 段可以包含多个 QT，每个 QT 都有自己的信息字节。

（4）图像基本信息（SOF0）

图像基本信息（SOF0）段描述图像的高度和宽度和图像的组件等信息，图 8-23 为某 JPG
文件的图像基本信息。

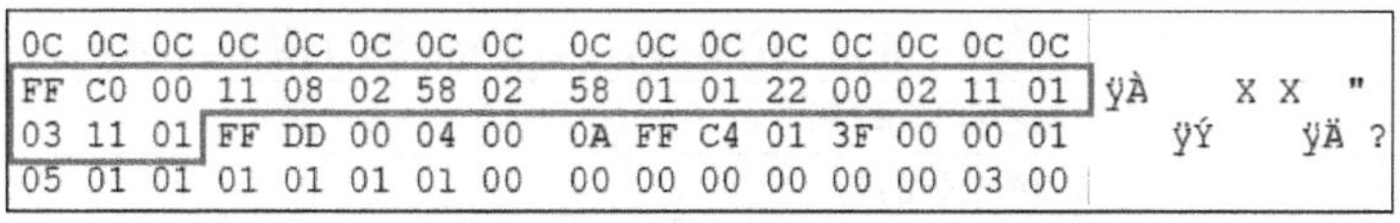

图 8-23　某 JPG 文件图像基本信息

图像基本信息的参数含义见表 8-8 所示。

表 8-8　图像基本信息参数含义

名　　称	大小/字节	含　　义
段标识	2	FF C0
段长度	2	11，其值＝8+组件数量×3
样本精度	1	8，每个样本位数（大多数软件不支持 12 和 16）
图片高度	2	图片高度像素
图片宽度	2	图片宽度像素
组件数量	1	1＝灰度图，3＝YCbCr/YIQ 彩色图，4＝CMYK 彩色图
组件 ID	1	1＝Y，2＝Cb，3＝Cr，4＝I，5＝Q
采样系数	1	0~3 位：垂直采样系数；4~7 位：水平采样系数
量化表号	1	

📖 ① JPEG 大都采用 yCrCb 色彩模型（y 亮度，Cr 红色分量，Cb 蓝色分量），组件数量一般为 3。
② 样本就是单个像素的亮度和颜色分量，也可理解为一个样本就是一个组件。
③ 采样系数是实际采样方式与最高采样系数之比，而最高采样系数一般为 0.5（分数表示为 1/2）。比如
说，垂直采样系数为 2，那么 2×0.5＝1，表示实际采样方式是每个点采一个样，即逐点采样；如果垂直采
样系数＝1，那么 1×0.5＝0.5（分数表示为 1/2），表示每两个点采一个样。

（5）定义 Huffman 表（DHT）

某图像文件的定义 Huffman 表如图 8-24 所示，其字段参数含义见表 8-9 所示。

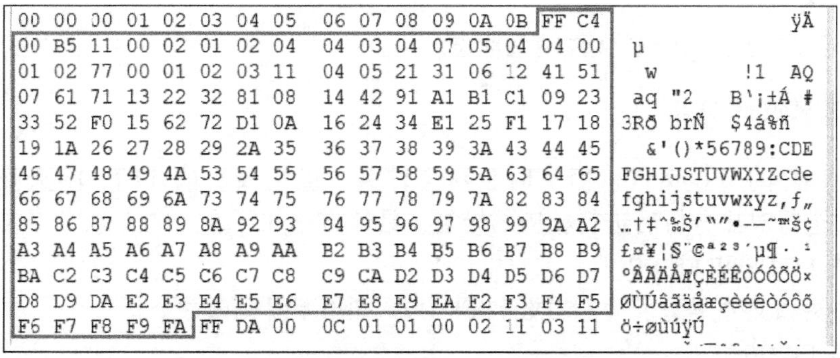

图 8-24　某图像文件的定义 Huffman 表

表 8-9　定义 Huffman 表的参数含义

名　称	大小/字节	值　说　明
段标识	2	FF C4
段长度	2	其值＝19+n（当只有一个 HT 表时）
HT 信息	1	0~3 位：HT 号；4~7 位：HT 类型，0 表示 DC 表，1 表示 AC 表
HT 位表	16	这 16 个数的和应该≤256
HT 值表	n	n 描述表头 16 个数的和

📖 ① JPEG 文件里有两类 Haffman 表：一类用于 DC（直流量），一类用于 AC（交流量）。一般有 4 个 Haffman 表：亮度的 DC 和 AC、色度的 DC 和 AC，最多可有 6 个 Haffman 表。

② 一个 DHT 段可以包含多个 HT 表，每个都有自己的信息字节和 HT 位表。

③ HT 表是一个按递增次序代码长度排列的符号表。

（6）扫描行开始（SOS）

JPG 文件中图像压缩数据存放于扫描行中，可分为若干个扫描行，在图像数据块前需要使用扫描行开始参数描述数据块的数量及相关参数，如图 8-25 所示，具体参数含义见表 8-10 所示。

```
C5 D5 E5 F5 56 66 76 86   96 A6 B6 C6 D6 E6 F6 27   ÅÕåõVfv†·¦¶ÆÖæö'
37 47 57 67 77 87 97 A7   B7 C7 FF DA 00 0C 03 01   7GWgw‡·§·ç÷ú
00 02 11 03 11 00 3F 00   F3 90 1C 47 7D 07 7F 05        ? ó   G}
33 B9 C4 17 19 F3 3A F0   36 8D 3F AA A6 D6 19 F6   3¹Ä   ó:ôö ?ª¦Ö ö
```

图 8-25　扫描行开始

表 8-10　扫描行开始参数含义

名　称	大小/字节	值　说　明
段标识	2	FF DA
段长度	2	000C，其值＝6+2×扫描行内组件数量
组件数量	1	3，必须≥1 且≤4，否则错误，通常为 3
组件	2×n	组件 ID，1 字节，1=Y，2=Cb，3=Cr，4=I，5=Q Huffman 表号，1 字节，1 为 DC 表，0 为 AC 表
结束符	3	固定 003F00 或 000000

📖 紧接 SOS 段后的是压缩的图像数据（一个个扫描行），数据存放顺序为从左到右、从上到下。

（7）文件尾

FF D9 2 字节构成了 JPEG 文件结束标志。

8.2.2　分辨率破坏分析

通常对于损坏的 JPG 文件，修复时会对文件头、量化表、帧开始、哈夫曼表、扫描行、文件尾数据段进行对比分析后进行相应的修复，具体方法如下。

（1）检查 FF D8 和 FF D9

检查文件头和文件尾是否为 FF D8 和 FF D9，如果不是则改之。

（2）检查 FF DB

重点检查段标记 FF DB，数据大小和段长度字节描述是否一致，量化表信息是否与后面数据匹配，也可以从正常的 JPG 图片中复制一份。

（3）检查 FF E0 和 FF E1

FF E0 和 FF E1 是应用标记，在 JPEG 图像解码中不是必须存在的，所以检查的重点是数据大小和段长度字节描述是否匹配。

（4）检查 FF C0

主要检查段标记 FF C0 或 FF C2，数据大小和段长度字节描述是否一致，样本精度是否为8，颜色分量是否为3。

分辨率不正确，文件能打开但图像显示不出来，不断更改宽度像素观察显示图像变化，如果图像向左下角斜，说明宽度比实际宽度大，需向小方向调整；如果向右下角斜，说明宽度比实际宽度小，需往大方向调整，直至图像正确显示为止。

通常分辨率破坏而其他数据部分均正常的情况，可通过手工调整分辨率进行修复，如果是描述图像基本信息的参数错误，即使分辨率正常，图像也无法显示，需手工修复相应的参数。

（5）检查 FF C4

主要检查段标记 FF C4，段长度字节描述和数据大小是否一致，哈夫曼表信息是否正确，HT 信息一般先直流再交流。

（6）检查 FF DA

主要检查段标记 FF DA，段长度是否为 0C，颜色分量是否为 3，是否以 003F00 结尾，也可以从正常的 JPG 文件中复制一份。

📖 如果检查各数据段内容、标记和正常值，发现都不匹配，应当考虑被病毒进行了数据加密处理，加密数据部分依照逆运算的方法来修复。

8.2.3　任务实施

8.2.3　任务实施

某计算机中的"22.JPG"图片文件在双击打开文件时显示"Windows 照片查看器无法打开此图片，因为此文件可能已损坏、损毁或过大"，如图 8-26 所示，通过 WinHex 进行修复，圆满打开文件。

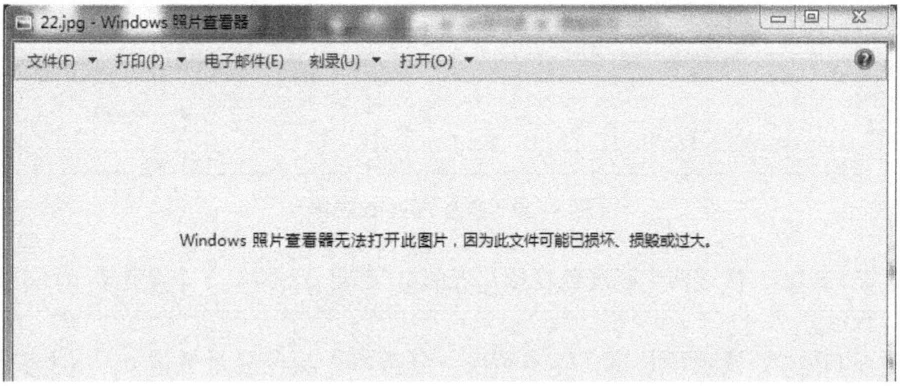

图 8-26　"22.JPG"打开情况

恢复步骤如下。

1）使用 WinHex 打开图片文件"22.JPG"，如图 8-27 所示。

2）检查文件头位置为 FF D9，改成标准的 FF D8，如图 8-28 所示。

22.jpg

Offset	0	1	2	3	4	5	6	7	8	9	A	B	C	D	E	F	
00000000	FF	D9	FF	E0	00	1A	4A	46	49	46	00	01	01	00	60		ÿÙÿà JFIF `
00000010	00	60	00	00	FF	DB	00	43	00	04	02	03	03	03	02	04	` ÿÛ C
00000020	03	03	03	04	04	04	04	05	09	06	05	05	05	05	0B	08	
00000030	08	06	09	0D	0B	0D	0D	0D	0B	0C	0C	0E	10	14	11	0E	
00000040	0F	13	0F	0C	0C	12	18	12	13	15	16	17	17	17	0E	11	
00000050	19	1B	19	16	1A	14	16	17	16	FF	DB	00	43	00	04	04	ÿÛ C
00000060	04	05	05	05	0A	06	06	0A	16	0F	0C	0F	16	16	16	16	
00000070	16	16	16	16	16	16	16	16	16	16	16	16	16	16	16	16	
00000080	16	16	16	16	16	16	16	16	16	16	16	16	16	16	16	16	
00000090	16	16	16	16	16	16	16	16	16	16	16	16	16	16	FF	C0	ÿÀ
000000A0	00	00	00	00	00	00	00	00	01	22	00	02	11	01	03	11	"
000000B0	01	FF	C4	00	1F	00	00	01	05	01	01	01	01	01	01	00	ÿÄ
000000C0	00	00	00	00	00	00	01	02	03	04	05	06	07	08	09	
000000D0	0A	0B	FF	C4	00	B5	10	00	02	01	03	03	02	04	03	05	ÿÄ µ
000000E0	05	04	04	00	00	01	7D	01	02	03	00	04	11	05	12	21	} !
000000F0	31	41	06	13	51	61	07	22	71	14	32	81	91	A1	08	23	1A Qa "q 2 '¡ #
00000100	42	B1	C1	15	52	D1	F0	24	33	62	72	82	09	0A	16	17	B±Á RÑð$3br,
00000110	18	19	1A	25	26	27	28	29	2A	34	35	36	37	38	39	3A	%&'()*456789:
00000120	43	44	45	46	47	48	49	4A	53	54	55	56	57	58	59	5A	CDEFGHIJSTUVWXYZ
00000130	63	64	65	66	67	68	69	6A	73	74	75	76	77	78	79	7A	cdefghijstuvwxyz
00000140	83	84	85	86	87	88	89	8A	92	93	94	95	96	97	98	99	f„…†‡ˆ‰Š'""•--™
00000150	9A	A2	A3	A4	A5	A6	A7	A8	A9	AA	B2	B3	B4	B5	B6	B7	š¢£¤¥¦§¨©ª²³´µ¶·
00000160	B8	B9	BA	C2	C3	C4	C5	C6	C7	C8	C9	CA	D2	D3	D4	D5	¸¹ºÂÃÄÅÆÇÈÉÊÒÓÔÕ
00000170	D6	D7	D8	D9	DA	E1	E2	E3	E4	E5	E6	E7	E8	E9	EA	F1	Ö×ØÙÚáâãäåæçèéêñ
00000180	F2	F3	F4	F5	F6	F7	F8	F9	FA	FF	C4	00	1F	01	00	03	òóôõö÷øùúÿÄ
00000190	01	01	01	01	01	01	01	01	01	00	00	00	00	00	00	01	

图 8-27　使用 WinHex 打开 "22. JPG"

22.jpg

Offset 修改成FFD8		2	3	4	5	6	7	8	9	A	B	C	D	E	F	
00000000	FF	D9	FF	E0	00	1A	4A	46	49	46	00	01	01	00	60	ÿÙÿà JFIF `
00000010	00	60	00	00	FF	DB	00	43	00	04	02	03	03	03	02	04	` ÿÛ C
00000020	03	03	03	04	04	04	04	05	09	06	05	05	05	05	0B	08	
00000030	08	06	09	0D	0B	0D	0D	0D	0B	0C	0C	0E	10	14	11	0E	
00000040	0F	13	0F	0C	0C	12	18	12	13	15	16	17	17	17	0E	11	
00000050	19	1B	19	16	1A	14	16	17	16	FF	DB	00	43	00	04	04	ÿÛ C
00000060	04	05	05	05	0A	06	06	0A	16	16	16	16	16	16	16	16	

图 8-28　修改 "22. JPG" 文件头

3）检查 FF E0 和 FF E1，发现 FF E0 的段长度描述与实际不符，用选块的方式计算出实际大小 0x10，将正确值回填入相应位置，如图 8-29 所示。

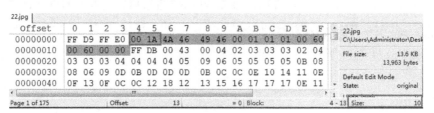

图 8-29　修改 FFE0 段长度

4）检查 FF DB，发现两个亮度色度量化表的 ID 都是 0，将第 2 个量化表 ID 字节改成 01，如图 8-30 所示。

5）检查 FF C0，发现段长度、样本精度、分辨率、颜色分量被清 0，填上实际段长度 0x11、样本精度 0x08、颜色分量 0x03，由于文件比较小，分辨率分别填上 0x0200，待文件能打开后再慢慢调整。如图 8-31 所示。

6）检查 FF C4，4 张哈夫曼表的段标记、段长度、HT 信息及数据均未发现问题。

7）检查 FF DA，发现段标记被改成 FF D0，组件数量被改成 01，改成正确的 03。如图 8-32 所示。

```
00000000  FF D9 FF E0 00 1A 4A 46   49 46 00 01 01 01 00 60    C:\Users\Administrator\Desk
00000010  00 60 00 00 FF DB 00 43   00 04 02 03 03 03 02 04    File size:        13.6 KB
00000020  03 03 03 04 04 04 04 05   09 06 05 05 05 05 0B 08                       13,963 bytes
00000030  08 06 09 0D 0B 0D 0D 0D   0B 0C 0C 0E 10 14 11 0E    Default Edit Mode
00000040  0F 13 0F 0C 0C 12 18 12   13 15 16 17 17 17 0E 11    State:            original
00000050  19 1B 19 16 1A 14 16 17   16 FF DB 00 43 00 04 04    Undo level:             0
00000060  04 05 05 05 0A 06 06 0A   16 0F 0C 0F 16 16 16 16    Undo reverse keyboard input
00000070  16 16 16 16 16 16 16 16   16 16 16 16 16 16 16 16    Creation time: 2020/03/16
00000080  16 16 16 16 16 16 16 16   16 16 16 16 16 16 16 16                      10:56:47
00000090  16 16 16 16 16 16 16 16   16 16 16 16 16 16 FF C0    Last write time: 2020/03/16
000000A0  00 00 00 00 00 00 00 00   01 22 00 02 11 01 03 11                      16:51:14
                                                              Attributes:          A
Page 1 of 80        Offset:        58        = 22 | Block:           16 - 58 | Size:       43
```

图 8-30 修改 FFDB 的 HT 信息

```
00000090  16 16 16 16 16 16 16 16   16 16 16 16 16 16 FF C0    Undo reverse keyboard input
000000A0  00 00 00 00 00 00 00 00   01 22 00 02 11 01 03 11    Creation time:  2020/03/16
000000B0  01 FF C4 00 1F 00 00 01   05 01 01 01 01 01 01 00                      10:56:47
000000C0  00 00 00 00 00 00 00 01   02 03 04 05 06 07 08 09    Last write time: 2020/03/16
000000D0  0A 0B FF C4 00 B5 10 00   02 01 03 03 02 04 03 05                      16:51:14
                                                              Attributes:          A
Page 1 of 73        00 11 08 02 00 02 00 03        = 1 | Block:    A0 - B0 | Size:      11
```

图 8-31 修改 FFC0 帧开始信息

```
00000250  E3 E4 E5 E6 E7 E8 E9 EA   F2 F3 F4 F5 F6 F7 F8 F9    Mode:        hexadecimal
00000260  FA FF D0 00 0C 01 01 00   02 11 03 11 00 3F 00 F8    Character set:  ANSI ASCII
00000270  E6 8A 28 AF EF E3 E5 42   8A 28 A0 02 8A 28 A0 02    Offsets:        hexadecimal
00000280  8A 28 A0 02 8A 28 A0 02   8A 28 A0 02 8A 28 A0 02    Bytes per page:17x16=272
                                                              Window #:              3
Page 3 of 52        Offset:        26E        = 0 | Block:      263 - 26E | Size:       C
```

图 8-32 修改 FFDA 扫描行信息

8）保存打开，如图 8-33 所示，说明图片其他结构正常，只需调整分辨率即可。

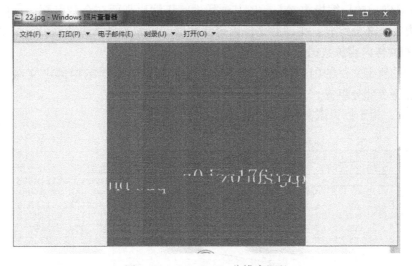

图 8-33 "22. JPG" 分辨率调整

9）不断修改分辨率，直至显示正常，如图 8-34 所示。

图 8-34　"22.JPG"修复完成

任务 8.3　修复 ZIP 文件

任务分析

数据恢复公司收到客户送修的 U 盘，其中有客户急需的 ZIP 重要文件，双击解压缩显示文件损坏。

维修人员把磁盘挂载到正常安装有 Windows 系统的计算机上，使用 WinHex 打开该 ZIP 文件，发现文件全部变成乱码，无法识别文件数据结构，判断文件被病毒破坏。

8.3.1　ZIP 的数据结构

ZIP 格式是常用的压缩格式之一，以其通用性、压缩比高而在全球范围内被广泛应用。一个 ZIP 文件由 3 个部分组成：压缩的文件内容源数据、压缩的目录源数据和目录结束标志。

1. 压缩的文件内容源数据

记录压缩的所有文件的内容信息，对于每个文件其数据组织结构都由文件头、文件数据区、数据描述符 3 部分组成。

1）文件头，用于标识该文件的开始，结构如图 8-35 所示。

```
 0  1 2  3  4 5  6 7  8 9  A B  C D  E  F
50 4B 03 04 14 00 00 00 08 00 00 00 B2 44 70 DD   PK        ²DpÝ
5D 26 24 28 00 00 00 82 00 00 0B 00 00 00 43 68   ]&$(   ,    Ch
69 6E 65 73 65 2E 64 61 74 EC 5A 7B 78 53 55 B6   inese.datìZ{xSU¶
5F 2D 69 09 10 68 80 02 E5 A5 81 29 88 42 F1 A4   _-i  h€ å¥ )^Bñ¤
09 25 6D A9 A6 4F C2 A5 8F 34 29 7D F3 68 9B D0   %m©¦CÂ¥ 4)}óh›Ð
B4 94 B4 A6 27 50 0B 96 40 DB B1 E1 58 A8 A8 D5   ´"´¦'P -@Û±áX¨¨Õ
51 3F AF 08 E3 F5 9B 19 B5 E3 E3 5A EA 8C 13 08   Q?¯ ãõ› µããZêŒ
82 05 15 E1 7A 47 90 F1 5E 1F 9F DE D3 C9 A0 38   ‚  ázG ñ^ ŸÞÓÉ 8

F7 38 12 F1 74 57 42 BB C7 E8 1E F8 8E B9 3F 6D   ÷8 ñtWB»Çè øŽ¹?m
1F 15 14 73 C8 B3 D5 27 7B D1 36 72 78 A5 D1 CE   s È³Õ'{Ñ6rx¥ÑÎ
6B 0B AD 25 9A 78 31 3E C6 F7 CE 05 1F 4D 5E 41   k -%šx1> Æ÷Î  M^A
FA 8E 84 D1 F0 98 41 E7 74 3D EE 0D D3 AF E9 0D   úŽ„Ñð˜Açt=î Ó¯é
D9 AF 19 E0 B0 28 13 EC FF D7 CF FF 02 50 4B 03   Ù¯ à°( ìÿ×Ïÿ PK
04 14 00 00 00 08 00 90 60 41 48 3E 2F DF 86 88   `AH>/ß†ˆ
54 00 00 6E BD 00 00 0B 00 00 00 43 68 69 6E 65   T n½     Chine
```

图 8-35　文件数据区

文件头结构说明见表 8-11（对应序号是指图 8-35 中所示序号）。

表 8-11 文件头结构

对应序号	偏移量	长度/字节	含 义
①	0	4	文件头标记，通常为 0x04034B50
②	4	2	解压文件所需 pkware 版本
③	6	2	通用位标记
④	8	2	压缩方式
⑤	10	2	最后修改文件时间
⑥	12	2	最后修改文件日期
⑦	14	4	CRC-32 校验
⑧	18	4	压缩后尺寸
⑨	22	4	未压缩尺寸
⑩	26	2	文件名长度
⑪	28	2	扩展记录长度（0000 时，没有扩展记录）
⑫	30	n	文件名（长度由文件名长度 Bytes 定义）
⑬	30+n	m	扩展记录（由扩展记录长度 2Bytes 定义）

2）文件数据区：相应压缩文件的源数据。

3）数据描述符：用于标识该文件压缩结束。数据描述符只有在头结构中通用位标记字段的第 3 位设为 1 时才会出现，紧接在压缩文件源数据后。

2. 压缩的目录源数据

压缩的目录源数据，即文件核心目录区，如图 8-36 所示，每一条记录对应压缩文件内容源数据区中的一条数据，对应参数的值相同。

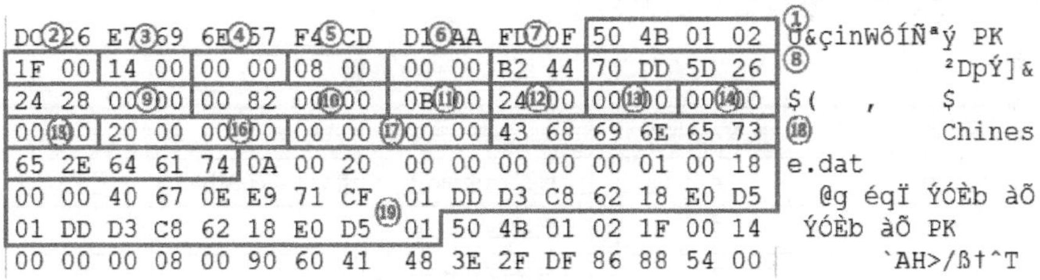

图 8-36 压缩的目录

核心目录结构说明见表 8-12。

表 8-12 核心目录结构

对应序号	偏移量	长度/字节	含 义
①	0	4	目录中文件文件头标记，通常为 0x02014B50
②	4	2	压缩使用的 pkware 版本
③	6	2	解压文件所需 pkware 版本
④	8	2	通用位标记
⑤	10	2	压缩方式
⑥	12	2	最后修改文件时间
⑦	14	2	最后修改文件日期
⑧	16	4	CRC-32 校验
⑨	20	4	压缩后尺寸

（续）

对应序号	偏移量	长度/字节	含义
⑩	24	4	未压缩尺寸
⑪	28	2	文件名长度
⑫	30	2	扩展字段长度
⑬	32	2	文件注释长度
⑭	34	2	磁盘开始号
⑮	36	2	内部文件属性
⑯	40	4	外部文件属性
⑰	44	4	局部头部偏移量
⑱	48	（不定长度）n	文件名
⑲	48+n	（不定长度）m	扩展字段
⑳	48+n+m	（不定长度）	文件注释

3. 文件目录结束标志

文件目录结束标志，存储核心目录区的目录数及目录大小、目录起始位置等关键参数，如图 8-37 所示。

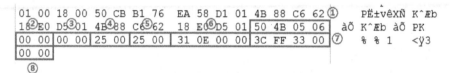

图 8-37　文件目录结束标志

目录结束标志对应的参数含义见表 8-13。

表 8-13　文件目录结束标志

对应序号	偏移量	长度/字节	含义
①	0	4	目录结束标记，通常为 0x06054B50
②	4	2	当前磁盘编号
③	6	2	目录区开始磁盘编号
④	8	2	本磁盘上记录总数
⑤	10	2	目录中记录总数
⑥	12	4	目录区大小，单位字节
⑦	16	4	目录区偏移量，相对于文件起始位置
⑧	20	2	文件注释长度
⑨	22	（不定长度）	文件注释

8.3.2　任务实施

现有"8.3.zip"文件故障，需修复此文件。

步骤如下。

1）打开"8.3.zip"文件时，压缩文件中有"8.3.docx"文件，但解压文件时报错，如图 8-38 所示。使用 WinHex 打开"8.3.zip"文件。

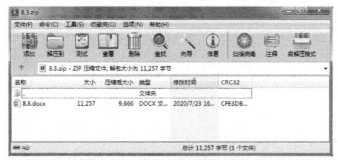

图 8-38　解压文件报错

2）根据 zip 文件结构，验证数据区的文件名对应的长度、扩展区长度、压缩后的数据长度等参数，文件数据区如图 8-39 所示。

图 8-39　"8.3.zip"数据区

从上图中可知文件名"8.3.docx"的长度应该为 8，无扩展区，故扩展区长度应为 0，但图中显示文件名长度为 5，扩展区长度为−1，修复相应的参数，修改后的结果如图 8-40 所示。

3）检查目录区及结束标志区域参数，无其他故障，保存文件，并验证文件。文件正常解压，完成修复。结果如图 8-41 所示。

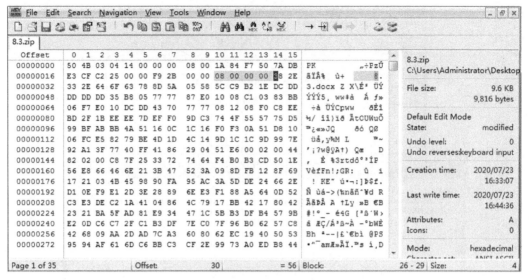

图 8-40　修复后的数据区

图 8-41　正常打开的压缩文件

任务 8.4　实训：常见文件破坏与修复

1. 实训知识

1）ZIP 文件格式，见任务 8.3。

2）DOCX 文档与 ZIP 格式的区别。

ZIP 文件把 1 或多个文件压缩，以节约存储空间，而 DOCX 仅是单个文档。Office2007 及其以后的版本推出了新的文件格式（*.docx、*.xlsx 和 *.pptx 文件），基于 XML 和 ZIP 技术，大大减小了文件大小，促进文档组合、数据挖掘和内容重用，增强了数据恢复能力。两者的基本结构相同。

2. 实训目的

1）熟练掌握 ZIP 文件格式知识。

2）掌握 DOCX 文档的修复方法。

3）掌握 DOCX 文档内容的提取方法。

3. 实训任务

一次意外断电，导致 U 盘中的"结题报告 . docx"文件无法打开。将 U 盘插入计算机，打开"结题报告 . docx"时显示文件错误，无法打开，如图 8-42 所示。通过 WinHex 进行分析，圆满修复文件。

图 8-42　损坏的"结题报告 . docx"

4. 实训步骤

1）将 U 盘插入计算机 USB 接口，使用 WinHex 打开"结题报告 . docx"文件，按〈Ctrl+A〉键全选后另存为"结题报告 . zip"。双击"结题报告 . zip"解压显示压缩文件损坏，如图 8-43 所示。

2）在 WinHex 中搜索 ASCII 文本"word/document. xml"，向上 30 字节找到"504B0304"，按〈ALT＋1〉键选块开始，向下搜索"504B0304"找到下一个文件头，左移 1 字节，按〈ALT＋2〉键选块结束，右键另存新文件"新建 . zip"。验证压缩方式 08、压缩后的大小、扩展区长度、文件名长度，如图 8-44 红框处所示。

图 8-43　损坏的"结题报告 . zip"

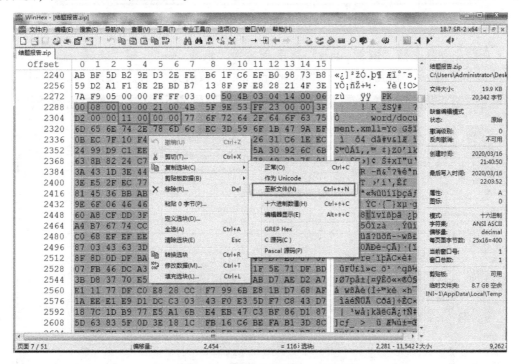

图 8-44　提取"document. xml"

3）定位到文件末尾，向上搜索 ASCII 文本"word/document. xml"，向上偏移 46 字节定位"504B0102"选块开始，按〈ALT＋1〉键选择选块开始，向下搜索"504B0102"搜索下一个目录开头，左移 1 字节，按〈ALT+2〉键选块结束，按〈Ctrl+Shift+C〉键复制十六进制值，按〈Ctrl+V〉键追加到文件"新建.zip"结尾，并更改文件起始偏移为 0，如图 8-45 所示。

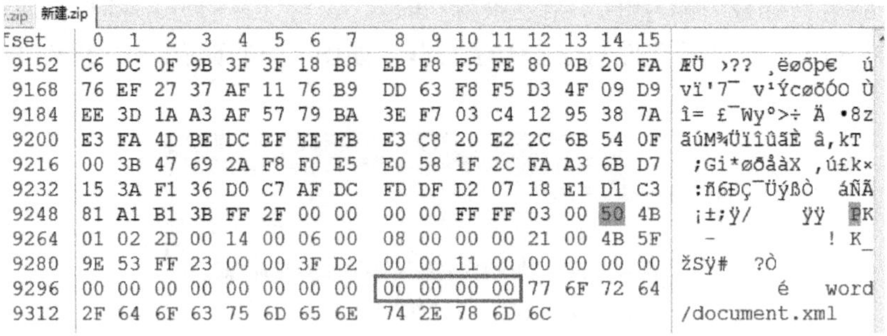

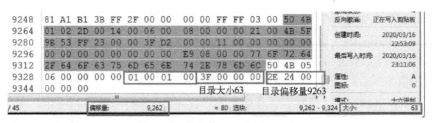

图 8-45　追加"document.xml"目录

4）打开正常 DOCX 文档，并定位至文件末尾，选中目录结束标志从"504B0506"开始 22 字节，复制并追加至"新建.zip"尾部，更改目录数、目录区尺寸大小、目录区的偏移量，如图 8-46 所示。

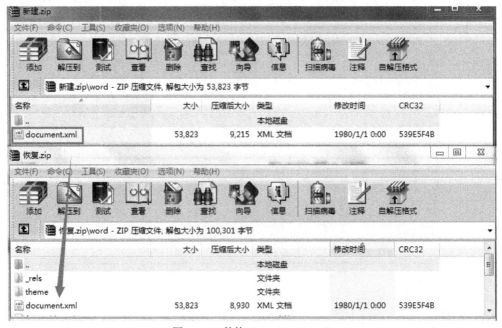

图 8-46　追加文件目录结束标志

5）新建非空白文档"恢复.docx"并重命名为"恢复.zip"，用"新建.zip"文件中的"document.xml"替换"恢复.zip"中"document.xml"，按箭头方向拖动文件，如图 8-47 所示。

图 8-47　替换"document.xml"

6）将"恢复.zip"重命名为"恢复.docx"，文件正常打开，如图 8-48 所示，文件修复结束。

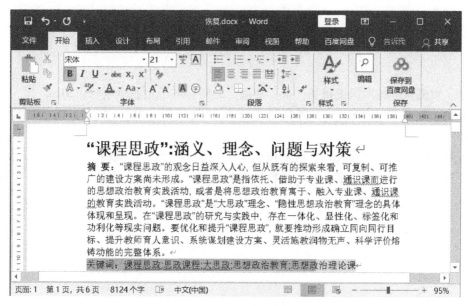

图 8-48　修复后的文档内容

参 考 文 献

[1] 刘伟. 数据恢复技术深度揭秘 [M]. 2版. 北京：电子工业出版社，2016.

[2] 张京生，汪中夏，刘伟. 数据恢复方法与安全分析 [M]. 北京：电子工业出版社，2008.

[3] 乔英霞，孙昕炜. 计算机数据恢复技术与应用 [M]. 北京：机械工业出版社，2018.

[4] 梁宇恩，沈建刚，梁启来. 计算机数据恢复技术 [M]. 2版. 西安：西安电子科技大学出版社，2015.